普通高等教育计算机系列教材

大学计算机基础

（Windows 7 + Office 2010）

第3版

刘瑞新　主编

机械工业出版社

本书主要内容有：计算机基础知识、计算机系统概述、Windows 7 操作系统的使用、Word 2010 的使用、Excel 2010 的使用、PowerPoint 2010 的使用、计算机网络与 Internet 应用基础以及多媒体技术基础、计算机安全等内容。每章都有适量的习题以方便学生练习。本书理论与实践相结合、图文并茂、内容实用、层次分明、讲解清晰、系统全面。

本书可作为高等院校计算机公共基础课教材，也可作为其他人员的自学参考用书或培训用书。

本书配有电子教案，需要的教师可登录 www.cmpedu.com 免费注册、审核通过后下载，或联系编辑索取（微信：15910938545，电话：010-88379739）。

图书在版编目（CIP）数据

大学计算机基础：Windows 7+Office 2010/刘瑞新主编 . —3 版 . —北京：机械工业出版社，2014.1（2024.7 重印）
普通高等教育计算机系列教材
ISBN 978-7-111-44718-4

Ⅰ.①大… Ⅱ.①刘… Ⅲ.①Windows 操作系统-高等学校-教材 ②办公自动化-应用软件-高等学校-教材 Ⅳ.①TP316.7 ②TP317.1

中国版本图书馆 CIP 数据核字（2013）第 267764 号

机械工业出版社（北京市百万庄大街 22 号 邮政编码 100037）
责任编辑：和庆娣
责任印制：郜 敏
中煤（北京）印务有限公司印刷
2024 年 7 月第 3 版·第 17 次印刷
184mm×260mm·18.75 印张·465 千字
标准书号：ISBN 978-7-111-44718-4
定价：59.90 元

电话服务　　　　　　　　　　　网络服务
客服电话：010-88361066　　　　机 工 官 网：www.cmpbook.com
　　　　　010-88379833　　　　机 工 官 博：weibo.com/cmp1952
　　　　　010-68326294　　　　金 书 网：www.golden-book.com
封底无防伪标均为盗版　　　机工教育服务网：www.cmpedu.com

出 版 说 明

　　信息技术是当今世界发展最快、渗透性最强、应用最广的关键技术，是推动经济增长和知识传播的重要引擎。在我国，随着国家信息化发展战略的贯彻实施，信息化建设已进入了全方位、多层次推进应用的新阶段。现在，掌握计算机技术已成为 21 世纪人才应具备的基础素质之一。

　　为了进一步推动计算机技术的发展，满足计算机学科教育的需求，机械工业出版社聘请了全国多所高等院校的一线教师，进行了充分的调研和讨论，针对计算机相关课程的特点，总结教学中的实践经验，组织出版了这套"普通高等教育计算机系列教材"。

　　本套教材具有以下特点：

　　1）反映计算机技术领域的新发展和新应用。

　　2）为了体现建设"立体化"精品教材的宗旨，本套教材为主干课程配备了电子教案、学习与上机指导、习题解答、多媒体光盘、课程设计和毕业设计指导等内容。

　　3）针对多数学生的学习特点，采用通俗易懂的方法讲解知识，逻辑性能、层次分明、叙述准确而精炼、图文并茂，使学生可以快速掌握，学以致用。

　　4）符合高等院校各专业人才的培养目标及课程体系的设置，注重培养学生的应用能力，强调知识、能力与素质的综合训练。

　　5）注重教材的实用性、通用性，适合各类高等院校、高等职业学校及相关院校的教学，也可作为各类培训班和自学用书。

　　希望计算机教育界的专家和老师能提出宝贵的意见和建议。衷心感谢计算机教育工作者和广大读者的支持与帮助！

机械工业出版社

前　言

　　为了适应计算机技术的发展和计算机基础教学的需要，国家教育部先后颁发了多项针对计算机基础教学的文件，提出了"计算机信息技术基础""计算机技术基础"和"计算机应用基础"三个层次的教育课程体系。第一层次的"计算机信息技术基础"其主要内容是结合当今信息社会的文化背景学习计算机基本知识及基本能力。

　　随着计算机科学迅速发展，计算机软硬件的不断更新换代，计算机教学内容也必须随之不断更新。以前的教材偏重于实用，而忽视了对计算机基础知识、基本概念的介绍，计算机组成原理、网络技术、多媒体技术、信息安全方面的知识尤为欠缺，使学生不便于对计算机技术深入了解。本书充分考虑了当前计算机技术的发展现状，学生应用计算机的水平和其他专业对学生计算机知识和应用能力的要求，合理安排了理论与应用、深度与广度相结合的内容，使之更能满足现阶段对学生计算机知识的要求。同时，在操作系统上升级到 Windows 7。在应用程序上，也已升级到 Microsoft Office 2010。

　　教育部最新的"普通高等学校计算机基础教育教学基本要求"对计算机应用基础提出了新的要求。本书是按照这个新的要求且结合当前计算机发展需要和编者的教学经验精心编写的，是计算机专业和非计算机专业的计算机基础课程的公共教材。本书主要内容有：计算机基础知识、计算机系统概述、Windows 7 操作系统的使用、Word 2010 文字编辑软件的使用、Excel 2010 电子表格软件的使用、PowerPoint 2010 演示文稿软件的使用、计算机网络与 Internet 应用基础。每章都配有适量的习题以方便练习。本书编写的主导思想着重突出"用"，因此在介绍操作方法时，都是通过具体的实例来讲解，这样就达到了一边学习、一边应用的效果。

　　本书由刘瑞新主编。参加编写的作者有刘瑞新（编写第 1、2 章，第 3.1~3.3、4.1~4.2 节）、张建国（编写第 3.4~3.6 节）、陈立强（编写第 4.3~4.5 节）、范世雄（编写第 4.6~4.8 节）、杜娟（编写第 4.9~4.15 节）、崔淼（编写第 5、6 章），杨建国、臧顺娟、万兆君、刘大学、陈文明、万兆明、刘大莲、孙明建、骆秋容、崔瑛瑛、刘克纯、翟丽娟（编写第 7.1~7.2 节），孙洪玲、缪丽丽、刘庆波、褚美花、刘继祥、孔繁菊、耿风、丁新建、徐云林、袁红、岳爱英、庄建新、戚春兰、刘庆峰（编写第 7.3~7.5 节）。全书由刘瑞新教授统编定稿。本书在编写过程中得到了许多教师的帮助和支持，也提出了许多宝贵的意见和建议，在此表示感谢。

　　由于计算机信息技术发展迅速，书中难免存在疏漏和不足之处，恳请广大读者批评指正。

编　者

目　　录

第1章 计算机基础知识

电子计算机的发明是 20 世纪最重大的事件之一，它使得人类文明的进步达到了一个全新的高度，它的出现大大推动了科学技术的发展，同时也让人类社会出现了日新月异的变化。如果说蒸汽机的发明标志着机器代替人类体力劳动的开始，那么计算机的发明和应用则开创了解放脑力劳动的新时代。

本章介绍计算机的发展、计算机中的数与信息编码、多媒体技术，计算机病毒及其防治等内容。

1.1 计算机的初期发展史及时代划分

计算机（Computer）是电子计算机的简称，它是一种按照事先储存的程序，自动、高速、精确地对数据进行输入、处理、输出和存储的电子设备。计算机在诞生初期主要被用来科学计算，因此被称之为计算机。现在电子计算机可以对数值、文字、声音以及图像等各种形式的数据进行处理。

随着微型计算机的出现以及计算机网络的发展，计算机的应用已渗透到社会的各个层面，对生产和生活产生了极其深刻的影响。

在计算机的发展历史中，计算工具经历了从简单到复杂、从低级到高级的发展过程，例如绳结、算筹、算盘、计算尺、手摇机械计算机、电动机械计算机、电子计算机等，它们都在不同的历史时期发挥着其作用。

1.1.1 电子计算机的初期发展史

本节简单介绍 1936 ~ 1946 年期间，电子计算机发展初期的历史。

1. 图灵机

1937 年，英国数学家艾兰·图灵（Alan Turing）发表了著名的《论应用于解决问题的可计算数字》。他在论文中把证明数学题的推导过程转变为一台自动计算机的理论模型（图灵机），从理论上证明了制造出通用计算机的可能性，为现代计算机硬件和软件的出现和发展做了准备。

1966 年，也就是图灵的论文发表 30 周年之际，美国计算机协会（ACM）决定设立计算机界的第一个奖项——"图灵奖"，以纪念这位计算机科学理论的奠基人，专门奖励在计算机科学研究中做出创造性贡献、推动了计算机技术发展的杰出科学家。

2. 世界上第一台电子计算机——Atanasoff - Berry Computer，简称 ABC

世界上第一台电子计算机是由美国爱荷华州立大学（Iowa State University）的约翰·文森特·阿塔纳索夫（John Vincent Atanasoff）教授和他的研究生克利福特·贝瑞（Clifford Berry）在 1939 年研制出来的（见图 1-1），人们用两人的名字命名，把这台样机称为 Atanasoff - Berry Computer。阿塔纳索夫的设计目标是制造出一台能够解含有 29 个未知数的线性方程组机器。这台计算机的电路系统中装有300个电子真空管来执行数值计算与逻辑运算。机器上装有两个记忆鼓，使用电容器来进行数值存储。以电量表示数值。数据输入采用打孔读卡、二进位制的方式。ABC的基本体系结构与现代计算机一致。

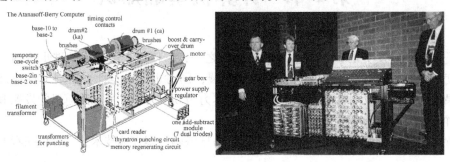

图1-1　Atanasoff – Berry Computer

在维基百科（wikipedia.org）上输入John Vincent Atanasoff或Atanasoff – Berry Computer就可以找到约翰·文森特·阿塔纳索夫教授的生平和阿塔纳索夫－贝瑞计算机（Atanasoff – Berry Computer）的发明过程。在美国爱荷华州立大学的网站上有更详细的介绍（http://jva.cs.iastate.edu/）。

ABC在时间上要早于其他任何我们现在所知道的有关电子计算机的设计方案。事实上，除ENIAC（电子数字积分计算机）之外，应该说都是独立发明的。目前公认，世界上的第一台电子计算机应为ABC。

3. 英国的 Colossus Computer

Colossus（巨人）Computer是1943年3月开始研制的，当时研制巨人计算机的主要目的是破译经德国"洛伦茨"加密机加密过的密码。1944年1月10日，巨人计算机开始运行。

巨人计算机呈长方体状，长4.9 m，宽1.8 m，高2.3 m，重约4000 kg。它的主体结构是由两排机架构成的，上面安装了2500个电子管。它利用打孔纸带输入信息，由自动打字机输出运算结果，每秒可处理5000个字符。它的耗电量为4500 W。

巨人计算机知名度不高的主要原因是它原先属于高级军事机密，在二战期间研制的10台同类计算机在战后均被秘密销毁。直到20世纪70年代有关材料才逐渐解密。

英国布莱切利园目前展有巨人计算机的重建机，如图1-2所示。

图1-2　Colossus Computer

4. 世界上第一台通用电子计算机——ENIAC

第二次世界大战期间，美国军方需要计算弹道轨迹，缺少一种高速的计算工具。因此在美国军方的支持下，电子数字积分计算机（Electronic Numerical Integrator And Computer，ENIAC）于 1943 年开始研制。参加研制工作的是以宾夕法尼亚大学约翰·莫奇利（John Mauchley）教授和他的研究生普雷斯波·艾克特（Jhon Presper Eckert）为首的研制小组。历时两年多，建造完成的机器在 1946 年 2 月 14 日公布。ENIAC 是世界上第一台通用电子计算机，它是完全的电子计算机，能够重新编程，解决各种计算问题。

ENIAC 长 30.48 m，宽 1 m，安装在一排 2.75 m 高的金属柜里，占地面积为 170 m^2，重达 30 000 kg，耗电量 150 kW。安装了 17 468 只电子管，7200 个二极管，70 000 多个电阻器，10 000 多只电容器，1500 只继电器，6000 多个开关，每秒执行 5000 次加法或 400 次乘法，如图 1-3 所示。ENIAC 是按照十进制，而不是按照二进制来计算的。

图 1-3　当年运行中的 ENIAC

5. 世界上第一台冯·诺依曼结构的计算机——EDVAC

ENIAC 和 EDVAC（Electronic Discrete Variable Automatic Computer，离散变量自动电子计算机）的建造者均为宾夕法尼亚大学的电气工程师约翰·莫奇利和普雷斯波·艾克特。EDVAC 的建造计划早在 1944 年 8 月就被提出。在 ENIAC 充分运行之前，其设计工作就已经开始。和 ENIAC 一样，EDVAC 也是为美国陆军阿伯丁试验场的弹道研究实验室研制。冯·诺依曼（John Von Neumann）以技术顾问的身份加入，于 1945 年 6 月发表了一份长达 101 页的报告，总结和详细说明了 EDVAC 的逻辑设计，这就是著名的关于 EDVAC 的报告草案。报告提出的体系结构一直延续至今，即冯·诺依曼结构（Von Neumann Architecture）。

与 ENIAC 不同，EDVAC 采用二进制，具有加减乘和软件除的功能，是一台冯·诺依曼结构的计算机。EDVAC 使用了大约 6000 个真空管和 12000 个二极管，占地 45.5 m^2，重达 7850 kg，消耗电力 56 kW。物理上包括：一个磁带记录仪，一个连接示波器的控制单元，一个分发单元（用于从控制器和内存接受指令，并分发到其他单元），一个运算单元，一个定时器，使用汞延迟线的存储器单元。

EDVAC 于 1949 年 8 月交付给弹道研究实验室。在发现和解决许多问题之后，直到 1951 年 EDVAC 才开始运行，而且仅局限于基本功能。

6. 冯·诺依曼体系结构

电子计算机的问世，最重要的奠基人是英国数学家艾兰·图灵和美籍匈牙利数学家冯·诺依曼。图灵的贡献是建立了图灵机的理论模型，奠定了人工智能的基础，而冯·诺依曼则是首次提出了计算机体系结构的设想。

冯·诺伊曼结构，也称普林斯顿体系结构（Princeton architecture），是一种将程序指令存储器和数据存储器合并在一起的计算机设计概念结构。冯·诺伊曼结构这个词出自冯·诺伊曼的论文《First Draft of a Report on the EDVAC》，该论文于 1945 年 6 月 30 日发表。冯·诺依曼提出存储程序原理，把程序本身当做数据来对待，程序和该程序处理的数据应用同样的方式存储。冯·诺依曼理论的要点是：数字计算机的数制采用二进制；计算机应该按照顺序执行程序。如图 1-4 所示，冯·诺依曼定义了计算机的三大组成部件：

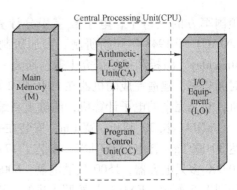

图 1-4　冯·诺依曼体系结构

- I/O 设备：负责数据和程序的输入、输出。
- 存储器：存储程序和数据。
- 处理器：分成运算器和控制器，运算器负责数据的加工处理，控制器控制程序的逻辑。

注意：也有人将冯·诺依曼体系结构分成五部分：输入设备、输出设备、存储器、运算器和控制器。

计算机科学的历史就是一直围绕着这三大部件，从硬件革命到软件革命的发展史。从软件革命的历史来看，计算机科学一直围绕着数据、逻辑和界面三大部分演变。数据对应着存储器，逻辑对应着处理器，界面对应着 I/O 设备。

从 ENIAC 到现在最先进的计算机，即使计算机制造技术发生了巨大变化，但都仍然采用的是冯·诺依曼体系结构。

1.1.2　电子计算机的时代划分

现代电子计算机的发展，主要是根据其所采用的电子器件的发展而划分。在六十多年的发展过程中，一般分成四个阶段，通常称为四代。每代之间不是截然分开的，在时间上有重叠。

1. 第一代——电子管计算机时代（1946～1957 年）

第一代是电子管计算机，它的基本电子元件是电子管，内存储器采用水银延迟线，外存储器主要采用磁鼓、纸带、卡片、磁带等。由于当时电子技术的限制，运算速度是每秒几千次到几万次基本运算，内存容量仅几千个字。因此，第一代计算机体积大，耗电多，速度低，造价高，使用不便，主要局限于一些军事和科研部门。软件上采用机器语言，后期采用汇编语言。

电子管计算机的代表机型为 IBM 公司自 1952 年起研制开发的 IBM700 系列计算机。从 1953 年起，美国 IBM 公司开始批量生产应用于科研的大型计算机系列，从此电子计算机走上了工业生产阶段。如图 1-5 所示是 IBM 在 1954 年推出的产品——IBM704 型电子计算机。

图 1-5　IBM704 型电子计算机

2. 第二代——晶体管计算机时代 (1958～1970年)

1948年，美国贝尔实验室发明了晶体管。10年后晶体管取代了计算机中的电子管，从而诞生了晶体管计算机。晶体管计算机的基本电子元件是晶体管，内存储器大量使用磁性材料制成的磁芯存储器。与第一代电子管计算机相比，晶体管计算机体积小，耗电少，成本低，逻辑功能强，使用方便，可靠性高。软件上广泛采用高级语言，并出现了早期的操作系统。

1959年，IBM公司生产出全部晶体管化的电子计算机IBM7090，如图1-6所示。IBM7000系列计算机是这一代计算机的主流产品。

图1-6　IBM7090型电子计算机

3. 第三代——中、小规模集成电路计算机时代 (1963～1970年)

随着半导体技术的发展，1958年夏天，美国德克萨斯公司制成了第一个半导体集成电路。第三代计算机的基本电子元件是小规模集成电路和中规模集成电路，磁芯存储器进一步发展，并开始采用性能更好的半导体存储器，运算速度提高到每秒几十万次基本运算。由于采用了集成电路，第三代计算机各方面性能都有了极大提高，体积缩小，价格降低，功能增强，可靠性大大提高。软件上广泛使用操作系统，产生了分时、实时等操作系统和计算机网络。

1965年4月问世的IBM360系列是最早采用集成电路的通用计算机，也是影响最大的第三代计算机，是这一代的代表产品，如图1-7所示。

图1-7　IBM360型电子计算机

4. 第四代——大规模和超大规模集成电路计算机时代 (1971至今)

在1967年和1977年，分别出现了大规模集成电路和超大规模集成电路，并立即在电子计算机上得到了应用。第四代计算机的基本元件就是两者之一，集成度很高的半导体存储器替代了磁芯存储器。第四代计算机的跨度很大，随着计算机芯片集成度的迅速提高，高性能计算机层出不穷。运算速度飞速增加，达到每秒数千万次至数十万亿次基本运算。软件方法上产生了结构化程序设计和面向对象程序设计的思想。另外，网络操作系统、数据库管理系统得到了广泛应用。

1965 年 Intel 公司创始人摩尔发现了著名的摩尔定律——18 个月至 24 个月内每单位面积芯片上的晶体管数量会翻番。在过去四十多年里，摩尔定律一直代表的是信息技术进步的速度，也带来了一场个人计算机的革命。

随着集成电路集成度的提高，计算机一方面向巨型机化发展，另一方面向小型化、微型化发展。微处理器和微型计算机也在这一阶段诞生并获得飞速发展。20 世纪 70 年代，微型计算机问世，电子计算机开始进入普通人的生活。微型计算机即是第四代计算机的产物。

目前，尚无法划分第四代的结束和第五代的开始。人们期待着非冯·诺依曼结构计算机的问世和能够取代大规模集成电路的新材料出现。

1.1.3 计算机的分类

随着计算机技术的发展和应用范围的扩大，可以按照不同的方法对计算机分类。

1. 计算机的分类方法

（1）按计算机处理数据的类型分类

按计算机处理数据的类型可以分为数字计算机、模拟计算机和数字模拟混合计算机。

模拟计算机的主要特点是：参与运算的数值由不间断的连续量（模拟量）表示，其运算过程是连续的，采用的是模拟技术。模拟计算机由于受元器件质量影响，其计算精度较低，应用范围较窄，目前已很少生产。

数字计算机的主要特点是：参与运算的数值用离散的数字量表示，其运算过程按数字位进行计算，采用的是数字技术。数字计算机将信息数字化，具有易保存、易表示、易计算、方便硬件实现等优点，所以通常所说的计算机都是指电子数字计算机。

数字模拟混合计算机是将数字技术和模拟技术相结合的计算机。

（2）按计算机的用途分类

按计算机的用途可分为专用计算机和通用计算机。

专用计算机功能单一，配备有解决特定问题的硬件和软件，能够高速、可靠、经济地解决特定问题，如在导弹、汽车、工业控制等设备中使用的计算机大部分都是专用计算机。

通用计算机功能多样，适应性很强，应用面很广，但其运行效率、速度和经济性依据不同的应用对象会受到不同程度的影响。

2. 通用数字计算机的分类

通用数字计算机如果不加特别说明，均称为计算机。按照计算机的性能、规模和处理能力，如运算速度、字长、存储容量、体积、外部设备和软件配置等多方面的综合性能指标，将计算机分为巨型机、大型机、微型机、工作站、服务器等几类。

（1）巨型机

巨型机也称超级计算机（Super Computer），是计算机家族中运行速度最快、存储容量最大、功能最强、体积最大的一类，主要应用于主要用于核武器、空间技术、大范围天气预报、石油勘探等领域。

2012 年 10 月，隶属于美国能源部的橡树岭国家实验室的泰坦（Titan）成为世界上运算速度最快的超级计算机，这台超级计算机的浮点计算性能达到了每秒 1.759 PFlops（千万亿次浮点运算/秒）。Titan 超级计算机拥有 200 个机柜，18 688 个节点。每一个节点由一个 16 核心 AMD Opteron 6274 CPU 和一个 NVIDIA Tesla K20 GPU 组成。每个节点 CPU 配有 32GB DDR3 内存，GPU 配有 6GB of GDDR5（ECC 指出）显存，因此 Titan 的总内存 710TB，它的硬盘则超过 10PB——由 1 万个标准 1TB 7200 RPM 2.5 英寸硬盘组成。I/O 子系统能传输 240 GB/s 数据。Titan 的操作系统是 Cray Linux Environment。由于大部分工作都是远程执行的，Titan 内部还有几十个 10 Gbps 以太网链接，接入了能源部能源科学网络（ESNET）的 100 Gbps 骨干网内。Titan 超级计算机的外观如图 1-8 所示。

2010 年 10 月，我国研制的第一台千万亿次超级计算机"天河一号"在湖南长沙亮相，全系统峰值性能为 1.206PFlops，是当时世界上最快的超级计算机。"天河一号"的研制成功使我国成为继美国之后世界上第二个能够研制千万亿次超级计算机的国家。"天河一号"由 140 个机柜组成，有 14336 颗 Intel 六核至强 X5670 2.93 GHz CPU、7168 颗 NVIDIA Tesla M2050 GPU 和 2048 颗自主研发的八核飞腾 FT-1000 CPU。操作系统采用 64 位 Linux，支持 C、C++、Fortran77/90/95、Java 语言。"天河一号"超级计算机的外观如图 1-9 所示。

图 1-8　Titan 超级计算机　　　　　　图 1-9　"天河一号"超级计算机

2013 年 5 月，由中国国家科技部与中国国防科学技术大学合作研制的"天河二号"5 亿亿次（50PFlops）超级计算机研制成功。2013 年 6 月 17 日下午，国际超级计算机 TOP 500 组织在德国正式发布了第四十一届世界大型超级计算机 TOP 500 排行榜的排名，"天河二号"超级计算机以峰值计算速度每秒 5.49 亿亿次、持续计算速度每秒 33.86 千万亿次的性能位居榜首。这是继 2010 年"天河一号"首次夺冠之后，中国超级计算机运算速度再次重返世界第一的位置。

目前，美国拥有超过一半以上数量的全球 500 强超级计算机。中国大陆共有 65 个超级计算机进入 500 强榜单，位居第二。日本以 30 个位列第三。世界上运算速度最快的超级计算机宝座近年来一直被美国、中国、日本三国交替占据。英国、法国和德国分别以 29 个、23 个和 19 个位列第四至第六位。

（2）大型主机（Mainframe）

大型主机包括大型机和中型机，具有大型、通用、内外存储容量大、多类型 I/O 通道、支持批处理和分时处理等多种工作方式。近年来新型机采用了多处理、并行处理等技术，具有很强的管理和处理数据的能力，如 IBM AS/400、RS/6000 等。广泛应用于金融业、天气预报、石油、地震勘探等领域。

（3）微型机（Microcomputer）

微型机又称个人计算机（Personal Computer，PC），主要指办公和家庭的台式微型计算机和笔记本计算机。

（4）工作站（Workstation）

工作站包括工程工作站、图形工作站等，是一种主要面向特殊专业领域的高档微型机。

例如，图像处理、计算机辅助设计（CAD）和网络服务器等方面的应用。

（5）服务器（Server）

服务器一词很恰当地描述了计算机在应用中角色。服务器作为网络的节点，存储、处理网络上的数据。服务器具有强大的处理能力、大容量的存储器以及快速的输入输出通道和联网能力。通常它的处理器采用高端微处理器芯片组成，例如用 64 位的 Alpha 芯片组成的 UNIX 服务器，用 Intel、AMD 公司的多个微处理器芯片组成的 NT 服务器。现在的云计算、云存储，其功能仍然是服务器。

1.1.4 计算机的特点和应用

1. 计算机的特点

计算机是一种能迅速而高效地自动完成信息处理的电子设备，它能按照程序对信息进行加工、处理和存储。计算机具有以下特点。

（1）高速、精确的运算能力。

现代计算机每秒钟可运行几百万条指令，数据处理的速度相当快，且计算精度也非常高，是其他任何工具无法比拟的。

（2）准确的逻辑判断能力

具有可靠逻辑判断能力是计算机能实现信息处理自动化的重要原因，使计算机不仅能对数值数据进行计算，也能对非数值数据进行处理。计算机能广泛应用于非数值数据处理领域，如信息检索、图形识别以及各种多媒体应用等。

（3）强大的存储能力

计算机能存储大量数字、文字、图像、视频、声音等各种信息，而且还可以长期保存。

（4）自动功能

利用计算机解决问题时，启动计算机输入编制好的程序以后，计算机便可以自动执行。一般不需要人工直接干预运算、处理和控制的过程，而且可以反复运行。

（5）网络与通信功能

通过网络可以连接距离在校园内、企业内、城市内、国家内的用户。尤其是通过互联网（Internet）可以连接全世界的用户。计算机网络功能的重要意义是它改变了人类交流的方式和信息获取的途径。

2. 计算机的应用

正是由于计算机具有卓越的计算及信息处理能力，从而在现代社会中得到越来越广泛的应用。根据目前使用情况，计算机的应用大致划分为以下几个方面。

（1）科学计算

在自然科学中，诸如数学、物理、化学、天文、地理等领域；在工程技术中，诸如航天、汽车、造船、建筑等领域，计算工作量非常大。传统的计算工具难以完成计算工作，而现在都利用计算机进行其复杂的计算，从而使很多幻想变成现实。

（2）数据和信息处理

数据和信息处理也称非数值计算。信息处理就是指对各种信息进行收集、存储、整理、统计、加工、利用、传播等一系列活动的统称，目的是获取有用的信息作为决策的依据。目前，计算机信息处理已广泛地应用于办公自动化、企事业计算机辅助管理与决策、情报检索、电影电视动画设计、会计电算化、图书管理、医疗诊断等各行各业。

（3）过程控制

工业生产过程自动控制能有效地提高劳动生产率。过去工业控制主要采用模拟电路，响应速度慢、精度低，现在已逐渐被微型机控制所取代。微机控制系统，把工业现场的模拟量、开关量以及脉冲量经放大电路和模/数、数/模转换电路，送给微型机进行数据采集处理、显示以及控制现场。微机控制系统除了应用于工业生产外，还广泛应用于交通、邮电、卫星通信等。

（4）计算机辅助

利用计算机辅助人们完成某一个系统的任务，称为计算机辅助系统。目前计算机辅助系统主要有以下四种。

1）计算机辅助设计（CAD）。利用计算机辅助人们进行设计工作，使设计过程实现半自动化或自动化。

2）计算机辅助制造（CAM）。利用计算机直接控制零件的加工，实现无图纸加工。

从20世纪60年代开始，许多西方国家就开始了计算机辅助设计与制造的研究。应用计算机图形方法学，对建筑工程、机械结构和部件进行设计，如飞机、船舶、汽车、建筑、印制电路板等。通过CAD和CAM的结合，就可直接把CAD设计的产品加工出来。

3）计算机辅助教学（CAI）。利用计算机辅助进行教学，它把课程内容编成计算机软件，不同学生可以根据自己的需要选择不同的内容和进度，从而改变了传统的教学模式。

4）游戏。可以与计算机或者通过互联网与其他玩家比赛。

（5）网络通信

目前，计算机网络已经无处不在，越来越多的工作、生活依赖网络，例如，办公、购物、交流联系、娱乐等。

（6）人工智能

人工智能是计算机应用的一个崭新领域，利用计算机模拟人的感知、思维、推理等思维活动，用于机器人、医疗诊断专家系统、推理证明等各方面。

（7）多媒体应用

多媒体是包括文本、图形、图像、音频、视频、动画等多种信息类型的综合。多媒体技术是指人和计算机交互地进行上述多种媒介信息的捕捉、传输、转换、编辑、存储、管理，并由计算机综合处理为表格、文字、图形、动画、音频、视频等视听信息有机结合的表现形式。多媒体技术拓宽了计算机的应用领域，使计算机广泛应用于娱乐、教育、广告、设计等方面。

（8）嵌入式系统

在工业制造系统、电子产品中，把处理器芯片嵌入这些设备中，完成特定的功能，这些系统称为嵌入式系统。如工厂机器人、数码相机、自动洗衣机等，都使用了不同功能的处理器。

1.1.5　计算机的发展趋势

计算机发展的趋势是巨型化、微型化、多媒体化、网络化和智能化。

1. 巨型化

巨型化是指发展高速、大储量和强功能的超大型计算机。这既是诸如天文、气象、原子、核反应等尖端科学以及进一步探索诸如宇宙工程、生物工程新兴科学的需要，也是为了能让计算机具有人脑学习、推理的复杂功能。在目前知识信息急剧增加的情况下，存储和处理这些信息是必要的。现在巨型机的计算速度高达千万亿次浮点运算——秒浮点运算。

2. 微型化

大规模、超大规模集成电路的出现，加速了计算机微型化的速度。因为微型机可渗透至诸如仪表、家用电器、导弹弹头等中、小型机无法进入的领域，所以至 20 世纪 80 年代以来发展异常迅速，可以预见的是其性能指标将进一步提高，而价格则逐渐下降。

3. 多媒体化

多媒体技术的目标是：无论在何时何地，只需要简单的设备就能自由地以交互和对话的方式交流信息。其实质是让人们利用计算机以更加自然、简单的方式进行沟通。

4. 网络化

计算机网络是计算机技术发展中崛起的又一重要分支，是现代通信技术与计算机技术结合的产物。从单机走向联网，是计算机应用发展的必然结果。目前的云计算就是网络化的新阶段。

5. 智能化

智能化是让计算机模拟人的感觉、行为、思维过程的机理，从而使计算机具备和人一样的思维和行为能力，形成智能型和超智能型的计算机。智能化的研究包括模式识别、物形分析、自然语言的生成和理解、定理的自动证明、自动程序设计、专家系统、学习系统、智能机器人等。人工智能的研究使计算机远远突破了"计算"的最初含义，从本质上拓宽了计算机的能力，可以越来越多地、更好地代替或超越人的脑力劳动。

1.2 计算机中的数与信息编码

计算机内部采用二进制形式的数字表示数据。计算机通过对二进制形式的数字进行运算加工，实现对各种信息的加工处理。

1.2.1 计算机中的数制

数制，也称计数制或计数法，是指用一组基本符号（数码）和一定的使用规则表示数的方法。它以累计和进位的方式进行计数，以很少的符号表示大范围数字。在日常生活中经常用到数制，除了最常用的十进制计数外，还常用非十进制的计数法，例如，1 年有 12 个月，是十二进制计数法；1 天有 24 个小时，是二十四进制计数法；1 小时 60 分钟，是六十进制计数法等；筷子、袜子、手套，两只是一双，是二进制计数法。

电子元器件最容易实现的是电路的通/断、电位的高/低、电极的正/负，在逻辑学中也常常用到二值逻辑。这都是因为两状态的系统具有稳定性（非此即彼）、抗干扰性等特性。为保证计算机中数据传送和运行过程中不产生差错，同时减少计算机硬件的成本，所以必须采用二进制。由于二进制数、八进制数和十六进制数具有特殊的关系，所以在计算机应用中也常常根据需要使用八进制数或十六进制数。

1. 十进制数（Decimal）

十进制数用 0，1，2，…，9 十个数码表示，并按"逢十进一"、"借一当十"的规则计数。十进制的基数是 10，不同位置具有不同的位权。对于任意一个十进制数，可用小数点把数分成整数和小数两部分。在数的表示中，每个数字都要乘以基数 10 的幂次。十进制数中小数点向右移一位，数就扩大 10 倍；反之，小数点向左移一位，数就缩小 1/10。例如，十进制数"12345.67"按位权展开式为：

$$(12345.67)_{10} = 1 \times 10^4 + 2 \times 10^3 + 3 \times 10^2 + 4 \times 10^1 + 5 \times 10^0 + 6 \times 10^{-1} + 7 \times 10^{-2}$$

十进制是人们最习惯使用的数制，在计算机中一般把十进制作为输入、输出的数据形式。为了把不同进制的数区分开，将十进制数表示为 $(N)_{10}$，有时也在数字后加上 D 或 d 来表示十进制数，如 $(123)_{10} = 123D = 123d$。

2. 二进制数（Binary）

二进制数用 0，1 两个数码表示。二进制数的运算很简单，遵循"逢二进一"、"借一当二"的规则。二进制的基数是 2，不同位置具有不同的位权。在二进制数的表示中，每个数字都要乘以基数 2 的幂次。例如，二进制数"1010.101"按位权展开式为：

$$(1010.101)_2 = 1 \times 2^3 + 0 \times 2^2 + 1 \times 2^1 + 0 \times 2^0 + 1 \times 2^{-1} + 0 \times 2^{-2} + 1 \times 2^{-3}$$

二进制数常用 $(N)_2$ 来表示，有时也在二进制数后加上 B 或 b 来表示二进制数，例如 $(11001)_2 = 11001B = 11001b$。

3. 八进制数（Octal）

在八进制数用符号 0、1、2、3、4、5、6、7 表示。计数时"逢八进一"，基数为 8。例如，八进制数"543.21"按位权展开式为：

$$(543.21)_8 = 5 \times 8^2 + 4 \times 8^1 + 3 \times 8^0 + 2 \times 8^{-1} + 1 \times 8^{-2}$$

二进制数常用 $(N)_8$ 来表示，也可以在数字后加上 O 或 o 来表示，例如 $(456)_8 = 456O = 456o$。

4. 十六进制数（Hexadecimal）

十六进制数用 0，1，2，…，9，A，B，C，D，E，F 十六个数码表示，A 表示 10，B 表示 11，…，F 表示 15。基数是 16。十六进制数的运算，遵循"逢十六进一"、"借一当十六"的规则。不同位置具有不同的位权，各位上的权值是基数 16 的若干次幂。例如"1CB.D8"按位权展开式为：

$$(1CB.D8)_{16} = 1 \times 16^2 + 12 \times 16^1 + 11 \times 16^0 + 13 \times 16^{-1} + 8 \times 16^{-2}$$

十六进制数常用 $(N)_{16}$ 来表示，也可以在数字后加上 H 或 h 来表示，例如 $(4FD)_{16} = 4FDH = 4FDh$。

5. 常用数制的数码对照表

常用的十进制、二进制、八进制、十六进制数的数码对照表，如表 1-1 所示。

表 1-1　十进制、二进制、八进制、十六进制数的数码对照表

十　进　制	二　进　制	八　进　制	十六进制
0	0000	0	0
1	0001	1	1
2	0010	2	2
3	0011	3	3
4	0100	4	4
5	0101	5	5
6	0110	6	6
7	0111	7	7

十　进　制	二　进　制	八　进　制	十六进制
8	1000	10	8
9	1001	11	9
10	1010	12	A
11	1011	13	B
12	1100	14	C
13	1101	15	D
14	1110	16	E
15	1111	17	F
16	10000	20	10

1.2.2　二进制数的算术运算和逻辑运算

1. 二进制数的算术运算

二进制数的算术运算包括加、减、乘、除运算，它们的运算规则如下。

[例1-1]　计算 10101011 + 00100110 的值。

$$
\begin{array}{r}
1\,0\,1\,0\,1\,0\,1\,1 \\
+\quad 0\,0\,1\,0\,0\,1\,1\,0 \\
\hline
1\,1\,0\,1\,0\,0\,0\,1
\end{array}
$$

10101011 + 00100110 = 11010001

2. 二进制的逻辑运算

二进制的两个数码 0 和 1，可以表示"真"与"假"、"是"与"否"、"成立"与"不成立"。计算机中的逻辑运算通常是二值运算。它包括三种基本的逻辑运算：与运算（又称逻辑乘法）、或运算（又称逻辑加法）、非运算（又称逻辑否定）。

（1）逻辑与

当两个条件同为真时，结果才为真。其中有一个条件不为真，结果必为假，这是"与"逻辑。通常使用符号 $\wedge$、·、$\times$、$\cap$ 或 AND 来表示"与"，与运算的规则如下：

设两个逻辑变量 X 和 Y 进行逻辑与运算，结果为 Z。记作 $Z = X \cdot Y$，由以上的运算法则可知：当且仅当 X = 1，Y = 1 时，Z = 1，否则 Z = 0。

[例1-2]　设 X = 10101011，Y = 00100110，求 $X \wedge Y$ 的值

$$
\begin{array}{r}
1\,0\,1\,0\,1\,0\,1\,1 \\
\wedge\quad 0\,0\,1\,0\,0\,1\,1\,0 \\
\hline
0\,0\,1\,0\,0\,0\,1\,0
\end{array}
$$

所以，$X \wedge Y$ = 10101011 $\wedge$ 00100110 = 00100010。

（2）逻辑或

当两个条件中任意一个为真时，结果为真；两个条件同时为假时，结果为假，这是"或"逻辑。通常使用∨、+、∪、OR 来表示"或"，或运算的法则是：

设两个逻辑变量 X 和 Y 进行逻辑或运算，结果为 Z，记作 Z = X + Y。由以上的运算法则可知：当且仅当 X = 0，Y = 0 时，Z = 0；否则 Z = 1。

[例 1-3]　设 X = 10101011，Y = 00100110，求 X∨Y 的值。

$$
\begin{array}{r}
10101011 \\
\vee \quad 00100110 \\
\hline
10101111
\end{array}
$$

所以，X∨Y = 10101011∨00100110 = 10101111。

（3）逻辑非

逻辑非运算也就是"求反"运算，在逻辑变量上加上一条横线表示对该变量求反，例如 $\overline{A}$，则是对 A 的非运算，也可用 NOT 来表示非运算。非运算的法则是：

$\overline{-}$　$\overline{-}$

[例 1-4]　设 X = 10101011，求 $\overline{X}$ 的值。

$$\overline{X} = 01010100$$

1.2.3　不同数制间的转换

数制间的转换就是将数从一种数制转换成另一种数制。计算机采用二进制，但用计算机解决实际问题时，对数值的输入输出通常使用十进制数，这就有一个十进制数向二进制数转换或由二进制数向十进制数转换的过程。也就是说，在使用计算机进行数据处理时，首先必须把输入的十进制数转换成计算机能接受的二进制数。计算机在运行结束后，再把二进制数转换成十进制数输出。这两个转换过程完全由计算机系统自动完成，不需人工干预。

1. 十进制数转换成二进制数

将十进制数转换成二进制数，要将十进制数的整数部分和小数部分分开进行。将十进制的整数转换成二进制整数，遵循"除 2 取余、逆序排列"的规则；将十进制小数转换成二进制小数，遵循"乘 2 取整、顺序排列"的规则。然后再将二进制整数和小数拼接起来，形成最终转换结果。

[例 1-5]　将 $(69.6875)_{10}$ 转换成二进制数。

1）十进制数整数 69 转换成二进制数的过程。

```
2|69
2|34       余数为 1                    ↑低位
2|17       余数为 0
 2|8       余数为 1
 2|4       余数为 0
 2|2       余数为 0
 2|1       余数为 0
   0       余数为 1，商为 0，结束       低位→高位
```

转换结果：$(69)_{10} = (1000101)_2$。

2）十进制小数 0.6875 转换成二进制小数的过程。

```
       0.6875
  ×        2
       1.3750      整数部分为 1
       0.3750      余下的小数部分                    高位
  ×        2
       0.7500      整数部分为 0
       0.7500      余下的小数部分
  ×        2
       1.5000      整数部分为 1
       1.5000      余下的小数部分
  ×        2
       1.0000      整数部分为 1
       0.0000      余下的小数部分为 0，结束           低位
```

转换结果：$(0.6875)_{10} = (0.1011)_2$。

必须指出，一个十进制小数不一定能完全准确地转换成二进制小数。可以根据精度要求转换到小数点后某一位为止。

最后结果：$(69.6875)_{10} = (1000101.1011)_2$

2. 十进制数转换成十六进制数

将十进制数转换成十六进制数与转换成二进制数的方法相同，也要将十进制数的整数部分和小数部分分开进行。将十进制的整数转换成十六进制整数，遵循"除 16 取余、逆序排列"的规则；将十进制小数转换成十六进制小数，遵循"乘 16 取整、顺序排列"的规则。然后再将十六进制整数和小数拼接起来，形成最终转换结果。

[**例 1-6**]　将十进制数 58.75 转换成十六进制数。

1）先转换整数部分 58。

```
    16 ⌞58
    16 ⌞ 3        余数为 10，即 A
        0         余数为 3，商为 0，结束
```

转换结果：$(58)_{10} = (3A)_{16}$。

2）再转换小数部分 0.75。

```
       0.75
  ×      16
      12.00        整数部分为 12，即 C
       0.00        余下的小数部分为 0，结束
```

转换结果：$(0.75)_{10} = (0.C)_{16}$。

最后结果：$(58.75)_{10} = (3A.C)_{16}$

需要注意的是，一个十进制小数也不一定能完全准确地转换成十六进制小数。

3. 十进制数转换成八进制数

将十进制数转换成八进制数与转换成二进制数的方法相同，也要将十进制数的整数部分和小数部分分开进行。将十进制的整数转换成八进制整数，遵循"除 8 取余、逆序排列"的规则；将十进制小数转换成八进制小数，遵循"乘 8 取整、顺序排列"的规则。然后再

将八进制整数和小数拼接起来，形成最终转换结果。

4. 二进制数与十六进制数之间的相互转换

（1）十六进制数转换成二进制数

由于一位十六进制数正好对应四位二进制数（对应关系见表1-1），因此将十六进制数转换成二进制数，每一位十六进制数分别展开转换为二进制数即可。

［例1-7］ 将十六进制数（1ABC. EF1）$_{16}$转换为二进制数。

$$（\underline{1}\quad \underline{A}\quad \underline{B}\quad \underline{C}\quad .\quad \underline{E}\quad \underline{F}\quad \underline{1}\quad）_{16}$$
$$0001\quad 1010\quad 1011\quad 1100\quad .\quad 1110\quad 1111\quad 0001$$

转换结果：（1ABC. EF1）$_{16}$ =（1101010111100. 111011110001）$_2$。

（2）二进制数转换成十六进制数

将二进制数转换成十六进制数的方法，可以表述为：以二进制数小数点为中心，向两端每四位组成一组（若高位端和低位端不够四位一组，则用0补足），然后每一组对应一个十六进制数码，小数点位置对应不变。

［例1-8］ 将二进制数（101111111010101. 10111）$_2$转换为十六进制数。

$$（\underline{0101}\quad \underline{1111}\quad \underline{1101}\quad \underline{0101}\quad .\underline{1011}\quad \underline{1000}\quad）_2$$
$$5\quad F\quad D\quad 5\quad .\quad B\quad 8$$

转换结果：（101111111010101. 10111）$_2$ =（5FD5. B8）$_{16}$。

5. 二进制数与八进制数之间的相互转换

（1）八进制数转换成二进制数

由于一位八进制数正好对应三位二进制数（对应关系见表1-1），因此将八进制数转换成二进制数，每一位八进制数分别展开转换为二进制数即可。

［例1-9］ 将八进制数（7421. 046）$_8$转换成二进制数。

把八进制数转换为二进制数，用"一位拆三位"的办法，把每一位八进制数写成对应的三位二进制数，然后连接起来。

$$（\underline{7}\quad \underline{4}\quad \underline{2}\quad \underline{1}\quad .\quad \underline{0}\quad \underline{4}\quad \underline{6}\quad）_8$$
$$111\quad 100\quad 010\quad 001\quad .\quad 000\quad 100\quad 110$$

转换结果：（7421. 046）$_8$ =（111100010001. 00010011）$_2$。

（2）二进制数转换成八进制数

将二进制数转换成八进制数的方法，可以表述为：以二进制数小数点为中心，向两端每三位组成一组（若高位端和低位端不够三位一组，则用0补足），然后每一组对应一个八进制数码，小数点位置对应不变。

［例1-10］ 将（1010111011. 0010111）$_2$转换为八进制数。

从小数点分别向左、右三位一组，写出对应的八进制数。

$$\underline{001}\quad \underline{010}\quad \underline{111}\quad \underline{011}\quad .\underline{001}\quad \underline{011}\quad \underline{100}$$
$$1\quad 2\quad 7\quad 3\quad .\quad 1\quad 3\quad 4$$

转换结果：（1010111011. 0010111）$_2$ =（1273. 134）$_8$

6. 二、八、十六进制数转换为十进制数

把二进制数、八进制数、十六进制数转换为十进制数，通常采用按权展开相加的方法，即把二进制数（或八进制数、十六进制数）写成2（或8、16）的各次幂之和的形式，然后按十进制计算结果。

[例1-11] 把二进制数$(1011.101)_2$转换成十进制数。

$$(1011.101)_2 = 1 \times 2^3 + 0 \times 2^2 + 1 \times 2^1 + 1 \times 2^0 + 1 \times 2^{-1} + 0 \times 2^{-2} + 1 \times 2^{-3}$$
$$= 8 + 0 + 2 + 1 + 0.5 + 0 + 0.125$$
$$= (11.625)_{10}$$

[例1-12] 把八进制数$(123.45)_8$转换成十进制数。

$$(123.45)_8 = 1 \times 8^2 + 2 \times 8^1 + 3 \times 8^0 + 4 \times 8^{-1} + 5 \times 8^{-2}$$
$$= (83.578125)_{10}$$

[例1-13] 把十六进制数$(3AF.4C)_{16}$转换成十进制数。

$$(3AF.4C)_{16} = 3 \times 16^2 + 10 \times 16^1 + 15 \times 16^0 + 4 \times 16^{-1} + 12 \times 16^{-2}$$
$$= (943.296875)_{10}$$

1.2.4 计算机中数值型数据的表示

1. 机器数与真值

在计算机中只能用数字化信息来表示数据，非二进制整数输入到计算机中都必须以二进制格式来存放，同时数值的正、负也必须用二进制数来表示。用二进制数"0"表示正数，用二进制数"1"表示负数，且用最高位作为数值的符号位，每个数据占用一个或多个字节。这种连同符号与数字组合在一起的二进制数称为机器数，机器数所表示的实际值称为真值。

[例1-14] 分别求十进制数"+38"和"-38"的真值和机器数。

由于$(38)_{10} = (100110)_2$，所以

$(+38)_{10}$的真值为$+100110$，机器数为$0\ 0100110$。

$(-38)_{10}$的真值为-100110，机器数为$1\ 0100110$。

[例1-15] 分别求十进制数"+158"和"-158"的机器数。

由于十进制数"158"的二进制数为"10011110"，二进制数本身已经占满8位，即真值占用了符号位，因此，要用二个字节表示该二进制数。

由于$(158)_{10} = (10011110)_2$，所以

$(+158)_{10}$的机器数为$0\ 000000010011110$。

$(-158)_{10}$的机器数为$1\ 000000010011110$。

2. 原码、反码与补码

在机器数中，数值和符号全部数字化。计算机在进行数值运算时，采用把各种符号位和数值位一起编码，通常用原码、反码和补码三种方式表示。其主要目的是解决减法运算。任何正数的原码、反码和补码的形式完全相同，负数的表示形式则各不相同。

（1）原码

原码是机器数的一种简单的表示法。其符号位用0表示正号，用1表示各种负号。数值一般用二进制形式表示。设有一数为X，则原码可记作$(X)_原$。

用原码表示数简单、直观，与真值之间的转换方便。但不能用它直接对两个同号数相减或两个异号数相加。

[例1-16] 求十进制数"+38"与"-38"的原码。

由于$(38)_{10} = (100110)_2$，所以

$(+38)_原 = 00100110$

$(-38)_原 = 10100110$

（2）反码

机器数的反码可由原码得到。如果机器数是正数，则该机器数的反码与原码一样；如果机器数是负数，则该机器数的反码是对它的原码（符号位除外）各位取反，即"0"变为"1"，"1"变为"0"。任何一个数的反码的反码就是原码本身。

设有一数 X，则 X 的反码可记作 $(X)_反$。

[**例1-17**]　求十进制数"+38"与"-38"的反码。

由于正数的反码和原码相同，所以

$(+38)_反 = (+38)_原 = 00100110$

$(-38)_原 = 10100110$

$(-38)_反 = 11011001$

（3）补码

如果机器数是正数，则该机器数的补码与原码一样；如果机器数是负数，则该机器数的补码是其反码加1，即对该数的原码除符号位外各位取反，然后加1。任何一个数的补码就是原码本身。设有一数 X，则 X 的补码可记作 $(X)_补$。

[**例1-18**]　求十进制数"+38"与"-38"的补码。

由于正数的补码和原码相同，所以

$(+38)_补 = (+38)_原 = 00100110$

$(-38)_原 = 10100110$

$(-38)_反 = 11011001$

$(-38)_补 = 11011010$

运用补码，则加减法运算都可以用加法来实现，并且两数的补码之"和"等于两数"和"的补码。目前，在计算机中加减法基本上都是采用补码进行运算的。

补码表示数的范围与二进制位数有关。

1）当采用8位二进制表示时，小数补码的表示范围：

最大为0.1111111，其真值为 $(+0.99)_{10}$；最小为1.0000000，其真值为 $(-1)_{10}$。

2）当采用8位二进制表示时，整数补码的表示范围：

最大为01111111，其真值为 $(+127)_{10}$；最小为10000000，其真值为 $(-128)_{10}$。

在补码表示法中，0只有一种表示形式：

$(+0)_补 = 00000000$

$(-0)_补 = 11111111 + 1 = 00000000$（由于受设备字长的限制，最后的进位丢失）

所以有 $(+0)_补 = (-0)_补 = 00000000$。

3. 整数的取值范围

机器数所表示的数的范围受设备限制。在计算机中，一般用若干个二进制位表示一个数或一条指令，把它们作为一个整体来处理、存储和传送。这种作为一个整体来处理的二进制位串，称为计算机字。

计算机是以字为单位进行处理、存储和传送的，所以运算器中的加法器、累加器以及其他一些寄存器都选择与字长相同的位数。字长一定，则计算机数据字所能表示的数的范围也就确定了。例如，一个数若不考虑它的符号，即无符号数，若用8位字长的计算机（简称8位机，即一个字节）表示无符号整数，可以表示的最大值为 $(255)_{10} = (11111111)_2$，数的范围是0~255。运算时，若数值超出机器数所能表示的范围，就会停止运算和处理，这种现象称为溢出。

正整数原码的符号位用 0 表示，负整数原码的符号位用 1 表示。对 8 位机来讲，当数用原码表示时，表示的范围为 – 127 ～ + 127。

正整数的反码是它本身，负整数的反码为符号位取 1，数值部分取反。对 8 位机来讲，当数用反码表示时，表示的范围为 – 127 ～ + 127。

正整数的补码是它本身，负整数的补码等于反码加 1。对 8 位机来讲，当数用补码表示时，表示的范围为 – 128 ～ + 127。

4. 定点数和浮点数

计算机中运算的数，有整数，也有小数。通常有两种规定：一种是小数点的位置固定不变，这时的机器数称为定点数。另一种是小数点的位置可以浮动，这时的机器数称为浮点数。微型机多使用定点数。

（1）定点数

定点数是指机器数中的小数点的位置固定不变。

如果小数点隐含固定在整个数值的最右端，符号位右边所有的位数表示的是一个整数，即为定点整数。例如，对于 16 位机，如果符号位占 1 位，数值部分占 15 位，于是机器数为 0111111111111111 的等效十进制数为 + 32767，其符号位、数值部分、小数点的位置示意如图 1–10 所示。

如果小数点隐含固定在数值的某一个位置上，即为定点小数。

如果小数点固定在符号位之后，即为纯小数。假设机器字长为 16 位，符号位占 1 位，数值部分占 15 位，于是机器数 1.000000000000001 的等效的十进制数为 – 2^{15}。其符号位、数值部分、小数点的位置示意如图 1–11 所示。

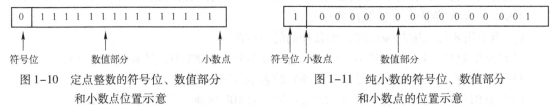

图 1–10　定点整数的符号位、数值部分　　　　图 1–11　纯小数的符号位、数值部分
　　　　　　和小数点位置示意　　　　　　　　　　　　　　和小数点的位置示意

（2）浮点数

采用浮点数最大的特点是比定点数表示的数值范围大。

浮点数是指小数位置不固定的数，它既有整数部分又有小数部分。在计算机中通常把浮点数分成阶码和尾数两部分来表示，其中阶码一般用补码定点整数表示，尾数一般用补码或原码定点小数表示。为保证不损失有效数字，对尾数进行规格化处理，也就是平时所说的科学记数法，即保证尾数的最高位为 1，实际数值通过阶码进行调整。

浮点数的格式多种多样，例如，某计算机用 4 字节表示浮点数，阶码部分为 8 位补码定点整数，尾数部分为 24 位补码定点小数，如图 1–12 所示。

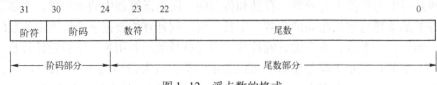

图 1–12　浮点数的格式

其中，阶符表示指数的符号位；阶码表示幂次；数符表示尾数的符号位；尾数表示规格化后的小数值。

[例1-19] 描述用4个字符存放十进制浮点数"136.5"的浮点格式。

$$由于 (136.5)_{10} = (10001000.1)_2$$
$$将二进制数"10001000.1"进行规格化，即$$
$$10001000.1 = 0.100010001 \times 2^8$$

阶码2^8表示阶符为"＋"，阶码"8"的二进制数为"0001000"；尾数中的数符为"＋"，小数值为"100010001"。

十进制小数"136.5"在计算机中的表示，如图1-13所示。

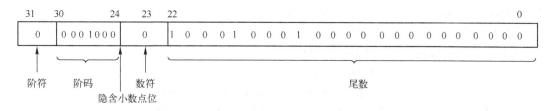

图1-13 规格化后的浮点数

1.2.5 西文信息在计算机内的表示

计算机对非数值的文字和其他符号处理时，要进行数字化处理，即用二进制编码来表示文字和符号。字符编码就是规定用怎样的二进制编码来表示文字和符号。由于字符编码是一个涉及世界范围内有关信息的表示、交换、处理、存储的基本问题，因此，其都是以国家标准或国际标准的形式颁布施行的，如位数不等的二进制码、BCD码、ASCII码、汉字编码等。

在输入过程中，系统自动将用户输入的各种数据按编码的类型转换成相应的二进制形式存入计算机存储单元中。在输出过程中，再由系统自动将二进制编码数据转换成用户可以识别的数据格式输出给用户。

1. BCD码（二—十进制编码）

通常人们习惯于使用十进制数，而计算机内部多采用二进制表示和处理数值数据，因此在计算机输入和输出数据时，就要进行由十进制到二进制和从二进制到十进制的转换处理，这是多数应用环境的实际情况。显然，如果这项事务性工作由人工完成，势必造成大量时间的浪费。因此，必须用一种编码的方法，由计算机自己来承担这种识别和转换。

采用把十进制数的每一位分别写成二进制数形式的编码被称为二进制编码的十进制数，即二—十进制编码或BCD（Binary Coded Decimal）编码。

BCD编码方法很多，通常采用8421编码。这种编码最自然简单。其方法是用4位二进制数表示一位十进制数，自左到右每一位对应的权分别是2^3、2^2、2^1、2^0，即8、4、2、1。值得注意的是，4位二进制数有0000～1111共16种状态，这里只取了0000～1001这10种状态，1010～1111这六种状态在这里没有意义。

十进制数与8421码的对照如表1-2所示。其中十进制的0～9对应于0000～1001。对于十进制的10，则要用2个8421码来表示。

表 1-2　十进制数与 8421 码的对照表

十 进 制 数	8421 码	十 进 制 数	8421 码
0	0000	6	0110
1	0001	7	0111
2	0010	8	1000
3	0011	9	1001
4	0100	10	0001 0000
5	0101		

BCD 码与二进制之间的转换不是直接进行的。当需要将 BCD 码转换成二进制时，要先将 BCD 码转换成十进制，然后再转换成二进制；当需要将二进制转换成 BCD 码时，要先将二进制转换成十进制，然后再转换成 BCD 码。

[例 1-20]　写出十进制数 864 的 8421 码。

先写出十进制数 864 每一位的二进制码。

　　　　　　十进制数 864 的各位：　　8　　　　6　　　　4

　　　　　　对应的二进制数：　　　1000　　0110　　0100

然后拼接在一起，即十进制数 864 的 8421 码为：100001100100。

2. 西文字符的编码

20 世纪 60 年代中期，计算机开始用于非数值处理。计算机中常用的基本字符包括十进制数字符号 0 ~ 9，大小写英文字母 A ~ Z，a ~ z，各种运算符号、标点符号以及一些控制符，总数不超过 128 个，只需要 7 位二进制就能组合出 128（2^7）种不同的状态。在计算机中它们都被转换成能被计算机识别的二进制编码形式，这样计算机就可以用不同的二进制数来存储英文文字以及常用符号了，这个方案的名称为美国信息互换标准代码（American Standard Code for Information Interchange，ASCII），于 1967 年定案。它最初是美国国家标准，供不同计算机在相互通信时用作共同遵守的西文字符编码标准，它已被国际标准化组织（International Organization for Standardization，ISO）定为国际标准，称为 ISO 646 标准。

ASCII 码用 7 位二进制数可以表示 $2^7 = 128$ 种状态，所以 7 位 ASCII 码是用 7 位二进制数进行编码的，可以表示 128 个字符。7 位 ASCII 码，也称为标准 ASCII 码，如图 1-14 所示。

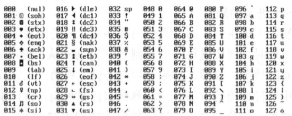

图 1-14　标准 ASCII 码表（字符代码 0 ~ 127）

ASCII 码表中的 128 个符号中，第 0 ~ 32 号及第 127 号（共 34 个）为控制字符，主要分配给了打印机等设备，作为控制符，如换行、回车等；第 33 ~ 126 号（共 94 个）为字符，其中第 48 ~ 57 号为 0 ~ 9 共 10 个数字符号，第 65 ~ 90 号为 26 个英文大写字母，第 97 ~ 122 号为 26 个英文小写字母，其余为一些标点符号、运算符号等。

例如，大写字母 A 的 ASCII 码值为 1000001，即十进制数 65；小写字母 a 的 ASCII 码值为 1100001，即十进制数 97。

为了使用方便，在计算机的存储单元中，一个 ASCII 码值占 1 字节（8 个二进制位），其最高位（b_7）用作奇偶校验位。所谓奇偶校验，是指在代码传送过程中用来检验是否出现错误的一种方法，一般分奇校验和偶校验。

1）奇校验：正确代码的一个字节中 1 的个数必须是奇数，若非奇数，则在最高位 b_7 添 1 来满足。

2）偶校验：正确代码的一个字节中 1 的个数必须是偶数，若非偶数，则在最高位 b_7 添 1 来满足。

[**例 1-21**] 将"COPY"四个字符的 ASCII 码查出，存放在存储单元中，且最高位 b_7 用作奇校验。

由于一个字节只能存放一个 ASCII 码，所以"COPY"要用 4 个字节表示。根据 ASCII 码规定和题目要求，将最高位 b_7 用作奇校验，其余各位由 ASCII 码值得到。

C 的 ASCII 码值 = $(67)_{10}$ = $(1000011)_2$，该字节存储为 $(01000011)_2$

O 的 ASCII 码值 = $(79)_{10}$ = $(1001111)_2$，该字节存储为 $(01001111)_2$

P 的 ASCII 码值 = $(80)_{10}$ = $(1010000)_2$，该字节存储为 $(11010000)_2$

Y 的 ASCII 码值 = $(89)_{10}$ = $(1011001)_2$，该字节存储为 $(11011001)_2$

[**例 1-22**] 当 ASCII 码值为"1001001"时，它是什么字符？当采用偶校验时，b_7 等于什么？

通过查 ASCII 码表得知，$(1001001)_2$ = $(73)_{10}$ 代表大写字母"I"，若将 b_7 作为奇偶校验位且采用偶校验，根据偶校验规则传送时必须保证一个字节中 1 的个数是偶数，所以 b_7 应等于 1，即 $b_7 = 1$。

当时，世界上所有的计算机都使用同样的 ASCII 编码方案来保存英文文字和各种常用符号，标志着计算机字符处理的开始。但从计算机实现和以后扩展方面考虑，使用了 8 位（1 字节）来存储。

1.2.6 中文信息在计算机内的表示

中文的基本组成单位是汉字，汉字也是字符。汉字处理技术必须要解决的是汉字的输入、输出以及汉字存储等一系列问题，其关键问题是要解决汉字编码的问题。在汉字处理的各个环节中，由于要求不同，采用的编码也不同，如图 1-15 所示为汉字在不同阶段的编码。

1. 汉字交换码

汉字交换码是指在汉字信息处理系统之

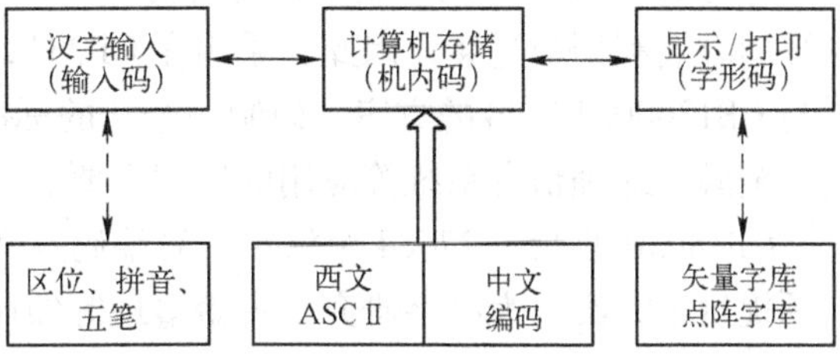

图 1-15 汉字在不同阶段的编码

间或者信息处理系统与通信系统之间进行汉字信息交换时所使用的编码。为了适应东方文字信息的处理，国际标准化组织制定了 ISO2022《七位与八位编码字符集的扩充方法》。我国根据 ISO2022 制定了国家标准 GB2311-1980《信息处理交换用七位编码字符集的扩充方法》，它是以七位编码字符集为基础进行代码扩充，并根据该标准制定了国家标准 GB2312 -1980《信息交换用汉字编码字符集—基本集》。其他东方国家或地区也制定了各自的字符编码标准，如日本的 JIS0208，韩国的 KSC5601 等。

为了提高计算机的信息处理能力和交换功能，使世界各国的文字都能在计算机中处理，从 1984 年起，国际标准化组织就开始研究制定满足多文种信息处理要求的国际通用编码字符集（Universal Coded Character Set，UCS），该标准取名为 ISO10646。标准中一个重要的部分是统一的中日韩汉字编码字符集。国际标准化组织通过了以"统一的中日韩汉字字汇与字序 2.0 版"（Unified Ideographic CJK Characters Repertoire and Ordering V2.0）为重要组成部分的 ISO10646 UCS，其中共收集汉字 20902 个。我国根据 ISO10646 制定了相应的国家标准 GB13000.1 – 1993，该标准与 ISO10646 完全兼容。

（1）国标码（GB2312 – 1980）

1980 年我国颁布了第一个汉字编码字符集标准，即 GB2312 – 1980《信息交换用汉字编码字符集基本集》。该标准共收了 6763 个汉字及常用符号，奠定了中文信息处理的基础。它由三部分组成：第一部分是字母、数字和各种符号，包括英文、俄文、日文、罗马字母、汉语拼音等，共 687 个；第二部分是 3755 个二级常用汉字；第三部分是 3008 个次常用汉字。

（2）国际多文种编码 ISO10646 – 1、ISO10646 – 2000 和 GB13000.1 – 1993

随着国际间的交流与合作的扩大，信息处理对字符集提出了多文种、大字量、多用途的要求。1993 年国际标准化组织发布了 ISO/IEC10646 – 1《信息技术通用多八位编码字符集第一部分体系结构与基本多文种平面》。我国等同采用此标准制定了 GB13000.1 – 1993《信息技术多八位编码字符（UCS）》。该标准采用了全新的多文种编码体系，收录了中、日、韩 20902 个汉字，是编码体系未来发展方向。但是，由于其新的编码体系与现有多数操作系统和外部设备不兼容，所以它的实现仍需要一个过程，目前还不能完全解决我国当前应用迫切需要的问题。

国际标准化组织在 ISO10646 – 2000 中（Unicode 3.0）编入了基本汉字 27484 个，即 GB18030 颁布时所建议支持的字汇。同时国际标准化组织还在 ISO10646 – 2000 提供了扩展汉字 42711 个。

（3）汉字扩充编码 GB18030 – 2000

2000 年 3 月 17 日，我国颁布了最新国家标准 GB18030 – 2000《信息技术信息交换用汉字编码字符集基本集的扩充》，是我国计算机系统必须遵循的基础性标准之一。

考虑到 GB13000 的完全实现有待时日，以及 GB 2312 编码体系的延续性和现有资源和系统的有效利用与过渡，因此，采用在 GB2312（GB2311）的基础上进行扩充，并且在字汇上与 GB13000.1 兼容的方案，研制一个新的标准，进而完善 GB2312，以满足我国邮政、户政、金融、地理信息系统等应用的迫切需要。

GB18030 收录了 27484 个汉字，总编码空间超过 150 万个码位，为解决人名、地名用字问题提供了方案，为汉字研究、古籍整理等领域提供了统一的信息平台基础。

GB18030 与 GB2312 标准兼容，在字汇上支持 GB13000.1 的全部中、日、韩（CJK）统一汉字字符和全部 CJK 扩充的字符，并且确定了编码体系和 27 484 个汉字，形成了兼容性、扩展性、前瞻性兼备的方案。

Office XP/2003/2007/2010 及 Windows XP/VISTA/7/8 都已支持 ISO10646 – 2000 和 GB18030，提供汉字超大字符集（64 000 汉字）。

2. 汉字的机内码

汉字的机内码是汉字在计算机系统内部存储、处理统一使用的编码，又称汉字内码。正是由于机内码的存在，输入汉字时就允许用户根据自己的习惯使用不同的汉字输入码，例如拼音法、自然码、五笔字型、区位码等，进入系统后再统一转换成机内码存储。国标码也属于一种机器内部编码，其主要用途是将不同的系统使用的不同编码统一转换成国标码，使不同系统之间的汉字信息相互交换。

汉字内码扩展规范（GBK）是国家技术监督局 1995 年为中文 Windows 95 操作系统所制定的新的汉字内码规范（GB 表示国标，K 表示扩展）。该规范在字汇一级上支持 ISO10646 和 GB13000 中的全部中日韩（CJK）汉字，并与国家标准 GB2312 – 1980 信息处理交换码相兼容。

3. 汉字的输入码（外码）

汉字的输入码是为用户能够利用英文键盘输入汉字而设计的编码。人们从不同的角度总结出了多种汉字的构字规律，设计出了多种的输入码方案。主要有以下四种。

1）数字编码，以国标 GB2312 – 1980、GBK 为基准的国标码，如区位码。

2）字音编码，以汉字拼音为基础的拼音类输入法，如各种全拼、双拼输入方案。

3）字形编码，以汉字拼形为基础的拼形类输入法，如五笔字型。

4）音形编码，以汉字拼音和拼形结合为基础的音形类输入法。

4. 汉字的字形码（输出码）

字形码提供在显示器或打印机中输出汉字时所需的汉字字形。字形码与机内码对应，字形码集合在一起，形成字库。字库分点阵字库和矢量字库两种。

由于汉字是由笔画组成的方字，所以对于汉字来讲，不论其笔画多少，都可以放在相同大小的方框里。如果我们用 m 行 n 列的小圆点组成这个方块（汉字的字模点阵），那么每个汉字都可以用点阵中的一些点组成。如图 1–16 所示为汉字"中"的 16×16 像素字模点阵和编码表示。

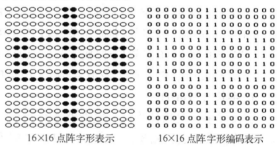

16×16 点阵字形表示　　　16×16 点阵字形编码表示

图 1–16　16×16 像素字符的点阵字形和编码表示

如果将每一个点用一位二进制数表示，有笔形的位为 1，否则为 0，就可以得到该汉字的字形码。由此可见，汉字字形码是一种汉字字模点阵的二进制码，是汉字的输出码。

汉字的字形点阵有 16×16 点阵、24×24 点阵、32×32 点阵等。点阵分解越细，字形质量越好，但所需存储量也越大。

1.2.7　图形信息在计算机内的表示

图画在计算机中有两种表示方法：图像（image）表示法和图形（graphics）表示法。

1. 图像表示法

图像表示法是把原始画面离散成 m×n 个像点（像素）所组成的一个矩阵。黑白画面的每个像素用 1 个二进制数表示该点的灰度，彩色画面的每个像素用 3 个二进制数来表示该点的 3 个分量（如 R、G、B）的灰度，这种图常称为位图。汉字字形的点阵描述就是一种黑白图像的表示。

2. 图形表示法

图形表示法是根据画面中所包含的内容，分别用几何要素（点、线、面、体）和物体表面的材料与性质以及环境的光照条件、观察位置等来描述，如工程图纸、地图等，这种图常称为矢量图。汉字字形的轮廓描述法就属于图形表示。其优点是易于加工处理，数据量少。

1.2.8　计算机中数据的存储单位

在计算机中，通常用 B（字节）、KB（千字节）、MB（兆字节）或 GB（吉字节）为单位来表示存储器（内存、硬盘、内存盘等）的存储容量或文件的大小。所谓存储容量是指存储器中能够包含的字节数。

1. 位（bit）

位是计算机中存储数据的最小单位，指二进制数中的一个位数，其值为"0"或"1"。位的单位为 bit（简称 b），称为"比特"。

2. 字节（Byte）

字节是计算机中存储数据的基本单位，计算机存储容量的大小是以字节的多少来衡量的。字节的单位为 Byte（简称 B），一个字节等于 8 位，即 1Byte = 8 bit。

为了便于衡量存储数据或存储器的大小，统一以字节为单位。换算关系如下：

1 B(Byte，字节) = 8b(bit，位)

1 KB(Kilobyte，千字节) = 1024 B = 2^{10} B

1 MB(Megabyte，兆字节) = 1024 KB = 1024 × 1024 B = 2^{10} KB = 2^{20} B

1 GB(Gigabyte，吉字节/千兆字节) = 1024 MB = 1024 × 1024 KB = 2^{10} MB = 2^{30} B

1 TB(Terabyte，太字节/兆兆字节) = 1024 GB = 1024 × 1024 MB = 2^{10} GB = 2^{40} B

1 PB(Petabyte，拍字节/千兆兆字节) = 1024 TB = 1024 × 1024 GB = 2^{10} TB = 2^{50} B

1 EB(Exabyte，艾字节/百亿亿字节) = 1024 PB = 1024 × 1024 TB = 2^{10} PB = 2^{60} B

3. 字长（Word）

字长（字）是指计算机一次能够并行存取、加工、运算和传送的数据长度。字长通常是字节的整数倍数，如 8 位、16 位、32 位、64 位、128 位。

字长是计算机的一个重要指标，直接反映一台计算机的计算精度和速度，计算机字长越长，则其精度越高、速度越快。

1.3　多媒体技术简介

多媒体技术（Multimedia Technology）是利用计算机对文本、图形、图像、声音、动画、视频等多种信息综合处理、建立逻辑关系和进行人机交互活动的技术。真正的多媒体技术所涉及的对象是计算机技术的产物，而其他的如电影、电视、音响等，均不属于多媒体技术的范畴。

1.3.1　媒体的概念

媒体（Media）是指信息表示和传播的载体。例如，文字、声音、图像等都是媒体。在计算机领域中，常用的媒体主要有以下几种。

1）感觉媒体。感觉媒体直接作用于人的感官，使人能直接产生感觉。例如，人类的各种语言或音乐，自然界的各种声音、图形、静止或运动的图像，计算机系统中的文件、数据和文字等。

2）表示媒体。表示媒体是指各种编码，如语音编码、文本编码、图像编码等。这是为了加工、处理和传输感觉媒体而人为地进行研究、构造出来的一类媒体。

3）表现媒体。表现媒体是感觉媒体与计算机之间的界面，如键盘、摄像机、话筒、显示器、喇叭、打印机等。

4）存储媒体。存储媒体用于存放表示媒体，即存放感觉媒体数字化后的代码。存放代码的存储媒体有软盘、硬盘、光盘等。

5）传输媒体。传输媒体是用来将媒体从一处传送到另一处的物理载体，如双绞线、同轴电缆、光纤等。

1.3.2 多媒体技术的概念

多媒体技术是指利用计算机技术把文字、声音、图形和图像等多媒体综合一体化，使它们建立起逻辑联系，并能进行加工处理的技术。这里所说的加工处理主要是指对这些媒体的录入，对信息进行压缩和解压缩、存储、显示、传输等。多媒体技术具有以下特征。

1）集成性。多媒体技术的集成性是指将多种媒体有机地组织在一起，共同表达一个完整的多媒体信息，使声、文、图、像一体化。

2）交互性。交互性是指人和计算机能"对话"，以便进行人工干预控制。交互性是多媒体技术的关键特征。

3）数字化。数字化是指多媒体中的各个单媒体都是以数字形式存放在计算机中。

4）实时性。多媒体技术是多种媒体集成的技术，在这些媒体中，有些媒体（如声音和图像）是与时间密切相关的，这就决定了多媒体技术必须要支持实时处理。

多媒体技术是基于计算机技术的综合技术，它包括数字信号处理技术、音频和视频技术、计算机硬件和软件技术、人工智能和模式识别技术、通信和图像技术等。它是正在发展过程中的一门跨学科的综合性高新技术。

1.3.3 多媒体计算机系统的基本组成

多媒体计算机是指能综合处理多媒体信息，使多种信息建立联系，并具有交互性的计算机系统。多媒体计算机系统一般由多媒体计算机的硬件系统和软件系统组成。

1. 多媒体计算机硬件系统

多媒体计算机硬件系统主要包括以下几部分。

1）多媒体主机。如微型机、工作站、服务器等。

2）多媒体输入设备。如话筒、DVD、扫描仪、摄像机、电视机等。

3）多媒体输出设备。如打印机、绘图仪、喇叭、电视机、录音机、刻录机、显示器等。

4）多媒体存储设备。如硬盘、移动硬盘、光盘、U盘、声像磁带等。

5）多媒体适配器（卡）。如视频卡、声卡、压缩卡、家电控制卡、调制解调器等。

6）操纵控制设备。如鼠标、操纵杆、键盘、触摸屏等。

2. 多媒体计算机软件系统

多媒体计算机的软件系统是以操作系统为基础的。除此之外，还有多媒体数据库管理系统、多媒体压缩/解压缩软件、多媒体声像同步软件、多媒体通信软件等。多媒体系统在不同的应用领域，需要多种开发工具。而多媒体开发和创作工具为多媒体系统提供了方便直观的创作途径，一些多媒体开发软件包提供了图形、色彩板、声音、图像及各种媒体文件的转换与编辑手段。

3. 多媒体核心技术

在多媒体计算机中，主要使用了两种核心技术，一种是模数/数模转换技术，一种是压缩编码技术。计算机处理多媒体信息的前提，是要将多媒体信息转换成二进制形式的数据。

1）模数转换（A/D）技术。是将多媒体信息转换为计算机可以处理的二进制数据的技术。首先，通过采集设备（如声音使用麦克风、静态图像通过数码相机、动态图像使用摄像机）将现实世界的声音、图像等信息转化为模拟电信号，然后对这个模拟电信号进行数字化转换（A/D），获得表示多媒体信息的数据。

2）数模转换（D/A）技术。是将计算机中的二进制数据转换成模拟电信号形式的多媒体信息的技术。模拟电信号形式的信息通过显示器、音箱等多媒体输出设备显示出图像、视频或播放出音响，人们就可以顺利地接受这些信息。

3）压缩技术。是将体量很大的数据集以一定的算法重新组合编码，在不丢失信息的前提下获得体量更小数据集的技术。压缩技术是一种软件技术，经过压缩后多媒体信息数据量大大减小，以便于保存和传输。

4）解压缩技术。是将一个经过压缩的文档、文件（多媒体信息或其他数据文件），通过还原算法将数据恢复成压缩前的原始状态，以便于还原多媒体信息。

1.3.4　多媒体技术的应用

现在，多媒体技术越来越广泛的应用在工业、农业、商业、金融、教育、娱乐、旅游导览、房地产开发等各行各业、各个领域中，尤其在信息查询、产品展示、广告宣传等方面。多媒体技术的应用主要体现在以下几个方面。

1）教育与培训。多媒体技术为丰富多彩的教学方式又增添了一种新的手段。多媒体技术可以把课文、图表、声音、动画、影片和录像等组合在一起构成教育产品。这种图、文、声、像并茂的场景，能大大提高学生的学习兴趣和接受能力，并且可以方便地进行交互式的指导，也便于因材施教。

用于军事、体育、医学、驾驶等专业培训的多媒体计算机，不仅可以使受训者在生动直观、逼真的场景中完成训练，而且能够设置各种复杂环境，提高受训人员对困难和突发事件的应付能力，并能自动评测学员的学习成绩。

2）商业领域。多媒体技术在商业领域中的应用也十分广泛，例如，多媒体技术用于商品广告、商品展示、商业演讲等方面，使人们有一种身临其境的感觉。

3）信息领域。利用光盘大容量的存储空间，并与多媒体声像功能结合，可以提供大量的产品信息，如百科全书、地理地图系统、旅游指南等电子工具。还有电子出版物、多媒体电子邮件、多媒体会议等都是多媒体在信息领域中的应用。

4）娱乐与服务。多媒体技术用于计算机后，使声音、图像、文字融为一体，用计算机既能听音乐，又能欣赏影视节目，使家庭文化生活进入到一个更加美妙的境地。多媒体计算机还可以为家庭提供全方位的服务，如家庭教师、家庭医生、家庭商场等。

1.4 计算机病毒及其防治

1983 年 11 月 3 日，美国计算机安全专家 Fred Cohen 博士研制出一种能够在运行过程中复制自身的破坏程序，成为了世界上第一个计算机病毒。随后，计算机病毒像打开的潘多拉盒子，迅速蔓延。计算机病毒的出现和发展是计算机软件技术发展的必然结果。

1.4.1 计算机病毒的特征和分类

1. 计算机病毒的定义

在《中华人民共和国计算机信息系统安全保护条例》中，计算机病毒被定义为："计算机病毒，是指编制或者在计算机程序中插入的破坏计算机功能或者毁坏数据，影响计算机使用，并能自我复制的一组计算机指令或程序代码。"

一般认为，计算机病毒（Computer Virus）是一种通过计算机网络、光盘或 U 盘等传播，能够侵入计算机系统并给计算机系统带来故障，且具有繁殖能力的计算机程序。计算机病毒也是一种计算机程序。因为这些程序的很多特征是模仿疾病病毒，所以使用"病毒"一词。

2. 计算机病毒的特征

计算机病毒作为一种特殊的程序，具有以下特征。

（1）寄生性

计算机病毒通常不是一个独立的程序，而是寄生在其他可执行的程序中。所以，它能享有被寄生的程序所能得到的一切权限。

（2）破坏性

无论何种病毒程序，一旦侵入系统都会对操作系统的运行造成不同程序的影响。即使不直接产生破坏作用的病毒程序也要占用系统资源（如占用内存空间、占用磁盘存储空间以及系统运行时间等）。还有一些病毒程序会删除文件或加密磁盘中的数据，甚至摧毁整个系统或数据，使之无法恢复，造成无可挽回的损失。因此，病毒程序的破坏性轻者降低系统工作效率，重者导致系统崩溃、数据丢失。

（3）传染性

传染性是计算机病毒最重要的特征，是判断一段程序代码是否为计算机病毒的依据。计算机病毒只有在运行时才具有传染性。病毒程序一旦侵入计算机系统，就开始搜索可以传染的程序或磁介质，然后通过自我复制迅速传播。由于目前计算机网络日益发达，计算机病毒可以在极短的时间内通过像互联网这样的网络传遍世界。

（4）潜伏性

计算机病毒具有依附于其他媒体而寄生的能力，病毒传染给合法的程序或系统后，在激发条件出现之前，不立即发作，而是潜伏起来，在用户不察觉的情况下传播。

（5）隐蔽性

计算机病毒是一段寄生在其他程序中的可执行程序，具有很强的隐蔽性。当运行受感染的程序时，病毒程序首先运行，并传染给其他程序。在潜伏期，计算病毒很难被察觉。

3. 计算机病毒的分类

计算机病毒有多种不同的分类方法，按计算机病毒的传染方式，分为如下五类。

（1）引导区型病毒

引导区型病毒是指寄生在硬盘、光盘、U 盘等各种存储介质的主引导区中的计算机病毒。此种病毒利用系统引导时不对引导区的内容正确与否进行判别的缺点，在引导系统的过程中侵入系统，驻留内存，监视系统运行，待机传染和破坏。

（2）文件型病毒

文件型病毒是指能够寄生在文件中的计算机病毒。这类病毒程序感染可执行文件或数据文件。文件型病毒只有在带毒程序执行时才留驻内存，若符合激发条件，则发作。

（3）混合型病毒

混合型病毒是指同时具有引导型病毒和文件型病毒寄生方式的计算机病毒。这种病毒扩大了病毒程序的传染途径，它既感染引导区，又感染可执行文件。当染有此种病毒的磁盘、U 盘、光盘等用于引导系统或调用执行染毒文件时，病毒都会被激活。因此在检测、清除复合型病毒时，必须全面彻底地根治。如果只发现该病毒的一个特征，就把它当做引导型或文件型病毒进行清除，虽然好像是清除了，但还留有隐患。

（4）宏病毒

宏病毒也属于文件型病毒。宏病毒一般是指用 Microsoft Office Visual Basic 编写的病毒程序。寄存在 Microsoft Office 文档上的宏代码，主要传染 Word 文档（*.doc）、Excel 工作簿（*.xls）等文档。它会影响对文档的各种操作，如打开、存储、关闭或清除等。当打开 Office 文档时，宏病毒程序就会被执行，即宏病毒处于活动状态。当触发条件满足时，宏病毒才开始传染、表现和破坏。按照美国国家计算机安全协会的统计，宏病毒目前占全部病毒的 80%，在计算机病毒历史上它是发展最快的病毒。宏病毒同其他类型的病毒不同，它不特别关联于操作系统，而是通过电子邮件、移动存储器、Web 下载、文件传输和合作应用传播。

（5）网络病毒

网络病毒大多通过电子邮件（E-Mail）传播。如果收到来历不明的邮件，执行了附带的"黑客程序"，此程序就会隐藏在系统中，并留驻内存。一旦该计算机联入网络，"黑客"就可以通过该"黑客程序"监控该计算机，窃取该计算机中的信息资料。

4. 计算机病毒的传染途径

计算机病毒的传染主要通过以下四种途径。

（1）通过移动存储器

通过使用外界被感染的 U 盘、光盘、移动硬盘等。使用这些带毒的移动存储器，首先会使计算机感染（如硬盘、内存），随后又传染给在此计算机上使用的干净磁盘，这些感染病毒的磁盘在其他的计算机上使用时又会继续传染给其他计算机。这种大量的磁盘交换，合法和非法的软件复制，不加控制地任意在计算机上使用各种软件，即构成了病毒泛滥蔓延的温床。

（2）通过硬盘

新购买的机器硬盘带有病毒，或者将带有病毒的机器维修、搬移到其他地方。硬盘一旦感染病毒，就成为传染病毒的繁殖地。

（3）通过光盘

随着光盘驱动器的广泛使用，越来越多的软件以光盘作为存储介质，有些软件在写入光盘前就已经被病毒感染。由于光盘是只读的，所以无法清除光盘上的病毒。

（4）通过网络

通过网络，尤其是通过互联网进行病毒的传播，其传播速度极快且传播区域更广。

1.4.2 计算机感染病毒的症状、清除及预防

1. 计算机感染病毒的常见症状

目前，计算机病毒的破坏力越来越强，几乎所有的软、硬件故障都可能与病毒相关。计算机染上病毒或病毒在传播的过程中，计算机系统往往会出现一些异常现象，所以当操作时发现计算机有异常情况，首先应怀疑是否是病毒在作怪。用户可通过观察系统出现的异常症状，以初步确定用户系统是否已经受到病毒的侵袭。以下列举的异常现象可能是计算机系统感染病毒的表现。

- 程序装入时间比平时长。
- 磁盘访问时间比平时长。
- 显示器上经常出现一些莫名其妙的信息或异常显示。
- 有规律地出现异常信息。
- 磁盘空间突然变小。
- 程序和数据神秘丢失。
- 发现可执行文件的大小发生变化或发现不知来源的隐藏文件。
- 打印速度变慢或打印异常字符。
- 系统上的设备不能使用，如系统不再承认 C 盘。
- 异常死机。
- 扬声器发出异常的声音。

当计算机出现上述异常现象时，就要对计算机系统做进一步的检测，最佳的解决办法是用杀毒软件对计算机进行一次全面的清查。目前有很多软件，它们不仅能检查病毒，还可以清除病毒，如 360、诺顿、金山等。

2. 计算机病毒的清除

（1）计算机病毒的清除原则

由于清除病毒是病毒感染的逆操作，从某种意义说清除病毒与感染病毒具有相同的机理，所以在进行清除病毒时必须谨慎小心，千万不可粗心大意，以免造成不必要的损失。消除病毒时应遵守以下原则。

1）清除病毒前，一定要备份所有重要数据，以防丢失。

2）清除病毒前，一定要用干净的系统引导机器，保证整个消毒过程是在无毒的环境下进行的。否则，病毒会重新感染已消毒的文件。

3）保存硬盘引导扇区，以防系统不能启动时恢复。

4）操作中应谨慎处理，对所读写的数据应进行多次检查核对，确认无误后再进行相关操作。

（2）计算机病毒的清除方法

清除病毒的方法通常有两种：一是利用杀毒软件清除，二是利用一些工具软件进行手工清除。

如果发现磁盘引导区的记录被破坏，可以用正确的引导记录覆盖它。如果发现某一文件

已经染上病毒，则可以用正常的文件代替中毒的文件，或者删除该文件，这些都属于手工清除。手工清除病毒要求用户具有较高的计算机病毒知识。由于过程中容易出错，如有不慎的误操作就会造成系统数据丢失，造成严重后果。所以，采用手工检测和清除的方法已不适用。使用计算机反病毒工具，对计算机病毒进行自动化预防、检测和消除，是一种快速、高效、准确的方法。

从目前病毒发展趋势看，国产病毒越来越多，国内软件可快速升级，而国外的软件对此反映较慢。使用查、杀病毒软件应注意随时升级，因为先有病毒，而后才能有查、杀该病毒的软件。计算机病毒与反计算机病毒这种矛与盾的较量将一直进行下去。

3. 计算机病毒的预防

实施计算机病毒的防治工作一是依法治毒，二是建章循制。

（1）依法治毒

计算机病毒的编制、蓄意传播扩散是一种危害社会公共安全的行为，这一点所有从事计算机工作的人员都应明确。我国颁布实施的《中华人民共和国信息系统安全保护条例》，标志着我国计算机安全工作走上了法制化道路。从事计算机开发、应用、生产、销售的人员都应该学习相关法规，从思想上重视计算机安全工作。

（2）建章循制

在管理上应建立相应的组织机构，采取行之有效的管理方法，扼制计算机病毒的产生。

对一般用户的防治方法，应首先立足于预防，堵住病毒的传染渠道。预防计算机病毒的措施主要有以下几个方面。

1）重要部门的计算机，尽量专机专用，与外界隔绝。

2）不使用来历不明、无法确定是否带有病毒的 U 盘、移动硬盘或光盘等移动存储器。

3）慎用公用软件和共享软件。

4）所有移动磁盘写保护，需写入时，临时开封，写后立即写保护。

5）坚持定期检测计算机系统。

6）坚持经常性地备份数据，以便日后恢复，这也是预防病毒破坏最有效的方法。

7）自己的 U 盘不要轻易借给他人，万不得已，应制作备份后借出，归还后重新格式化。

8）外来 U 盘、移动硬盘或光盘经检测确认无毒后再使用。

9）备有最新的病毒检测、清除软件。

10）条件允许时，可安装使用防病毒系统。

11）局域网的机器尽量使用无盘工作站，可使用云存储。

12）对局域网络中超级用户的使用要严格控制。

13）连入互联网的用户，要有在线和非在线的病毒防护系统。

14）发现新病毒及时报告当地计算机安全检察部门。

上述只是一些常用的措施。预防病毒最重要的是思想上要重视，充分认识到计算机病毒的危害性，对计算机机房加强管理，采取一切措施堵住病毒的传染渠道。

1.5 习题

1. 下面的说法不正确的是（　　）。

A. 计算机是一种能快速和高效完成信息处理的数字化电子设备，它能按照人们编写的程序对原始输入数据进行加工处理

B. 计算机能自动完成信息处理

C. 计算器也是一种小型计算机

D. 虽然说计算机的作用很大，但是计算机并不是万能的

2. 电子计算机的发展已经历了四代，四代计算机的主要元器件分别是（　　　）。

  A. 电子管、晶体管、集成电路、激光器件

  B. 电子管、晶体管、集成电路、大规模集成电路

  C. 晶体管、集成电路、激光器件、光介质

  D. 电子管、数码管、集成电路、激光器件

3. 在冯·诺伊曼结构的计算机中引进了两个重要的概念，它们是（　　　）。

  A. 引入 CPU 和内存储器的概念　　　　B. 采用二进制和存储程序的概念

  C. 机器语言和十六进制　　　　D. ASCII 编码和指令系统

4. 计算机最主要的工作特点是（　　　）。

  A. 存储程序与自动控制　　　　B. 高速度与高精度

  C. 可靠性与可用性　　　　D. 有记忆能力

5. 计算机中所有信息的存储都采用（　　　）。

  A. 十进制　　　　B. 十六进制　　　　C. ASCII 码　　　　D. 二进制

6. 现在电子计算机发展的各个阶段的区分标志是（　　　）。

  A. 元器件的发展水平　　　　B. 计算机的运算速度

  C. 软件的发展水平　　　　D. 操作系统的更新换代

7. 办公自动化（OA）是计算机的一项应用，按计算机应用的分类，它属于（　　　）。

  A. 科学计算　　　　B. 辅助设计　　　　C. 实时控制　　　　D. 数据处理

8. 计算机的最早应用领域是（　　　）。

  A. 辅助工程　　　　B. 过程控制　　　　C. 数据处理　　　　D. 数值计算

9. 英文缩写 CAD 的中文意思是（　　　）。

  A. 计算机辅助设计　　　　B. 计算机辅助制造

  C. 计算机辅助教学　　　　D. 计算机辅助管理

10. 目前各部门广泛使用的人事档案管理、财务管理等软件，按计算机应用分类，应属于（　　　）。

  A. 实时控制　　　　B. 科学计算

  C. 计算机辅助工程　　　　D. 数据处理

11. 用计算机进行资料检索工作是属于计算机应用中的（　　　）。

  A. 科学计算　　　　B. 数据处理　　　　C. 实时控制　　　　D. 人工智能

12. 任何进位计数制都有的两要素是（　　　）。

  A. 整数和小数　　　　B. 定点数和浮点数

  C. 数码的个数和进位基数　　　　D. 阶码和尾码

13. 将十进制数 97 转换成无符号二进制数等于（　　　）。

  A. 1011111　　　　B. 1100001　　　　C. 1101111　　　　D. 1100011

14. 与十六进制 AB 等值的十进制数等于（　　）。

    A. 171　　　　　　B. 173　　　　　　C. 175　　　　　　D. 177

15. 下列各进制的整数中，值最大的是（　　）。

    A. 十进制数 10　　B. 八进制数 10　　C. 十六进制数 10　　D. 二进制数 10

16. 与二进制数 101101 等值的十六进制数是（　　）。

    A. 1D　　　　　　B. 2C　　　　　　C. 2D　　　　　　D. 2E

17. 若在一个非零无符号二进制整数右边加两个零形成一个新的数，则新数的值是原数值的（　　）。

    A. 4 倍　　　　　B. 2 倍　　　　　C. 1/4　　　　　D. 1/2

18. 16 个二进制位可表示整数的范围是（　　）。

    A. 0 ~ 65535　　　　　　　　　　B. − 32768 ~ 32767

    C. − 32768 ~ 32768　　　　　　　D. − 32767 ~ 32767 或 0 ~ 65535

19. 大写字母 B 的 ASCII 码值是（　　）。

    A. 65　　　　　　B. 66　　　　　　C. 41H　　　　　D. 97

20. 国际通用的 ASCII 码的码长是（　　）。

    A. 7　　　　　　B. 8　　　　　　C. 10　　　　　　D. 16

21. 汉字国标码（GB2312 − 80）规定，每个汉字用（　　）。

    A. 1 字节表示　　B. 2 字节表示　　C. 3 字节表示　　D. 4 字节表示

22. 汉字在计算机内部的传输、处理和存储都使用汉字的（　　）。

    A. 字形码　　　　B. 输入码　　　　D. 机内码　　　　D. 国标码

23. 存储 24 × 24 点阵的一个汉字信息，需要的字节数是（　　）。

    A. 48　　　　　　B. 72　　　　　　C. 144　　　　　D. 192

24. 下列描述中不正确的是（　　）。

    A. 多媒体技术最主要的两个特点是集成性和交互性

    B. 所有计算机的字长都是固定不变的，都是 8 位

    C. 计算机的存储容量是计算机的性能指标之一

    D. 各种高级语言的编译系统都属于系统软件

25. 多媒体处理的是（　　）。

    A. 模拟信号　　　B. 音频信号　　　C. 视频信号　　　D. 数字信号

26. 下列叙述与计算机安全相关的是（　　）。

    A. 设置 8 位以上的密码且定期更换

    B. 购买安装正版的反病毒软件且病毒库及时更新

    C. 为所使用的计算机安装设置防火墙

    D. 上述选项全部都是

27. 下列关于计算机病毒的四条叙述中，有错误的一条是（　　）。

    A. 计算机病毒是一个标记或一个命令

    B. 计算机病毒是人为制造的一种程序

    C. 计算机病毒是一种通过磁盘、网络等媒介传播、扩散，并能传染其他程序的程序

    D. 计算机病毒是能够实现自身复制，并借助一定的媒体存在的具有潜伏性、传染

性和破坏性的程序

28. 按 16×16 点阵存放国标 GB2312 – 80 中一级汉字（共 3755 个）的汉字库，大约需占存储空间（　　）。

    A. 1 MB   B. 512 KB   C. 256 KB   D. 128 KB

29. 在存储一个汉字内码的两个字节中，每个字节的最高位是（　　）。

    A. 1 和 1   B. 1 和 0   C. 0 和 1   D. 0 和 0

30. 十进制数 0.6531 转换为二进制数为（　　）。

    A. 0. 100101   B. 0. 100001   C. 0. 101001   D. 0. 011001

31. 在进位计数制中，当某一位的值达到某个固定量时，就要向高位产生进位。这个固定量就是该种进位计数制的（　　）。

    A. 阶码   B. 尾数   C. 原码   D. 基数

32. 与十进制数 291 等值的十六进制数为（　　）。

    A. 123   B. 213   C. 231   D. 132

33. 下列叙述中，哪一条是正确的（　　）。

    A. 反病毒软件通常是滞后于计算机新病毒的出现

    B. 反病毒软件总是超前于病毒的出现，它可以查、杀任何种类的病毒

    C. 感染过计算机病毒的计算机具有对该病毒的免疫性

    D. 计算机病毒会危害计算机用户的健康

34. 在计算机中采用二进制，是因为（　　）。

    A. 可降低硬件成本   B. 两个状态的系统具有稳定性

    C. 二进制的运算法则简单   D. 上述三个原因

35. 下列字符中，ASCII 码值最小的是（　　）。

    A. a   B. A   C. x   D. Y

36. 下列四个不同数制表示的数中，数值最大的是（　　）。

    A. 二进制数 11011101   B. 八进制数 334

    C. 十进制数 219   D. 十六进制数 DA

37. 存储 400 个 24×24 点阵汉字字形所需的存储容量是（　　）。

    A. 255 KB   B. 75 KB   C. 37. 5 KB   D. 28. 125 KB

38. 执行下列二进制算术加运算 11001001 +00100111 其运算结果是（　　）。

    A. 11101111   B. 11110000   C. 00000001   D. 10100010

39. 二进制数 1111101011011 转换成十六进制数是（　　）。

    A. 1F5B   B. D7SD   C. 2FH3   D. 2AFH

40. 十六进制数 CDH 对应的十进制数是（　　）。

    A. 204   B. 205   C. 206   D. 203

41. 7 位 ASCII 码共有多少个不同的编码值（　　）。

    A. 126   B. 124   C. 127   D. 128

42. 电子计算机的发展按其所采用的逻辑器件可分为几个阶段（　　）。

    A. 两个   B. 三个   C. 四个   D. 五个

第 2 章 计算机系统概述

本章介绍计算机系统的组成，包括硬件系统和软件系统。介绍微型计算机的分类和组成，键盘、鼠标的使用等内容。

2.1 计算机系统的组成

一个计算机系统包括硬件和软件两大部分。硬件包括运算器、存储器、控制器、输入设备和输出设备等 5 个基本组成部分。软件则是程序和相关文档的总称，包括系统软件和应用软件两类；系统软件是为了计算机的软硬件资源进行管理、提高计算机的使用效率和方便用户而编制的各种通用软件，一般由计算机软件公司设计。常用的系统软件有操作系统、程序设计语言编译系统、诊断程序等。应用软件是专门为某一应用目的而编制的软件，常用的应用软件有字处理软件、表处理软件、统计处理软件、计算机辅助软件。一个完整的计算机系统如图 2-1 所示。

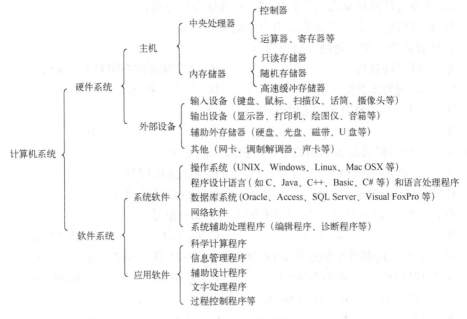

图 2-1 计算机系统结构图

2.1.1 冯·诺伊曼型计算机的特点

1945 年数学家冯·诺伊曼等人在研究 EDVAC 时，提出了"存储程序"的概念，以此概念为基础的各类计算机通称为冯·诺伊曼型机。它的特点如下。

1）计算机由运算器、存储器、控制器和输入设备、输出设备五大部件组成。

2）各基本部件的功能是：在存储器中以同等地位存放指令和数据，并按地址访问，计算机能区分数据和指令；控制器能自动执行指令；运算器能进行加、减、乘、除等基本运

34

算；操作人员能通过输入、输出设备与主机进行通信。

3）计算机内部采用二进制表示指令和数据。指令由操作码和地址码组成，操作码用来表示操作的性质，地址码用来表示操作数所在存储器中的位置。一串指令组成程序。

4）将编好的程序和原始数据送入主存储器中，启动计算机工作。计算机应在不需操作人员干预的情况下，自动完成逐条取出指令和执行指令的任务。

到目前为止，大多数计算机基本上仍属于冯·诺伊曼型计算机。

2.1.2 计算机的硬件系统

计算机硬件（Computer hardware）是指计算机系统中由电子、机械和光电元件等组成的各种物理装置的总称。这些物理装置按系统结构的要求构成一个有机整体为计算机软件运行提供物质基础。计算机的硬件系统一般由五大部分组成：运算器、存储器、控制器、输入设备和输出设备。现代计算机以存储器为中心，如图2-2所示，图中实线为控制线，虚线为反馈线，双线为数据线。运算器和控制器常合在一起称为中央处理器（Central Processing Unit，CPU），而中央处理器和主存储器（内存）一起构成计算机主机，简称主机。

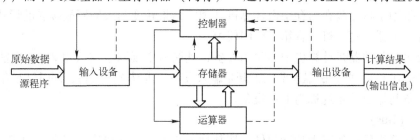

图2-2　以存储器为中心的计算机结构框图

外部设备简称外设，它是计算机系统中输入、输出设备（包括外存储器）的统称，是除了CPU和内存以外的其他设备，对数据和信息起着传输、转送和存储的作用。外部设备能扩充计算机系统。

1. 运算器（Arithmetic Logic Unit，ALU）

运算器又称为算术逻辑单元，是执行算术运算和逻辑运算的功能部件，包括加、减、乘、除算术运算及与、或、非逻辑运算等。运算器的组成包括两部分：一部分是算术逻辑部件，是运算器的核心，主要由加法器和有关数据通路组成；另一部分是寄存器部件，用来暂时存放指令、将被处理的数据以及处理后的结果。

运算器的性能是影响整个计算机性能的重要因素。运算器并行处理的二进制代码的位数（字长）的多少决定了计算机精度的高低。同时，运算器进行基本运算的速度也将直接影响系统的速度。因此，精度和速度就成了运算器的重要性能参数。

2. 控制器（Control Unit）

控制器是计算机的指挥中心，它的主要功能是按照人们预先确定的操作步骤，控制整机各部件协调一致地自动工作。控制器要从内存中按顺序取出各条指令，每取出一条指令，就进行分析。它的基本功能是将指令翻译并转换成控制信号（电脉冲），并按时间顺序和节拍，发往其他各部件，指挥各部件有条不紊地协同工作。当一条指令执行完毕后，它会自动按顺序地取下一条要执行的指令，并重复上述工作过程，直到整个程序执行完毕。

3. 存储器（Memory）

存储器是计算机用来存储数据的重要功能部件，它不仅能保存大量二进制信息，而且能读出信息，交给处理器处理，或者把新的信息写入存储器。

一般来说，存储系统分为两级：一级为内存储器（主存储器），其存储速度较快，但容量相对较小，可由 CPU 直接访问；另一级为外存储器（辅助存储器），它的存储速度慢，但容量很大，不能被 CPU 直接访问，必须把其中的信息送到主存后才能被 CPU 处理。

内存储器由许多存储单元组成，每个存储单元可以存放若干个二进制代码，该代码可以是指令，也可以是数据。为区分不同的存储单元，通常把内存中全部存储单元统一编号，此号码称为存储单元的地址码。当计算机要把一个代码存入其存储单元中或者从其存储器取出时，首先要把该存储单元的地址码通知存储器，然后由存储器找到该地址对应的存储单元，并存取信息。

4. 输入设备（Input Device）

输入设备用来接收用户输入的原始数据和程序，并将它们转变为计算机能识别的形式（二进制数）存放到内存中。常用的输入设备有键盘、鼠标、扫描仪等。

5. 输出设备（Output Device）

输出设备用于将存放在内存中由计算机处理的结果转变为人们所能接受的形式。常用的输出设备有显示器、打印机、音箱、绘图仪等。

磁盘及磁盘驱动器是计算机中的常用设备，既能从中读取数据（输入），也能把数据保存到其中（输出）。因此，磁盘及驱动器既是输入设备，也是输出设备，同时又是存储设备。

输入设备与输出设备统称为 I/O 设备。

6. 总线（Bus）

将上述计算机硬件的五大功能部件，按某种方法用一组导线连接起来，构成一个完整的计算机硬件系统，这一组导线通常称为总线，它构成了各大部件之间信息传送的一组公共通路。采用总线结构后，计算机系统的连接就显得十分清晰，部件间联系比较规整，既减少了连线，同时使部件的增减变得容易，让计算机的生产、维修和应用变得十分便捷。

2.1.3 计算机的软件系统

软件是和硬件相对应的概念，计算机软件（Computer Software，也称软件，软体）是指计算机系统中的程序及其文档。程序是计算任务的处理对象和处理规则的描述，文档是为了便于了解程序所需的阐明性资料。程序必须装入机器内部才能工作。文档一般是给用户看的，不一定装入机器。计算机软件泛指能在计算机上运行的各种程序，甚至包括各种有关的资料。它具有重复使用和多用户使用的特性。裸机是指没有配置操作系统和其他软件的计算机。在裸机上只能运行机器语言源程序。

计算机软件系统由系统软件、支撑软件和应用软件组成，包括操作系统、语言处理系统、数据库系统等。软件可以分为系统软件和应用软件两大类。

1. 系统软件

系统软件是管理、监督和维护计算机资源的软件。系统软件的作用是缩短用户准备程序的时间，扩大计算机处理程序的能力，提高其使用效力，充分发挥计算机的各种设备的作用等。它包括操作系统、程序设计语言、语言处理程序、数据库管理系统、网络软件、系统服务程序等。

（1）操作系统

操作系统（Operating System，OS）用于管理计算机的硬件资源和软件资源，以及控制程序的运行。操作系统是配置在计算机硬件上的第一层软件，其他所有的软件都必须运行在操作系统之中，是所有计算机都必须配置的软件，是系统软件的核心，操作系统通常具有的6大功能：作业管理、文件管理、存储管理、设备管理、进程管理。操作系统的主要作用是：资源管理、程序控制和人机交互等。

操作系统的类型分为：批处理操作系统、分时操作系统、实时操作系统、嵌入式操作系统、个人计算机操作系统、网络操作系统、分布式操作系统。

著名的操作系统有：UNIX，DOS，OS/2，Mac OS X，Windows、Linux等。现在最有名微机操作系统是Microsoft公司的Windows（2000/XP/VISA/7/8）、Apple公司的Mac OS X，以及源代码完全开放的Linux。

（2）程序设计语言

语言处理程序是用于处理程序设计语言的软件，如编译程序等。程序设计语言从历史发展的角度来看，包括以下几种。

1）机器语言（Machine Language）。机器语言也称作二进制代码语言，是第一代语言，它是由直接与计算机打交道的二进制代码指令组成的计算机程序设计语言。一条指令就是机器语言中的一个语句，每一条指令都由操作码和操作数组成，无需编译和解释。

2）汇编语言（Assembler Language）。汇编语言是第二代语言，是一种符号化了的机器语言，也称符号语言，于20世纪50年代开始使用。它更接近于机器语言而不是人的自然语言，所以仍然是一种面向机器的语言。汇编语言执行速度快，占用内存小。它保留了机器语言中每一条指令都由操作码和操作数组成的形式。使用汇编语言，不需要直接使用二进制"0"和"1"来编写，不必熟悉计算机的机器指令代码，但仍要一条指令一条指令地编写。

计算机必须将汇编语言程序翻译成由机器代码组成的目标程序才能执行。这个翻译过程称为汇编。自动完成汇编过程的软件叫汇编程序。

汇编工作由机器自动完成，最后得到以机器码表示的目标程序。将二进制机器语言程序翻译成汇编语言程序的过程称反汇编。

3）高级语言。高级语言（High–level programming language）是高度封装了的编程语言，与低级语言相对。它是以人类的日常语言为基础的一种编程语言，使用一般人易于接受的文字来表示，使程序编写员编写更容易，亦有较高的可读性。由于早期计算机业的发展主要在美国，因此一般的高级语言都是以英语为蓝本。高级语言是第三代语言，它是一种算法语言，可读性强，从根本上摆脱了语言对机器的依附，由面向机器转为面向过程，进而面向用户。最早的高级语言是1954年问世的主要用于科学计算的FORTRAN语言。在20世纪50年代末期，随着计算机在商业中的应用，产生了适用于商业数据处理的COBOL。20世纪60年代初期出现了被称为大众化语言的BASIC。现在微机的高级语言均运行在Windows下，例如C、C#、Java等。

目前，第四代非过程语言、第五代智能语言相继出现，可视化编程就像处理文档一样简单。发展的结果是使程序的设计更简捷，功能更强大。

（3）语言处理程序

用汇编语言或各种高级语言编写的程序称为源程序。把计算机本身不能直接执行的源程序翻译成相应的机器语言程序，这种翻译后的程序称为目标程序。这个翻译过程有两种方式：编译过程和解释过程。如图 2-3 所示。

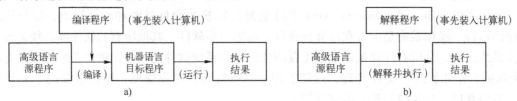

图 2-3 高级语言使用过程
a）编译过程 b）解释过程

编译过程就是把源程序用相应的编译程序翻译成相应的机器语言的目标程序，然后再通过连接装配程序，连接成可执行程序。目标程序和可执行程序都是以文件方式存放在磁盘上。再次运行该程序时，只需运行可执行程序，不必重新编译和连接。大多数高级语言的处理程序都是编译程序。

解释过程就是将源程序输入计算机后，用该种语言的解释程序将源程序进行逐条解释，然后逐条执行，得出结果。解释程序是对源程序边解释翻译成机器代码，边执行的高级语言程序，因此执行速度较慢。下次运行时，磁盘上要同时保存源程序和解释程序。但它便于人机对话，可以及时从屏幕上看到机器反馈的信息，以便及时修改源程序。

（4）数据库管理系统

数据库管理系统（Database Management System，DBMS）是专门用于管理数据库的计算机系统软件，介于应用程序与操作系统之间，是一层数据管理软件。数据库管理系统能够为数据库提供数据的定义、建立、维护、查询和统计等操作功能，并完成对数据完整性、安全性进行控制的功能。

现今广泛使用的数据库管理系统有微软公司的 Microsoft SQL Server、Access，甲骨文公司的 ORACLE、MySQL，IBM 公司的 DB2、Informix 等。

（5）网络软件

网络软件主要指网络操作系统，如 UNIX、Windows Server、Linux 等。

（6）系统服务程序

系统服务程序又称为软件研制开发工具、支持软件、支撑软件、工具软件，常用的服务程序主要有编辑程序、调试程序、装配和连接程序、测试程序等。

2. 应用软件

应用软件是用户为了解决某些特定具体问题而开发和研制或外购的各种程序，它往往涉及应用领域的知识，并在系统软件的支持下运行。例如，字处理、电子表格、绘图、课件制作、网络通信（如 Office、AutoCAD、Protel DXP 等），以及用户程序（如工资管理程序、财务管理程序等）。

2.1.4 程序的自动执行

程序是按照一定顺序执行的、能够完成某一任务的指令集合。人们把事先编好的程序调入内存，并通过输入设备将待处理的数据输入内存中。一旦程序运行，控制器便会自动地从内存逐条取出指令，对指令进行译码，按指令的要求来控制硬件各部分工作。运算器在控制器的指挥下从内存读出数据，对数据进行处理，然后把处理的结果数据再存入内存。输出设备在控制器的指挥下将结果数据从内存读出，以人们要求的形式输出信息，让人们看到或听到，这样就完成了用户所规定的一件任务。

计算机就是这样周而复始地读取指令，执行指令，自动、连续地处理信息，或者暂时停下来向用户提出问题，待用户回答后再继续工作，直至完成全部任务。这种按程序自动工作的特点使计算机成为唯一能延伸人脑功能的工具，因此被人们称为"电脑"。

2.1.5 计算机的指标

计算机的技术指标影响着它的功能和性能，一般用计算机配置的高低来衡量计算机性能的优劣。与配置有关的技术指标有位数、速度、容量、带宽、版本、可靠性等。

1. 位

计算机内部采用二进制来计数和运算，一个二进制数的最小存储单位被称为一个位（bit）。它具有"0"和"1"两种状态，按"逢二进一"的规律计数。例如，十进制的"2"用二进制表示就是"10"，读作"壹零"而不是"十"。计算机里所有的指令都是用二进制表示。

位是指计算机处理器，特别是其中的寄存器，能够保存数据的位数。寄存器的位数越高，处理器一次能够处理的信息就越多。位数用英文 bit 来表示。计算机的位数有 8 位、16 位、32 位以及 64 位之分。

计算机存储信息最小的单位是字节（Byte，1Byte = 8bit）。早期的 286 计算机是 16 位的，Intel 奔腾系列都是 32 位的，Intel 酷睿系列都是 64 位的。

2. 速度

速度是指计算机处理速度的快慢，它可以用每秒钟处理指令的多少来表示，也可以用每秒钟处理事务的多少来表示。单位为 MIPS（Million Instructions Per Second），表示每秒执行一百万条指令。速度是用户最关心的一项技术指标。由于运算快慢与微处理器的时钟频率紧密相关，所以更常用主频来表示处理速度，主频的单位是赫兹（Hz）。例如，Intel 酷睿 i7 3770 的主频是 3.5 GHz。

3. 容量

容量通常指存储器容量。存储容量的大小不仅影响着存放程序和数据的多少，而且也影响着运行程序的速度。存储容量的基本单位是字节（Byte，B），另外还用 KB、MB、GB、TB 作为存储容量的单位。

从存储器中取出信息称为读出；将信息存入存储器称为写入。从存储器中读出信息后，原内容保持不变；向存储器中写入信息后，则原内容被新内容代替。

存储器的种类很多，但用户最关心的是内存的容量和硬盘的容量。所需内存大小与所用处理器芯片和操作系统都有关系。例如，对于运行 Windows 7 操作系统的 Intel 酷睿、AMD A8 等微机，内存要有 4GB 或更大的容量才能发挥其性能。

4. 带宽

带宽是指计算机的数据传输速率，主要针对网络通信。它反映了计算机的通信能力，与通信相关的设备、线路都有带宽指标。数据传输速率的单位是 bit/s，代表每秒传输的位数。除了 bit/s 以外还有 kbit/s，表示每秒传输 1000 bit，Mbit/s 表示每秒传输 1 Mbit，Gbit/s 表示每秒传输 1 Gbit。例如，网络适配器（网卡）的速率为 10 Mbit/s 或 100 Mbit/s（10/100 Mbit/s），调制解调器速率为 56 Kbit/s 等。

5. 版本

计算机的硬件、软件在不同时期有不同的版本。版本序号往往能简单地反映出性能的优劣。一般来说，版本越高其性能就越优越。例如，Windows 7 操作系统比 Windows Vista/XP 操作系统的性能更优越。

6. 可靠性

可靠性通常用平均无故障时间（MTBF）来表示。这里的故障主要指硬件故障，不是指软件误操作引起的失败。

2.2 微型计算机概述

微型计算机简称微机、个人计算机（Personal Computer，PC），俗称电脑，是电子计算机技术发展到第四代的产物，是 20 世纪最伟大的发明之一。微机的出现，使计算机成为了人们日常生活中的工具，且已应用到生活和工作的诸多方面。

2.2.1 微型计算机的发展阶段

微型计算机是 20 世纪 70 年代初才发展起来的，是人类重要的创新之一，从微型机问世到现在不过 30 多年。微型计算机的发展主要表现在其核心部件——微处理器的发展上，每当一款新型的微处理器出现时，就会带动微机系统的其他部件的相应发展。根据微处理器的字长和功能，可将微型计算机划分为以下几个发展阶段。

1. 第一阶段（1971 ~ 1973 年）

通常称为第一代，是 4 位和 8 位低档微处理器阶段，是微机的问世阶段。这一代微型计算机的特点是采用 PMOS 工艺，集成度为每片 2300 个晶体管，字长分别为 4 位和 8 位，基本指令周期为 20 ~ 50 μs，指令系统简单，运算功能较差，采用机器语言或简单汇编语言，用于家电和简单的控制场合。其典型产品是 1971 年生产的 Intel 4004 和 1972 年生产的 Intel 8008 微处理器，以及分别由它们组成的 MCS – 4 和 MCS – 8 微机。

2. 第二阶段（1974 ~ 1977 年）

通常称为第二代，是中档 8 位微处理器和微型计算机阶段。它们的特点是采用 NMOS 工艺，集成度提高约 4 倍，每片集成了 8000 个晶体管，字长为 8 位，运算速度提高约 10 ~ 15 倍（基本指令执行时间 1 ~ 2 μs），指令系统比较完善。软件方面除了汇编语言外，还有 BASIC、FORTRAN 等高级语言和相应的解释程序和编译程序。在后期还出现了操作系统，如 CM/P 就是当时流行的操作系统。典型的微处理器产品有 1974 年生产的 Intel 8080/8085，Motorola 6502/6800，以及 1976 年 Zilog 公司的 Z80。

1974 年爱德华·罗伯茨独自决定生产一种手提套的计算机，用 Intel 8080 微处理器装配了一种专供业余爱好者试验的计算机 Altair（牛郎星），于 1975 年 1 月问世。1975 年 1 月，美国《大众电子学》杂志封面上用引人注目的大字标题发布消息："项目突破！世界上第一台可与商用型计算机媲美的小型手提式计算机…Altair 8800"。《大众电子学》一月号向成千上万个电子爱好者、程序员和其他人表明，个人计算机的时代终于到来了。Altair 既无可输入数据的键盘，也没有显示计算结果的显示器。插上电源后，使用者需要用手按下面板上的 8 个开关，把二进制数 "0" 或 "1" 输进机器。计算完成后，用面板上的几排小灯泡表示输出的结果。

如图 2-4 所示是 1975 年生产的 Altair 的外观。后来，比尔·盖茨和保罗·艾伦为 Altair 设计了 BASIC 语言程序。

　　在土制计算机俱乐部上，史蒂夫·沃兹见到了 Altair 计算机，他羡慕不已。沃兹自己买不起 Altair 计算机，斯蒂夫·乔布斯就鼓励他自己动手做一台更好的机器。1976 年，乔布斯和沃兹用 Motorola 的 6502 芯片设计成功了第一台真正的微型计算机：8 KB 存储器，能发声和显示高分辨率图形。乔布斯在这台只是初具轮廓的机器中看到了机会，他建议创建一家公司，并于同年成立了苹果（Apple）计算机公司，生产 Apple 微型计算机。1977 年 4 月，沃兹完成了另一种新型微机，这种微机达到当时微型计算机技术的最高水准，乔布斯命名它为"Apple II"（见图 2-5），并追认之前的那台机器为"Apple I"。1977 年 4 月，Apple II 型微型计算机第一次公开露面就造成了意想不到的轰动。从此，Apple II 型微型计算机走向了学校、机关、企业、商店，走进了个人的办公室和家庭。它已不再是简单的计算工具，它为 20 世纪后期领导时代潮流的个人微机铺平了道路。1978 年初 Apple II 又增加了磁盘驱动器。Apple I 和 Apple II 型计算机的技术设计理所当然地归功于沃兹，可是 Apple II 在商业上取得的成功，则主要是因为乔布斯的努力。

图 2-4　Altair 的外观　　　　　　　图 2-5　Apple II 型微型计算机的外观

3. 第三阶段（1978～1984 年）

　　第三阶段是 16 位微处理器时代，通常称为第三代。1977 年超大规模集成电路（VLSI）工艺的研制成功，使一个硅片上可以容纳十万个以上的晶体管，64 KB 及 256 KB 的存储器已生产出来。这一代微型计算机采用 HMOS 工艺，集成度（20000～70000 晶体管/片）和运算速度（基本指令执行时间是 0.5 μs）都比第二代提高了一个数量级。这类 16 位微处理器都具有丰富的指令系统，其典型产品是 Intel 公司的 8086、80286，Motorola 公司的 M68000，Zilog 公司的 Z8000 等微处理器。此外，在这一阶段，还有一种称为准 16 位的微处理器出现，典型产品有 Intel 8088 和 Motorola 6809。它们的特点是能用 8 位数据线在内部完成 16 位数据操作，工作速度和处理能力均介于 8 位机和 16 位机之间。

　　国际商用机器公司（IBM）看到 Apple 微机的成功，为了让 IBM 也拥有"苹果电脑"，1980 年决定向微型机市场发展。为了要在一年内开发出能迅速普及的微型计算机，IBM 决定采用开放政策，借助其他企业的科技成果，形成市场合力。1981 年 8 月 12 日，IBM 正式推出 IBM 5150，它的 CPU 是 Intel 8088，主频为 4.77 MHz，主机板上配置 64KB 存储器，另有 5 个插槽供增加内存或连接其他外部设备。它还装备着显示器、键盘和两个软磁盘驱动器，操作系统是微软的 DOS 1.0。Apple 公司登报向 IBM 进军个人微机市场表示了欢迎。IBM 将 5150 称为个人计算机（Personal Computer，PC）。IBM PC 如图 2-6 所示。

图 2-6　IBM 公司的 IBM PC

1983 年，IBM 公司再次推出改进型 IBM PC/XT，增加了硬盘。1984 年，IBM 公司推出 IBM PC/AT，并率先采用 Intel 80286 微处理器芯片。从此，IBM PC 成为个人微机的代名词，它甚至被《时代周刊》评选为"年度风云人物"。它是 IBM 公司 20 世纪最伟大的产品，IBM 也因此获得"蓝色巨人"的称号。

由于 IBM 公司在计算机领域占有强大的地位，它的 PC 一经推出，世界上许多公司都向其靠拢。又由于 IBM 公司生产的 PC 采用了"开放式体系结构"，并且公开了其技术资料，因此其他公司先后为 IBM 系列 PC 推出了不同版本的系统软件和丰富多样的应用软件，以及种类繁多的硬件配套产品。有些公司又竞相推出与 IBM 系列 PC 相兼容的各种兼容机，从而促使 IBM 系列的 PC 迅速发展，并成为当今微型计算机中的主流产品。直到今天，PC 系列微型计算机仍保持了最初 IBM 的 PC 的雏形。

4. 第四阶段（1985～2003 年）

第四阶段是 32 位微处理器时代，又称为第四代。其特点是采用 HMOS 或 CMOS 工艺，集成度高达 100～4200 万晶体管/片，具有 32 位地址线和 32 位数据总线。微机的功能在当时已经达到甚至超过超级小型计算机，完全可以胜任多任务、多用户的作业。其典型产品是，1987 年 Intel 的 80386 微处理器，1989 年 Intel 的 80486 微处理器，1993 年 Intel 的 Pentium（奔腾）微处理器，2000 年 Intel 的 Pentium III、Pentium 4 微处理器，以及 AMD 的 K6、Athlon 微处理器，还有 Motorola 公司的 M 68030/68040 等。

5. 第五阶段（2004 年～现在）

第五阶段是 64 位微处理器和微型计算机，发展年代为 2004 年至现在。2003 年 AMD 公司发布了面向台式机的 64 位处理器 Athlon 64，标志着 64 位微机的到来。2005 年，Intel 公司也发布了 64 位处理器。2005 年 Intel 和 AMD 发布双内核处理器，2007 年和 2010 年，它们都发布了四核处理器和六核处理器。目前微机上使用的 64 位微处理器有 Intel Core i3/i5/i7，AMD FX/A8/A6 等。

微机采用的微处理器的不同决定了它的档次，但其综合性能在很大程度上还要取决于其他配置。总的说来，微型机技术发展得更加迅速，平均每两三个月就有新的产品出现，平均每两年芯片集成度提高一倍，性能提高一倍，性能价格比大幅度下降。将来，微型机将向着重量更轻、体积更小、运算速度更快、使用及携带更方便、价格更便宜的方向发展。

2.2.2 微型计算机的分类

在选购和使用微机时，有以下几种分类方法。

1. 按微机的结构形式分类

微机主要有两种结构形式，即台式微机和便携式微机。台式微机分为传统的台式微机、一体电脑和 HTPC。便携式微机分为笔记本电脑、超极本和平板电脑。下面按照目前使用的广泛程度逐一介绍。

（1）台式微机

最初的微机都是台式的，至今仍是它的主要形式。台式机需要放置在桌面上，它的主机、键盘和显示器都是相互独立的，通过电缆和插头连接在一起。台式机的特点是体积较大，但价格比较便宜，部件标准化程度高，系统扩充、维护和维修比较方便。同时，用户可以自己动手组装。台式机是目前使用最多的结构形式，适合在相对固定的场所使用。

（2）笔记本电脑

笔记本电脑是把主机、硬盘、键盘和显示器等部件组装在一起，体积为手提包的大小，并能用蓄电池供电。笔记本电脑目前只有原装机，用户无法自己组装。目前，笔记本电脑的价格已经被用户广泛接受，但是硬件的扩充和维修比较困难。

（3）超极本

超极本（Ultrabook）是 Intel 继上网本之后，定义的又一全新品类的笔记本产品。Ultra 的意思是极端的，Ultrabook 指极致轻薄的笔记本产品，即我们常说的超轻薄笔记本，中文翻译为超"极"本。超极本是 Intel 公司为与苹果笔记本 Macbook Air、平板电脑（如 iPad）竞争，为维持现有 Wintel 体系，提出的新一代笔记本电脑概念，旨在为用户提供低能耗、高效率的移动生活体验。根据 Intel 公司对超极本的定义，Ultrabook 既具有笔记本电脑性能，又具有平板电脑响应速度快、简单易用的特点。常见的超极本外观如图 2-7 所示。

图 2-7　超极本的外观

（4）一体电脑

一体电脑改变了传统微机显示器和主机分离的设计方式，把主机与显示器集成到一起，电脑所需的所有主机配件全部高集成化地集中到了显示器后侧。一体电脑是综合笔记本电脑和传统台式电脑两者优点，同时又介于两者之间的产品。一体电脑还带有其他一些功能和应用，如触屏设计、蓝牙技术应用等。如图 2-8 所示是常见一体电脑的外观。

图 2-8　一体电脑的外观

（5）平板电脑

平板电脑（Tablet Personal Computer，Tablet PC）是一种小型、方便携带的个人电脑，以触摸屏作为基本的输入设备，提供浏览互联网、收发电子邮件、观看电子书、播放音频或视频、游戏等功能。2002 年 11 月，微软（Microsoft）公司首先推出了 Tablet PC，但是并没有引起世人过多地关注。直到 2010 年 1 月苹果（Apple）公司发布 iPad 平板电脑后，平板电脑才开始引起人们的兴趣。如图 2-9 所示是几款平板电脑。

图 2-9　平板电脑

（6）HTPC

家庭影院电脑或客厅电脑（Home Theater Personal Computer，HTPC）是以 PC 担当信号源和控制的家庭影院，也就是一台具有多种接口（如 HDMI、DVI 等），可与多种设备（如电视机、投影机、显示器、音频解码器、音频放大器等数字设备）连接，而且预装了各种多媒体解码播放软件，可以播放各种影音媒体的微机。为了在客厅播放高清影音，HTPC与传统PC有一些区别，HTPC对PC硬件有一些特殊要求，如小巧漂亮的机箱、无线鼠标、键盘、半高显卡、提供HDMI高清视频影音接口、采用静音散热设计等，以使其更适合HTPC。如图2-10所示是HTPC的主机箱。

图2-10　HTPC的主机箱

2. 按微机的流派分类

微机从诞生到现在有两大流派。

- PC系列：采用IBM公司开放技术，由众多公司一起组成的PC系列。
- 苹果系列：由苹果公司独家设计的苹果系列。

苹果机与PC的最大区别是电脑的灵魂——操作系统不同。PC一般采用微软的Windows操作系统，苹果机采用苹果公司的Mac OS操作系统。Mac OS具有较优秀的用户界面，操作简单而人性化，性能稳定，功能强大。苹果微机也分为台式机和笔记本电脑。现在新推出的苹果台式和笔记本电脑都采用Intel双核、四核处理器。苹果微机只有原装机，没有组装机。苹果微机的外观如图2-11~图2-13所示。

图2-11　苹果的iMac机　　　　图2-12　苹果iMac　　　图2-13　苹果的MacBook
　　　　　　　　　　　　　　　　　　　一体电脑　　　　　　　　笔记本电脑

3. 按品牌机与组装机分类

目前，国内市场上各种类型的微机种类繁多，即使相同档次、相同配置的微机，其价格仍有较大差异，大致可分为品牌机、组装机和准系统。

（1）品牌机

品牌机由国内外著名大公司生产的，在质量和稳定性上高于组装机。品牌机均配有齐全的随机资料和软件，并附有品质保证书，信誉较好，售后服务也有保证，但价格要比同档次的兼容组装机高出许多。另外，一些品牌机在某些方面采用了特殊设计和特殊部件，因此部件的互换性稍差，维修也比较昂贵。常见的品牌机有HP、DELL、联想、方正、同方等。国产品牌机与国外品牌机相比，性能上并没有本质区别。

（2）组装机

组装机价格低廉，部件可按用户的要求任意搭配，而且维护、修理方便。其主要问题在于组装机多为散件组装而成，而且多数销售商由于技术和检测手段等方面的原因，不能很好地保证微机的可靠性。如果用户能够掌握一定的微机硬件及维修方面的知识，或者得到销售商售后服务的可靠支持，则组装机可以说是物美价廉的。

（3）准系统

准系统定位于品牌机与组装机之间。它是指一种在机箱内集成了主板和电源的产品，有时甚至包括了显示卡、光驱。用户在购买后只需安装 CPU、硬盘和内存等配件即可。如今的准系统很多都是主板厂商和机箱厂商合作的产品。如图 2-14 所示是准系统的外观、内部结构和组装好的一台整机。

图 2-14　准系统的外观、内部结构和整机
a）主机外观　b）内部结构　c）整机

4. 按微机的应用和价格分类

根据个人或企业应用层次和需求的不同，可将微机划分为以下档次：

- 学生学习型。面向学生学习的机型，一般配置不高，目前价格一般在 3000 元以下。
- 家用经济型。注重家庭学习和娱乐的机型，目前价格一般在 4000 元左右。
- 游戏发烧型。注重游戏的声光色彩和流畅的三维效果，目前价格一般在 6000 元左右。
- 企业应用型。面向企业生产和管理的机型，比较注重微机的运行稳定和高效，目前这类微机的价格一般都在 8000 元以上。
- 专业设计型。从事微机平面设计、三维设计、影视制作等，要求配置较高，价格目前一般在 10000 元以上。

2.2.3　微型计算机系统的组成和结构

微机虽然体积不大，却具有复杂的功能和较高的性能，并且在系统组成上几乎与大型电子计算机系统没有什么不同。

1. 微机系统的组成

微机系统的组成，首先分成硬件和软件两大部分，然后再根据每一部分功能进行进一步划分。

（1）硬件和软件

1）硬件。计算机的硬件是指组成计算机的看得见、摸得着的实际物理设备，包括计算机系统中由电子、机械和光电元器件等组成的各种部件和设备。这些部件和设备按照计算机系统结构的要求构成一个有机整体，称为计算机硬件系统。硬件系统是计算机实现各种功能的物理基础。计算机进行信息交换、处理和存储等操作都是在软件的控制下，通过硬件实现的。

2）软件。计算机的软件是指为了运行、管理和维护计算机系统所编制的各种程序的总和。软件一般分为系统软件和应用软件。软件是计算机的"灵魂"，只有硬件而没有软件的计算机是无法工作的。

（2）主机与外部设备

1）主机。从功能上讲，主机主要包括 CPU 和内存储器。

- CPU：CPU 是微机的"大脑"，由运算器和控制器组成。它一方面负责各种信息的处理工作，同时也负责指挥整个系统的运行。因此，CPU 的性能从根本上决定了微机系统的性能。
- 内存储器：存储器在计算机中起着存储各种信息的作用，分为内存储器和外存储器两个部分，每个部分各有自己的特点。内存储器是直接与 CPU 联系的存储器，一切要执行的程序和数据一般都要先装入内存储器。内存储器由半导体大规模集成电路芯片组成。

从实际的结构来说，一般把机箱及其内部所装的板卡、硬盘等部件的全部称为主机。

2）外部设备。微机中除了主机以外的所有设备都属于外部设备（简称外设）。外部设备的作用是辅助主机的工作，为主机提供足够大的外部存储空间，提供与主机进行信息交换的各种手段。外部设备作为微机系统的重要组成部分，必不可少。微机系统最常见的外部设备有如下几种。

- 外存储器：外存储器在微机系统中通常是作为后备存储器使用，用于扩充存储器的容量和存储当前暂时不用的信息。外存储器的特点是容量大，信息可以长期保存，但其存取速度相对较慢。目前微机所使用的外存储器主要是移动硬盘、光盘、闪存盘等。
- 键盘：键盘是微机的基本输入设备，利用键盘可以将各种数据、程序、命令等输入到微机中。
- 显示器：显示器是微机常用的输出设备，键盘操作的情况、程序的运行状况等信息都可以显示在屏幕上。

作为人机对话的主要界面，键盘和显示器已经成为微机必备的标准输入、输出设备。

- 打印机：打印机也是一种常用的输出设备，一般微机系统都配备打印机。不同于显示器的是，通过打印机可以得到长期保存的书面形式，即"硬拷贝（Hard Copy）"。

2. 微机的硬件结构

对于维修人员和用户来说，最重要的是微机的实际物理结构，即组成微机的各部件。微机的结构并不复杂，只要了解它是由哪些部件组成的，各部件的功能是什么，就能对板卡和部件进行组装、维护和升级，构成新的微机，这就是微机的组装。如图 2-15 所示是从外部看到的典型的微机系统，它由主机、显示器、键盘、鼠标等部分组成。

图 2-15　从外部看到的典型的微机系统

PC 系列微机是根据开放式体系结构设计的。系统的组成部件大都遵循一定的标准，可以根据需要自由选择、灵活配置。通常一个能实际使用的微机系统至少需要主机、键盘和显示器三个组成部分，因此这三者是微机系统的基本配置。而打印机和其他外部设备可根据需要选配。主机是安装在一个主机箱内所有部件的统一体，其中除了功能意义上的主机以外，还包括电源和若干构成系统所必不可少的外部设备和接口部件，其结构如图 2-16 所示。

图 2-16　机箱和主机

目前微机配件基本上是标准产品，全部配件也只有 10 件左右，如机箱、电源、主板、CPU、内存条、显示卡、硬盘、显示器、键盘、鼠标等部件。使用者只需选配所需的部分，然后把它们组装起来即可。微机一般由下列部分组成。

（1）CPU

CPU 是决定一台微机性能的核心部件，如图 2-17 所示，人们常以它来判定微机的性能。

（2）内存

内存的性能与容量也是衡量微机整体性能的一个决定性因素。内存条如图 2-18 所示。

图 2-17　CPU　　　　　　　　　　　图 2-18　DDR3 内存条

（3）主板

主板是一块多层印制电路板。主板上有 CPU、内存条、扩展槽、键盘、鼠标接口以及一些外部设备的接口和控制开关等。不插 CPU、内存条、显卡的主板称为裸板。主板是微机系统中最重要的部件之一，其外观如图 2-19 所示。

图 2-19　主板

（4）硬盘驱动器（硬盘）

因为硬盘可以容纳大量信息，通常用作计算机上的主要存储器，保存几乎全部程序和文件。硬盘通常位于主机内，通过主板上的适配器与主板相连接。硬盘的外观如图 2-20 所示。

（5）CD 和 DVD 驱动器

有些微机装有 CD 或 DVD 驱动器，该驱动器通常安装在主机箱的前部。CD 和 DVD 驱动器的外观如图 2-21 所示。

图 2-20 硬盘   图 2-21 光驱

（6）各种接口适配器

各种接口适配器是主板与各种外部设备之间的联系通道，目前可安装的适配器只有显示卡、声卡等。由于适配器都具有标准的电气接口和机械尺寸，因此用户可以根据需要进行选配和扩充。显示卡的外观如图 2-22 所示，声卡的外观如图 2-23 所示。

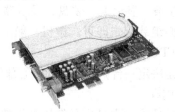

图 2-22 显示卡   图 2-23 声卡

（7）机箱和电源

机箱由金属箱体和塑料面板组成，分立式和卧式两种，如图 2-24 所示。上述所有系统装置的部件均安装在机箱内部，面板上一般配有各种工作状态指示灯和控制开关，光驱总是安装在机箱前部，以便放置或取出光盘。机箱后部预留有电源、键盘、鼠标接口以及连接显示器、打印机、USB、IEEE 1394 等通信设备的接口。

电源是安装在一个金属壳体内的独立部件，如图 2-25 所示，它的作用是为主机中的各种部件提供工作所需的电源。

图 2-24 机箱   图 2-25 电源

（8）显示器（监视器）

显示器中显示信息的部分称为"屏幕"，可以显示文本和图形，显示器是微机中最重要的输出设备。显示器产品主要有两类：阴极射线管（CRT）显示器和液晶显示器（LCD）。其外观如图 2-26 和图 2-27 所示。

图 2-26　CRT 显示器　　　　　　　图 2-27　LCD

（9）键盘和鼠标

键盘主要用于向计算机输入文本。鼠标是一个指向并选择计算机屏幕上项目的小型设备。键盘和鼠标是微机中最主要的输入设备，其外观分别如图 2-28 和图 2-29 所示。

图 2-28　键盘　　　　　　　　图 2-29　鼠标

（10）打印机

打印机是微机系统中常用的输出设备之一。打印机在微机系统中是可选件。利用打印机可以打印出各种资料、文书、图形及图像等。根据其工作原理，可以将打印机分为三类：点阵打印机、喷墨打印机和激光打印机，如图 2-30 所示。

1）针式打印机是利用打印头内的点阵撞针，撞击打印色带，在打印纸上产生打印效果。

a)　　　　　　　　b)　　　　　　　　c)

图 2-30　打印机
a）针式打印机　b）喷墨打印机　c）激光打印机

2）喷墨打印机的打印头由几百个细小的喷墨口组成，当打印头横向移动时，喷墨口可以按一定的方式喷射出墨水，打到打印纸上，形成字符、图形等。

3）激光打印机是一种高速度、高精度、低噪声的非击打式打印机，它是激光扫描技术与电子照相技术相结合的产物。激光打印机具有最高的打印质量和最快的打印速度，可以输出文稿，也可以输出直接用于印刷制版的透明胶片。

打印机的使用很简单，在打印机中装入打印纸，从主机上执行打印命令，即可打印出来。

2.2.4　键盘的使用

键盘是向计算机中输入文字、数字的主要方式，通过键盘还可以输入键盘命令，控制计算机的执行，是必备的标准输入设备。下面介绍键盘操作的基本常识和键盘命令入门。

1. 键的组织方式

Windows 操作系统普遍使用 104 键的通用扩展键盘，其形式如图 2-31 所示。

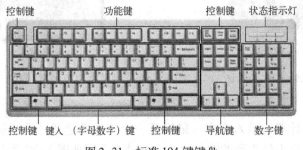

图 2-31　标准 104 键键盘

键盘上键的排列有一定的规律，键盘上的键可以根据功能划分为几个组。

- 键入（字母数字）键。这些键包括与传统打字机上相同的字母、数字、标点符号和符号键。
- 控制键。这些键可单独使用或者与其他键组合使用来执行某些操作。最常用的控制键是〈Ctrl〉、〈Alt〉、Windows 徽标键（ ）和〈Esc〉，还有三个特殊键〈PrtScn〉、〈Scroll Lock〉和〈Pause〉/〈Break〉。
- 功能键。功能键用于执行特定任务。功能键标记为〈F1〉、〈F2〉、〈F3〉 ~〈F12〉。这些键的功能因程序而有所不同。
- 导航键。这些键用于在文档或网页中移动以及编辑文本。这些键包括箭头键（〈←〉、〈→〉、〈↑〉、〈↓〉）、〈Home〉、〈End〉、〈Page Up〉、〈Page Down〉、〈Delete〉和〈Insert〉。
- 数字键盘。数字键盘便于快速输入数字。这些键位于一方块中，分组放置，有些类似常规计算器或加法器。

如图 2-31 所示显示这些键在键盘上的排列方式，有些键盘布局可能会有所不同。

2. 键入键

键入键也称字母、数字键，除了字母、数字、标点符号和符号以外，键入键还包括〈Shift〉、〈Caps Lock〉、〈Tab〉、〈Enter〉、空格键和〈Backspace〉。各种字母、数字、标点符号以及汉字等信息都是通过键入键的操作输入计算机的。

（1）〈A〉 ~〈Z〉键

默认状态下，按下〈A〉、〈B〉、〈C〉等字母键，将输入小写字母。按下"：；"、"？／"等标点符号键，将输入该键的下部分显示的符号。

（2）〈Shift〉（上档）键

〈Shift〉键主要用于输入上档字符。在输入上档字符时，需先按下〈Shift〉键不放，然后再按下字符键。同时按〈Shift〉与某个字母将键入该字母的大写字母。同时按〈Shift〉与其他键将键入在该键的上部分显示的符号。

（3）〈Caps Lock〉（大写字母锁定）键

按一次〈Caps Lock〉键（按后放开），键盘右上角的指示灯"Caps Lock"亮，表示目前是在大写状态，随后的字母输入均为大写。再按一次〈Caps Lock〉键将关闭此功能，右上角相应的指示灯灭，随后的输入又还原为小写字母。

（4）〈Tab〉（制表定位）键

按〈Tab〉键会使光标向右移动几个空格，还可以按〈Tab〉键移动到对话框中的下一个对象上。此键又分为上下两档。上档键为左移，下档键为右移（键面上已明确标出）。根据应用程序的不同，制表位的值可能不同。该键常用于需要按制表位置上下纵向对齐的输入。实际操作时，按一次〈Tab〉键，光标向右移到下一个制表位置；按一次〈Shift + Tab〉键，光标向左移到前一个制表位置。

（5）〈Enter〉键

在编辑文本时，按〈Enter〉键将光标移动到下一行开始的位置。在对话框中，按〈Enter〉键将选择突出显示的按钮。

（6）空格键

空格键位于键盘的最下方，是一个空白长条键。每按一下空格键，产生一个空白字符，光标向后移动一个空格。

（7）〈Backspace〉（退格）键

按〈Backspace〉键将删除光标前面的字符或选择的文本。按该键一次，屏幕上的光标在现有位置退回一格（一格为一个字符位置），并删除退回的那一格内容（一个字符）。该键常用于清除输入过程中刚输错的内容。

3. 控制键

控制键主要用于键盘快捷方式，代替鼠标操作，加快工作速度。使用鼠标执行的几乎所有操作或命令都可以使用键盘上的一个或多个键更快地执行。在帮助中，两个或多个键之间的加号（ + ）表示应该一起按这些键。例如，〈Ctrl + A〉表示按下〈Ctrl〉键不松开，然后再按〈A〉。〈Ctrl + Shift + A〉表示按下〈Ctrl〉和〈Shift〉，然后再按〈A〉。

（1）Windows 徽标键〈⊞〉

按 Windows 徽标键〈⊞〉将打开 Windows 的开始菜单，与用鼠标单击"开始"菜单按钮相同。组合键〈⊞ + F1〉可显示 Windows 的"帮助和支持"。

（2）〈Ctrl〉（控制）键

单独使用没有任何意义，主要用于与其他键组合在一起操作，起到某种控制作用。这种组合键称为组合控制键。〈Ctrl〉键的操作方法与〈Shift〉键相同，必须按下不放再按其他键。操作中经常使用的组合键有很多，常用的组合控制键如下。

- 〈Ctrl + S〉：保存当前文件或文档（在大多数程序中有效）。
- 〈Ctrl + C〉：将选定内容复制到剪贴板。
- 〈Ctrl + V〉：将剪贴板中的内容粘贴到当前位置。
- 〈Ctrl + X〉：将选定内容剪切到剪贴板。
- 〈Ctrl + Z〉：撤销上一次的操作。
- 〈Ctrl + A〉：选择文档或窗口中的所有项目。

（3）〈Alt〉（转换）键

〈Alt〉键主要用于组合转换键的定义与操作。该键的操作与〈Shift〉、〈Ctrl〉键类似，必须先按下不放，再击打其他键，单独使用没有意义。常用的组合控制键如下。

- 〈Alt + Tab〉：在打开的程序或窗口之间切换。
- 〈Alt + F4〉：关闭活动项目或者退出活动程序。

（4）〈Esc〉键

〈Esc〉键单独使用，功能是取消当前任务。

（5）应用程序键〈🗒〉

应用程序键相当于用鼠标右击对象，将依据当时光标所处对象的位置，打开不同的快捷菜单。

4. 功能键

功能键有〈F1〉、〈F2〉、〈F3〉~〈F12〉。功能键中的每一个键具体表示什么功能都是由相应程序来定义的，不同的程序可以对它们有不同的操作功能定义。例如，〈F1〉键的功能通常为程序或 Windows 的帮助。

5. 三个特殊的键〈PrtScn〉、〈Scroll Lock〉和〈Pause〉/〈Break〉

（1）〈PrtScn〉（〈Print Screen〉）键

以前在 DOS 操作系统下，该键用于将当前屏幕的文本发送到打印机。现在，按〈PrtScn〉键将捕获整个屏幕的图像（屏幕快照），并将其复制到内存中的剪贴板。可以从剪贴板将其粘贴〈Ctrl + V〉到画图或其他程序。按〈Alt + PrtScn〉键将只捕获活动窗口的图像。

〈SysRq〉键在一些键盘上与〈PrtScn〉键共享一个键。之前，〈SysRq〉键设计成一个系统请求，但在 Windows 中未启用该命令。

（2）〈ScrLk〉（〈Scroll Lock〉）键

在大多数程序中按〈Scroll Lock〉键都不起作用。在少数程序中，按〈Scroll Lock〉键将更改箭头键、〈Page Up〉和〈Page Down〉键的行为；按这些键将滚动文档，而不会更改光标或选择的位置。键盘可能有一个指示 Caps Lock 是否处于打开状态的指示灯。

（3）〈Pause〉/〈Break〉

一般不使用该键。在一些旧程序中，按该键将暂停程序，或者同时按〈Ctrl〉键停止程序运行。

6. 导航键

使用导航键可以移动光标、在文档和网页中移动以及编辑文本。光标移动键只有在运行具有全屏幕编辑功能的程序中才起作用。表 2-1 列出这些键的部分常用功能。

表 2-1　导航键及其功能

按键名称	功　能
〈←〉、〈→〉、〈↑〉、〈↓〉	将光标或选择内容沿箭头方向移动一个空格或一行，或者沿箭头方向滚动网页
〈Home〉	将光标移动到行首，或者移动到网页顶端
〈End〉	将光标移动到行末，或者移动到网页底端
〈Ctrl + Home〉	将光标移动到文档的顶端
〈Ctrl + End〉	将光标移动到文档的底端
〈Page Up〉	将光标或页面向上移动一个屏幕
〈Page Down〉	将光标或页面向下移动一个屏幕
〈Delete〉	删除光标后面的字符或选择的文本；在 Windows 中，删除选择的项目，并将其移动到"回收站"
〈Insert〉	关闭或打开"插入"模式。当"插入"模式处于打开状态时，在光标处插入键入的文本。当"插入"模式处于关闭状态时，输入的文本将替换现有字符

7. 数字键盘

数字键盘中的字符与其他键盘上的字符有重复，其设置目的是为了提高数字 0~9、算术运算符"＋"（加）、"－"（减）、"＊"（乘）和"／"（除）和小数点的输入速度。数字键盘的排列使用户用一只手即可迅速输入数字或数学运算符。

数字键盘中的键多数有上、下档。若要使用数字键盘来输入数字，按〈Num Lock〉键，则键盘上的 Num Lock 指示灯亮。当 Num Lock 处于关闭状态时，数字键盘将作为第二组导航键运行（功能印在键上面的数字或符号旁边）。

8. 其他键

一些现在新出的键盘上带有一些热键或按钮，可以迅速地一键式访问程序、文件或命令。有些键盘还带有音量控制、滚轮、缩放轮和其他小配件。要使用这些键的功能，需要安装该键盘附带的驱动程序。

9. 正确使用键盘

正确使用键盘可有助于避免产生手腕、双手和双臂的不适感与损伤，以及提高输入速度和质量。正确的指法操作还是实现键盘盲打的基础。所谓键盘操作指法，就是将打字机键区所有用于输入的键位合理地分配给双手各手指，每个手指负责击打固定的几个键位，使之分工明确，有条有理。

（1）基准键与手指的对应关系

基准键位：位于键盘的第二行，共有 8 个键，分别是〈A〉、〈S〉、〈D〉、〈F〉、〈J〉、〈K〉、〈L〉、〈;〉。左右手的各手指必须按要求放在所规定的按键上。键盘的指法分区如图 2-32 所示，凡两斜线范围内的字键，都必须由规定的同一手指管理。按照这样的划分，整个键盘的手指分工就一清二楚了，按下任何键，只需把手指从基本键位移到相应的键上，正确输入后，再回到基本键位。

图 2-32　手指键位分配图

（2）按键的击法

按键的击法为：

1）手腕要平直，手臂要保持静止，全部动作仅限于手指部分（上身其他部位不得接触工作台或键盘）。

2）手指要保持弯曲，稍微拱起，指尖后的第一关节微成弧形，分别轻轻放在字键的中央。

3）输入时，手抬起，只有要击键的手指才可伸出击键。按下后要立即缩回，不可停留在已击打的按键上（除 8 个基准键外）。

4）输入过程中，要用相同的节拍轻轻地按键，不可用力过猛。

（3）空格的击法

右手从基准键上迅速垂直上抬 1~2 cm，大拇指横着向下一击并立即收回，每按一次输入一个空格。

（4）换行的击法

需要换行时，起右手伸小指击打一次〈Enter〉键。按下后，右手立即退回原基准键位，在手收回的过程中，小指提前弯曲，以免把"；"带入。

2.2.5 鼠标的使用

鼠标（Mouse）的主要用途是用来光标定位或用来完成某种特定的输入，可以使用鼠标与计算机屏幕上的对象进行交互。可以对对象进行移动、打开、更改及执行其他操作。

1. 鼠标的组成

鼠标通常有两个按键：主要按钮（左键）和次要按钮（右键），在两个按键之间还有一个滚轮，使用滚轮可以滚动显示的内容。在有些鼠标上，按下滚轮可以作为第三个按钮。目前常见鼠标的外观如图2-33所示。高级鼠标可能有执行其他功能的附加按钮。

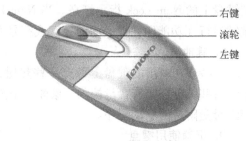

图2-33 常见鼠标的外观

2. 使用鼠标

使用鼠标时，先使鼠标指针定位在某一对象上，然后再单击鼠标上的按键，来完成功能。

（1）移动鼠标

1）移动：将鼠标置于干净、光滑的表面上（如鼠标垫）。轻轻握住鼠标，食指放在主按键上，拇指放在侧面，中指放在次按键上。若要移动鼠标，可在任意方向慢慢滑动它。在移动鼠标时，屏幕上的光标沿相同方向移动。如果移动鼠标进时超出了书桌或鼠标垫的空间，则可以抬起鼠标并将其放回到更加靠近的位置，继续移动。

2）指向：指向操作就是把光标移到操作对象上。在指向屏幕上的某个对象时，该对象会改变颜色，同时在光标右下方会出现一个描述该对象的小框，光标可根据所指对象而改变。例如，在指向Web浏览器中的链接时，光标由箭头 变为伸出一个手指的手形 。

（2）鼠标按钮的操作

大多数鼠标操作都将指向和按下一个鼠标按钮结合起来。使用鼠标按钮有4种基本方式：单击、双击、右击以及拖动。

- 单击：若要单击某个对象，先指向屏幕上的对象，然后按下并释放主要按键（通常为左按键）。大多数情况下使用单击来"选择"（标记）对象或打开菜单。
- 双击：若要双击对象，先指向屏幕上的对象，然后快速地单击两次。如果两次单击间隔时间过长，它们就可能被认为是两次独立的单击，而不是一次双击。双击经常用于打开桌面上的对象。例如，通过双击桌面上的图标可以启动程序或打开文件夹。
- 右键单击（右击）：若要右击某个对象，先指向屏幕上的对象，然后按下并释放次要按钮（通常为右按键）。右击对象通常显示可对其进行的操作列表（如快捷菜单），其中包含可用于该项的常规命令。如果要对某个对象进行操作，而又不能确定如何操作或找不到操作菜单在哪里时，则可以右击该对象。灵活使用右击，可使用户的操作快捷、简单。
- 拖动：拖动操作就是用鼠标将对象从屏幕上的一个位置移动或复制到另一个位置。操作方法为，先将光标指向要移动的对象上，按住主要按键不放，将该对象移动到目标位置，最后再松开鼠标主要按键。拖动（拖放）通常用于将文件和文件夹移动到其他位置，以及在屏幕上移动窗口和图标。

（3）滚轮的使用

如果鼠标有滚轮，则可以用它来滚动文档和网页。若要向下滚动，则向后滚动滚轮。若要向上滚动，请向前滚动滚轮。也可以按下滚轮，则自动滚动。

（4）自定义鼠标

可以更改鼠标设置以适应个人喜好。例如，可更改光标在屏幕上移动的速度，或更改指针的外观。如果习惯用左手，则可将主要按钮切换到右按键。

2.2.6　微机的启动和关闭

1. 微机的启动

微机的启动有冷启动、重新启动和复位启动三种方法，并且可以在不同情况下选择操作。

（1）冷启动

冷启动又称加电启动，是指微机在断电情况下加电开机启动。具体启动过程如下：

1）加电。打开显示器电源，接着打开主机电源。如果显示器电源接在主机电源上，则直接打开主机电源。

2）自检。由机器自动完成，一般不需用户干预。首先对微机硬件做全面检查，即检查主机和外设的状态，并将检查情况在显示器上显示，这个过程称为自检。在自检过程中，若发现某设备状态不正常，则通过显示器或机内喇叭给出提示。若有严重故障，必须排除后，方可进行下一步启动操作。如遇到故障，应根据提示排除。

3）引导操作系统。自检通过后，则自动引导启动操作系统。操作系统一般存储在硬盘上，由微机自动引导。

（2）重新启动

重新启动是指在微机已经开启的情况下，因死机、改动设置等，而重新引导操作系统的方法。由于重新启动是在开机状态下进行的，所以不再进行硬件自检。重新启动的方法是在Windows中选择"重新启动"。微机会重新引导操作系统。

（3）复位启动

复位启动是指在微机已经开启的情况下，通过按下机箱面板上的复位按钮或长按机箱面板上的开关按钮，重新启动微机。一般是在微机的运行状态出现异常（如键盘控制错误），而重新启动无效时才使用。启动过程与冷启动基本相同，只是不需要重新打开电源开关，而是直接按一下机箱面板上的复位开关Reset。复位启动会丢失部分微机资源以及在微机中所进行的未保存的工作，所以复位启动是在无法用正常重新启动时偶尔使用的。

2. 微机的关闭

使用完微机以后应将其正确关闭，这一点很重要，不仅是因为节能，这样做还有助于使计算机更安全，并确保数据得到保存。关闭微机的方法有两种：一种是选择"开始"→"关机"命令，另一种是按下计算机的电源按钮。

（1）选择"开始"→"关机"命令

单击"开始"按钮，然后选择"开始"菜单右下角的"关机"命令。则计算机关闭所有打开的程序以及Windows本身，然后关闭计算机电源。为了使微机彻底断开电源，还要关闭电源插座上的开关，或者把主机和显示器的电源插头从插座上拔出来。关机不会保存工作，因此关机前必须首先保存文件。

（2）按下计算机的电源按钮

如果要快速关闭微机，首先要先结束应用程序，回到桌面，然后按一下机箱面板上的开关按钮，则 Windows 自动关闭，最后切断电源。其作用与 Windows "关机"命令相同。

（3）强制关机

如果通过 Windows 关机菜单和按一下机箱面板上的开关按钮，都无法关机，可按下机箱面板上的开关按钮不放，等待十几秒，将强制关机。其后果是在下次启动时，Windows 将花费更长时间来自检。

2.3 习题

1. 操作系统对磁盘进行读、写操作的物理单位是（　　）。
   A. 磁道　　　　　　　B. 扇区　　　　　　　C. 字节　　　　　　　D. 文件
2. 一个完整的计算机系统包括（　　）。
   A. 计算机及其外部设备　　　　　　B. 主机、键盘、显示器
   C. 系统软件和应用软件　　　　　　D. 硬件系统和软件系统
3. 组成中央处理器（CPU）的主要部件是（　　）。
   A. 控制器和内存　　　　　　　　　B. 运算器和内存
   C. 控制器和寄存器　　　　　　　　D. 运算器和控制器
4. "64 位机"中的 64 位表示的是一项技术指标，即为（　　）。
   A. 字节　　　　　　　B. 容量　　　　　　　C. 字长　　　　　　　D. 速度
5. 计算机的内存储器是指（　　）。
   A. ROM 和 RAM　　　　　　　　　B. ROM
   C. RAM 和 C 磁盘　　　　　　　　D. 硬盘和控制器
6. 下列各类存储器中，断电后其中信息会丢失的是（　　）。
   A. RAM　　　　　　　B. ROM　　　　　　　C. 硬盘　　　　　　　D. 光盘
7. 下列选项中不属于总线的是（　　）。
   A. 数据总线　　　　　B. 信息总线　　　　　C. 地址总线　　　　　D. 控制总线
8. 计算机能够直接识别和执行的语言是（　　）。
   A. 汇编语言　　　　　B. 自然语言　　　　　C. 机器语言　　　　　D. 高级语言
9. 将高级语言源程序翻译成目标程序，完成这种翻译过程的程序是（　　）。
   A. 编译程序　　　　　B. 编辑程序　　　　　C. 解释程序　　　　　D. 汇编程序
10. 用高级程序设计语言编写的程序称为（　　）。
    A. 目标程序　　　　　B. 可执行程序　　　　C. 源程序　　　　　　D. 伪代码程序
11. 一条计算机指令中规定其执行功能的部分称为（　　）。
    A. 源地址码　　　　　B. 操作码　　　　　　C. 目标地址码　　　　D. 数据码
12. 内存储器是计算机系统中的记忆设备，它主要用于（　　）。
    A. 存放数据　　　　　B. 存放程序　　　　　C. 存放数据和程序　　D. 存放地址
13. 下列叙述中，正确的选项是（　　）。

A. 计算机系统是由硬件系统和软件系统组成

B. 程序语言处理系统是常用的应用软件

C. CPU 可以直接处理外部存储器中的数据

D. 汉字的机内码与汉字的国标码是一种代码的两种名称

14. 计算机软件系统是由哪两部分组成（　　　）。

A. 网络软件、应用软件 　　　　　　　　B. 操作系统、网络系统

C. 系统软件、应用软件 　　　　　　　　D. 服务器端系统软件、客户端应用软件

15. 用高级程序设计语言编写的程序，要转换成等价的可执行程序，必须经过（　　　）。

A. 汇编 　　　　　　B. 编辑 　　　　　　C. 解释 　　　　　　D. 编译和连接

16. 下面哪些属于计算机的低级语言（　　　）。

A. 机器语言和高级语言 　　　　　　　　B. 机器语言和汇编语言

C. 汇编语言和高级语言 　　　　　　　　D. 高级语言和数据库语言

17. 计算机硬件能直接识别并执行的语言是（　　　）。

A. 高级语言 　　　B. 算法语言 　　　C. 机器语言 　　　D. 符号语言

18. 计算机中对数据进行加工与处理的部件，通常称为（　　　）。

A. 运算器 　　　　B. 控制器 　　　　C. 显示器 　　　　D. 存储器

19. 下列不属于微机主要性能指标的是（　　　）。

A. 字长 　　　　　B. 内存容量 　　　C. 软件数量 　　　D. 主频

20. 用户使用计算机高级语言编写的程序，通常称为（　　　）。

A. 源程序 　　　　B. 汇编程序 　　　C. 二进制代码程序　D. 目标程序

21. 将计算机分为 286，386，486，Pentium，是按照（　　　）。

A. CPU 芯片 　　　B. 结构 　　　　　C. 字长 　　　　　D. 容量

22. 硬盘的一个主要性能指标是容量，硬盘容量的计算公式为（　　　）。

A. 磁道数 × 面数 × 扇区数 × 盘片数 × 512 字节

B. 磁道数 × 面数 × 扇区数 × 盘片数 × 128 字节

C. 磁道数 × 面数 × 扇区数 × 盘片数 × 80 × 512 字节

D. 磁道数 × 面数 × 扇区数 × 盘片数 × 15 × 128 字节

23. 微型计算机硬件系统中最核心的部件是（　　　）。

A. 主板 　　　　　B. CPU 　　　　　C. 内存储器 　　　D. I/O 设备

24. 下列术语中，属于显示器性能指标的是（　　　）。

A. 速度 　　　　　B. 可靠性 　　　　C. 分辨率 　　　　D. 精度

25. 配置高速缓冲存储器（Cache）是为了解决（　　　）。

A. 内存与辅助存储器之间速度不匹配问题

B. CPU 与辅助存储器之间速度不匹配问题

C. CPU 与内存储器之间速度不匹配问题

D. 主机与外设之间速度不匹配问题

26. 为解决某一特定问题而设计的指令序列称为（　　　）。

A. 文档 　　　　　B. 语言 　　　　　C. 程序 　　　　　D. 系统

27. 在各类计算机操作系统中，分时系统是一种（　　　）。

A. 单用户批处理操作系统　　　　　　B. 多用户批处理操作系统

C. 单用户交互式操作系统　　　　　　D. 多用户交互式操作系统

28. 微型计算机外（辅）存储器是指（　　　　）。

　　A. RAM　　　　　　B. ROM　　　　　　C. 磁盘　　　　　　D. 虚盘

29. 目前普遍使用的微型计算机，所采用的逻辑元件是（　　　　）。

　　A. 电子管　　　　　　　　　　　　B. 大规模和超大规模集成电路

　　C. 晶体管　　　　　　　　　　　　D. 小规模集成电路

30. 下列叙述中，正确的是（　　　　）。

　　A. 激光打印机属击打式打印机

　　B. CAI 软件属于系统软件

　　C. 就存取速度而论，U 盘比硬盘快，硬盘比内存快

　　D. 计算机的运算速度可以用 MIPS 来表示

31. 计算机网络的主要目标是实现（　　　　）。

　　A. 数据处理和网络游戏　　　　　　B. 文献检索和网上聊天

　　C. 快速通信和资源共享　　　　　　D. 共享文件和收发邮件

32. 微型计算机中使用的数据库属于（　　　　）。

　　A. 科学计算方面的计算机应用　　　　B. 过程控制方面的计算机应用

　　C. 数据处理方面的计算机应用　　　　D. 辅助设计方面的计算机应用

33. 一条指令必须包括（　　　　）。

　　A. 操作码和地址码　　　　　　　　B. 信息和数据

　　C. 时间和信息　　　　　　　　　　D. 以上都不是

34. 下列软件中（　　　　）一定是系统软件。

　　A. 自编的一个 C 程序，功能是求解一个一元二次方程

　　B. Windows 操作系统

　　C. 用汇编语言编写的一个练习程序

　　D. 存储有计算机基本输入输出系统的 ROM 芯片

35. 在微机中，1MB 准确等于（　　　　）。

　　A. 1024×1024 个字　　　　　　　　B. 1024×1024 字节

　　C. 1000×1000 字节　　　　　　　　D. 1000×1000 个字

36. 操作系统是计算机系统中的（　　　　）。

　　A. 核心系统软件　　　　　　　　　B. 关键的硬件部件

　　C. 广泛使用的应用软件　　　　　　D. 外部设备

37. 在微机的硬件设备中，既可以做输出设备，又可以做输入设备的是（　　　　）。

　　A. 绘图仪　　　　　　B. 扫描仪　　　　　　C. 手写笔　　　　　　D. 磁盘驱动器

38. 下列叙述中错误的一条是（　　　　）。

　　A. 内存容量是指微型计算机硬盘所能容纳信息的字节数

　　B. 微处理器的主要性能指标是字长和主频

　　C. 微型计算机应避免强磁场的干扰

　　D. 微型计算机机房湿度不宜过大

39. 将高级语言编写的程序翻译成机器语言程序，采用的两种翻译方式是（　　）。

    A. 编译和解释　　　　B. 编译和汇编　　　　C. 编译和链接　　　　D. 解释和汇编

40. 用 MIPS 为单位来衡量计算机的性能，它指的是计算机的（　　）。

    A. 传输速率　　　　B. 存储器容量　　　　C. 字长　　　　D. 运算速度

41. 下面是关于解释程序和编译程序的论述，其中正确的一条是（　　）。

    A. 编译程序和解释程序均能产生目标程序

    B. 编译程序和解释程序均不能产生目标程序

    C. 编译程序能产生目标程序而解释程序则不能

    D. 编译程序不能产生目标程序而解释程序能

42. 微型计算机中，控制器的基本功能是（　　）。

    A. 进行算术运算和逻辑运算　　　　B. 存储各种控制信息

    C. 保持各种控制状态　　　　　　　D. 控制机器各个部件协调一致地工作

43. 下面四条常用术语的叙述中，有错误的一条是（　　）。

    A. 光标是显示屏上指示位置的标志

    B. 汇编语言是一种面向机器的低级程序设计语言，用汇编语言编写的程序计算机能直接执行

    C. 总线是计算机系统中各部件之间传输信息的公共通路

    D. 读写磁头是既能从磁表面存储器读出信息又能把信息写入磁表面存储器的装置

44. 微机系统与外部交换信息主要通过（　　）。

    A. 输入/输出设备　　B. 键盘　　　　C. 光盘　　　　D. 内存

45. 决定微处理器性能优劣的重要指标是（　　）。

    A. 内存的大小　　　　B. 微处理器的型号　　C. 主频　　　　D. 内存储器

46. 磁盘属于（　　）。

    A. 输入设备　　　　B. 输出设备　　　　C. 内存储器　　　　D. 外存储器

第3章 Windows 7 操作系统的使用

本章介绍操作系统的基本概念，Windows 7 操作系统常用操作等内容。

3.1 Windows 操作系统介绍

本节主要介绍 Windows 操作系统的发展历史和 Windows 操作系统的特点。

3.1.1 Windows 操作系统的发展历史

1. 微软公司的成立

1955 年 10 月 28 日，比尔·盖茨生于美国西北部华盛顿州的西雅图。盖茨自小酷爱数学和计算机，后来比尔·盖茨考上了哈佛大学法律专业。保罗·艾伦（PaulAlan）是他最好的校友。

1975 年，罗伯茨因发明第一台微型计算机牛郎星大获成功。当时比尔·盖茨只是个不到 19 岁的大学生，他主动与罗伯茨联系，与保罗·艾伦一起用了几周的时间，设计出了用于牛郎星的 BASIC 解释程序。此前从未有人为微机编过 BASIC 程序。受 BASIC 软件成功的鼓舞，比尔·盖茨从哈佛大学退学，于 1975 年 7 月在阿尔伯克基成立了微软（Microsoft）公司，简称 MS，专门从事微型计算机的软件开发。

CP/M 是由基尔代尔一人于 1973 年设计的操作系统，是第一个用于微型计算机的操作系统，当时是为 Intel 8008 机器设计的。在 20 世纪 70 年代末、80 年代初，CP/M 是最具影响的微机操作系统，可以在当时流行的上百种微机上运行（包括 Apple、8086）。

1980 年，IBM 准备进军微机市场，想购买 CP/M 操作系统，便造访 CP/M 的拥有者基尔达尔。由于基尔达尔外出度假，IBM 没能与基尔代尔做成生意，盖茨就自告奋勇揽下了这笔生意。但是编写一个操作系统起码要花一年时间，IBM 要求几个月内就完成。于是微软付了大约 7.5 万美元买下了一套模仿 CP/M 8086 的操作系统，改名为 MS – DOS。随后倒手给了 IBM，开始了微软的飞黄腾达之路。1981 年 8 月 12 日，IBM PC 问世，配备的操作系统就是 PC – DOS 1.0。

2. 最早的图形用户界面

1969 年，美国施乐帕洛阿尔托研究中心（Xerox PARC）成立，聘请了曾任 ARPA（美国国防部高级研究计划署）信息处理技术处处长的鲍勃·泰勒（Bob Taylor）负责组建这个中心。ARPA 曾创立了 Internet 的前身 ARPANET。图形用户界面（Graphical User Interface，GUI）是 20 世纪 70 年代由该研究中心提出的。从 1972 年到 1974 年，该研究小组成功开发出了施乐公司实验性的计算机 Alto（阿尔托），它是真正意义上的首台个人计算机，有键盘和显示器。它采用了许多奠定今天计算机应用基础的技术，比如图形界面技术、以太网技术。当时它已经实现了 Alto 计算机间的联网功能。另外，它还配备了一种三键鼠标。由于 Alto 计算机于 1974 年研制完成，有些人（特别是施乐公司的人）便声称这种计算机是个人计算机的先驱。然而，这种计算机却从未成为商用性产品。尽管它在个人使用方面性能完善，但由于价格过高，因而还算不上个人计算机。从价格上看，它与小型计算机相差无几。施乐公司的许多超前发明创造被打入冷宫，多名关键研制人员退出了施乐公司，转到了苹果、微软等公司。

1977 年 4 月，相比施乐的 Alto，技术功能弱很多的苹果 II 型电脑，在推出后迅速受到市场的欢迎。1979 年 11、12 月，乔布斯带着技术主管、高层管理等人员参观了施乐帕洛阿尔托研究中心。乔布斯当时已是闻名美国的红人，施乐的工程师很愿意在他面前展现自己最新的成果，并演示了图形界面和鼠标应用。

后来有人说，苹果公司"窃"走了施乐 Alto 的技术，这种评价有些武断，因为施乐没有给苹果任何拿走研发图纸的机会。不过，对于乔布斯这位融会贯通的高手来说，看一眼就够了。乔布斯回到苹果公司，指示研发人员开始进行图形界面的研发。1983 年 Lisa OS 首先应用到 Lisa 计算机上。1984 年苹果公司发布了 Macintosh 微机，其采用的操作系统是首例成功使用 GUI 并用于商业用途的产品。

3. 微软的 Windows

看一眼就能研发出来产品的天才，当时还有一位，这就是比尔·盖茨。1981 年末，乔布斯邀请盖茨观摩苹果计划推出的 Macintosh 样机，他想让微软为这款新机器设计出匹配的应用软件。乔布斯在给盖茨做演示时，盖茨被其图形界面和方便灵活的鼠标配合吸引住了，他认为这将是微软 DOS 系统未来的发展方向。盖茨后来回忆道，1983 年，微软就"计划在 IBM PC 上引入图形计算功能"。

盖茨了解到乔布斯的 Macintosh 操作系统师出施乐门下，决定釜底抽薪，从施乐公司直接挖人来开展自己的操作系统的研发工作。而这个人是施乐帕洛阿尔托研发中心担任图形化系统部门的主管斯科特·麦格雷戈，他时年 26 岁。同时，微软对施乐公司的人才敞开大门，不久施乐另一位重要的人才尼克拉也进入微软。

微软在给苹果公司编写应用程序的同时，开始开发自己的 Windows 操作系统。有资料称，微软把 Windows 操作系统研发放在了第一位，而把苹果公司给的研发任务排在了后面，甚至延迟了苹果 Macintosh 机的发布，这让乔布斯很恼火。而让乔布斯更气愤的是：1983 年末，他发现微软正在设计的 Windows 操作系统与 Macintosh 操作系统十分相似。乔布斯对着盖茨狂吼，"我们相信你们，但如今你们却从我们这里偷东西。"可是此时，作为创始人的乔布斯与公司总裁约翰·斯卡利矛盾激化，乔布斯被踢出苹果公司。

1985 年 10 月 24 日，在盖茨 30 岁生日的前 4 天，时任苹果 CEO 的约翰·斯卡利送给他一份大礼：苹果允许微软在 Windows 上使用 Macintosh 的一些技术。史学家称，这是继与 IBM 进行操作系统合作的机会给盖茨后，掉到微软嘴里的第二块大馅饼。斯卡利后来懊悔地说："我们没有意识到我们签订了一份损害未来权利的协议。"

微软拿到了苹果授权，这也标志着微软启动了 Windows 时代。当然，微软起初发展得并不快，乔布斯多年以后曾说："我认为微软花了 10 年时间才成功模仿（Macintosh）的原因之一就是他们没有掌握核心技术。"言下之意是盖茨没有得施乐真传。

在过去的 20 多年中，Windows 操作系统经历了一个从无到有，从低级到高级的发展过程，总体趋势是功能越来越强大了，用户使用起来越来越方便了。

1985 年，Windows 1.0 问世，比苹果 Macintosh 操作系统晚了近两年。Windows 2.0 发行于 1987 年 12 月，Windows 3.0 诞生于 1990 年，Windows 3.1 在 1992 年 4 月份发布，

Windows 95 是 1995 年推出的，Windows 98 在 1998 年发布，Windows ME 发行于 2000 年 9 月，2001 年微软正式发布 Windows XP 操作系统。2007 年 1 月正式推出 Windows Vista。

2009 年 10 月发布 Windows 7 操作系统，包括 Windows 7 家庭普通版、家庭高级版、专业版和旗舰版四大版本。Windows7 以其美观、简单、快速、稳定和高效等特点深受消费者喜爱，上市两年销售量突破 5 亿份成为微软史上最畅销的操作系统软件。与此同时，Windows 7 正迅速普及取代 Windows XP 系统，成为新一代主流操作系统。

2011 年 7 月初，Windows 商业产品营销团队高级主管埃尔温·维瑟（Erwin Visser）在 Windows Blog 中表示："现在是时候让 Windows XP 退休，迁移 Windows 7 了，这样才能使用最近 10 年内安全，性能，交互界面等方面的改进。"

2012 年 10 月微软发布了最新的 Windows 8 操作系统。

如今微软已成为了业内的"帝国"，除了主宰 PC 的操作系统和办公软件外（这是微软的命脉），还涉足个人财务软件、教育及游戏软件、网络操作系统、商用电子邮件、数据库及工具软件、内部网服务器软件、手持设备软件、网络浏览器、网络电视、上网服务以及近 20 个不同的万维网站。

3.1.2 Windows 操作系统的特点

Windows 是 Microsoft 公司的基于图形界面的微机操作系统，用户对计算机的操作是通过对"窗口"、"图标"、"菜单"等图形画面和符号的操作来实现的。在 Windows 下，大多数工作都是以"窗口"的形式来工作的，每进行一项工作，就在桌面上打开一个窗口；关闭了窗口，对应的工作也就结束了。用户不仅可以使用键盘，而且更多的会是使用鼠标操作来完成选择、运行等工作，非常方便。Windows 之所以取得成功，主要在于它具有以下优点。

（1）直观、高效的面向对象的图形用户界面，易学易用

用户采用"选择对象、操作对象"方式进行工作。这种操作方式模拟了现实世界的行为，易于理解、学习和使用。

（2）用户界面统一、友好、美观

Windows 应用程序大多符合 IBM 公司提出的统一标准，所有的程序拥有相同的或相似的基本外观，包括窗口、菜单、工具栏等。用户只要掌握其中一个应用程序，其他软件也就不难学会，从而降低了用户学习的费用。

（3）丰富的图形操作

Windows 的图形设备接口提供了丰富的图形操作函数，可以绘制出诸如线、圆、框等几何图形，并支持各种输出设备。操作与设备无关，即在针式打印机上和高分辨率的显示器上都能显示出相同效果的图形。

（4）多任务

Windows 是一个多任务的操作环境，它允许用户同时运行多个应用程序，或在一个程序中同时做几件事情。

3.2 Windows 7 使用基础

Windows 7 使用基础包括启动与关闭，桌面、窗口的组成和操作，使用菜单、滚动条、

按钮和复选框，对话框的组成和操作，使用程序等内容。

3.2.1 Windows 7 的启动和关闭

启动和关闭计算机是用户最基本的操作。Windows 的启动和关闭操作很简单，但对系统来说却是非常重要的。

1. 启动 Windows

计算机的启动有冷启动、重新启动、复位启动三种方法，可以在不同情况下选择操作。

（1）冷启动

冷启动又称加电启动，是指计算机在断电情况下加电开机启动。对于只安装一套 Windows 7 操作系统的计算机，打开电源后，计算机经过自检后就会自动启动 Windows 7。并根据用户的多少及是否设置了登录密码，出现不同的界面。

- 如果只设置一个用户名，且没有设置登录密码，将直接显示 Windows 7 的桌面，如图 3-1 所示。

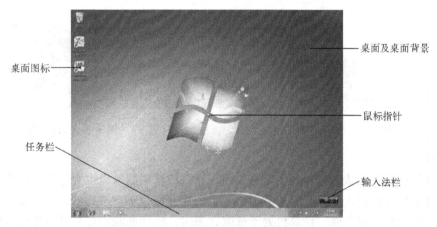

图 3-1 Windows 7 的桌面

- 如果只设置一个用户名，并且设置了登录密码，将首先显示输入密码窗口，在密码框中输入正确的登录密码，然后按〈Enter〉键或者单击密码框后的按钮◎确定，稍后显示 Windows 的桌面。只有合法用户才能进入 Windows 工作环境，这是 Windows 提供的一项安全保护措施。
- 如果设置有多个用户名，将首先选择用户名，单击用户图标，将显示输入密码窗口，输入正确密码并确定后，显示 Windows 的桌面。

（2）重新启动

重新启动是指在微机使用的过程中遇到某些故障、改动设置、安装更新等时，而重新引导操作系统的方法。由于重新启动是在开机状态下进行的，所以不再进行硬件自检。重新启动的方法是在 Windows 中选择"重新启动"，则计算机会重新引导操作系统。

（3）复位启动

复位启动是指在计算机已经开启的情况下，通过按下主机箱面板上的复位按钮或长按机箱面板上的开关按钮，重新启动计算机。一般是在计算机的运行状态出现异常（如系统死锁），而重新启动无效时才使用。启动过程与冷启动基本相同，只是不需要重新打开电源开关，而是直接按一下主机面板上的复位开关 Reset。复位启动会丢失计算机中未保存的工作，所以复位启动是在无法正常"重新启动"时才偶尔使用的。

2. 关闭计算机

在需要关闭计算机时，应该按正确的方式关闭，不能简单地切断电源。这时因为，操作系统在内存中有部分信息存在，为了使下一次开机能正常运行，操作系统对整个运行环境都要做善后处理，非正常关机可能会造成有用信息的丢失，以及下次引导 Windows 时会先检查磁盘，从而造成引导时间较长。关闭计算机的步骤为：分别关闭所有正在运行的应用程序。单击"开始"按钮 ，单击"关机"按钮 ，如图 3-2 所示。

如果还未关闭程序，将出现还未关闭的程序名称和"强制关闭"、"取消"按钮。用户可不用理会这个提示，系统将自动关闭正在运行的程序，继续自动执行关机。另外，系统需要更新时，在单击"关机"按钮后，Windows 首先安装更新，然后关闭计算机。

3. 睡眠和休眠

单击"关机"按钮 右侧的 按钮，将显示如图 3-3 所示的菜单。可以选择使计算机睡眠或休眠。

图 3-2   关闭计算机   图 3-3   关闭计算机

（1）睡眠

在计算机进入睡眠状态时，显示器将关闭，通常计算机的风扇也会停转，计算机机箱外侧的一个指示灯将闪烁或变黄。因为 Windows 将记住并保存正在进行的工作状态，因此在睡眠前不需要关闭程序和文件。计算机处于睡眠状态时，将切断除内存外其他配件的电源，耗电量极少。工作状态的数据将保存在内存中。

若要唤醒计算机，可按下计算机机箱上的电源按钮，将在数秒钟内唤醒计算机，恢复到睡眠前的工作状态。

（2）休眠

休眠是一种主要为便携式计算机设计的电源节能状态。休眠将打开的文档和程序保存到硬盘中的一个文件中（可以理解为内存状态的镜像），当下次开机后则从这个文件读取数据，并载入内存。进入休眠状态后，所有配件都不通电，所以功耗几乎为零。而且在休眠状态下即便断电，也能恢复到休眠前的状态。

大多数计算机可以通过按计算机电源按钮恢复工作状态。但是，也有部分计算机能够通过按键盘上的任意键、单击鼠标按钮或打开便携式计算机的盖子来唤醒计算机。

3.2.2   桌面

桌面是登录到 Windows 后看到的屏幕上最大的区域。桌面是一个容器对象，是所有窗口的父窗口，打开的程序或文件夹窗口会出现在桌面上。还可以将一些项目（如程序、文件等）放在桌面上，并且随意排列它们。

桌面上的对象，例如图标、任务栏、桌面背景等，则称为桌面元素。所有桌面元素都放在桌面上，每一个桌面元素都可以被操作，称为一个应用。

1. 桌面图标

图标是代表文件、文件夹、程序和其他项目的小图片。默认情况下 Windows 7 在桌面上只有"回收站"图标 。双击桌面图标会启动或打开它所代表的项目。

"回收站"用于保存被临时删除的文件。当删除文件或文件夹时，系统并不立即将其删除，而是将其放入回收站。如果希望使用已删除的文件，则可以将其恢复；如果确定无需再次使用已删除的项目，则可以清空回收站，以释放它们所占用的磁盘空间。

同时，可以在桌面上创建文件和文件夹，以便快速访问它们。也可以在桌面上创建文件和文件夹的快捷方式。快捷方式是一个表示与某个项目链接的图标，而不是项目本身。双击快捷方式便可以打开该项目。文件图标上没有箭头。快捷方式图标的左下角有一个箭头 ，如图 3-4 所示。

图 3-4 文件图标和快捷方式图标的区别

（1）向桌面上添加快捷方式

找到要为其创建快捷方式的项目。右击该项目，从弹出的快捷菜单中选择"发送到"→"桌面快捷方式"命令，该快捷方式图标便出现在桌面上。

（2）移动图标

可以通过将其图标拖动到桌面上的新位置来移动图标。

（3）从桌面上删除图标

右击该图标，从弹出的快捷菜单中选择"删除"命令。如果该图标是快捷方式，则只会删除该快捷方式，原始项目不会被删除。

2. 任务栏

任务栏是位于屏幕底部的水平长条。与桌面不同的是，桌面可以被打开的窗口覆盖，而任务栏几乎始终可见。任务栏有三个主要部分，从左到右分别为："开始"按钮 、中间部分、通知区域。中间部分由固定到任务栏中的快捷方式图标和活动任务按钮组成。固定到任务栏中的快捷方式图标与活动任务按钮之间没有明显的区域划分。如图 3-4 所示是系统默认的刚启动 Windows 7 后的任务栏，任务栏左侧有三个默认的固定到任务栏中的快捷方式图标（IE 浏览器、Windows 资源管理器和 Windows Media Player）。因此，Windows 7 的任务栏像桌面一样，可以放置多个快捷方式。如图 3-5 所示的是没有活动任务按钮的任务栏。

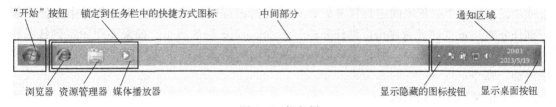

图 3-5 任务栏

（1）切换窗口

打开的程序、文件夹或文件，都会在任务栏上创建对应的按钮。按钮会显示已打开程序的图标，每个程序在任务栏上都有自己的按钮。如图 3-6 所示是执行一些应用程序后的任务栏。如何分辨快捷方式图标和活动任务按钮呢？活动任务按钮有边框，图标是凸起的样子。而未启动的快捷方式图标则没有凸起效果。如果某应用程序打开多个窗口，则活动任务按钮右侧会出现层叠的边框（如图 3-6 所示的 IE 浏览器与 Word 图标）。

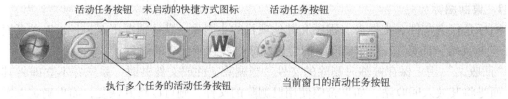

图 3-6　执行应用程序后的任务栏

如果一个打开的窗口位于多个打开窗口的最前面，可以对其进行操作，则称该窗口是活动窗口。活动窗口的任务按钮凸出（高亮度）显示，如图 3-6 所示中的"画图"按钮。

若要切换到另一个窗口，单击它的任务栏按钮。例如，单击"记事本"的任务栏按钮会使其窗口位于前面。

（2）预览打开的窗口

若要轻松地预览窗口，把鼠标指针指向其任务栏按钮。指向任务栏按钮时，与该图标关联的所有打开窗口的缩略图预览都将出现在任务栏的上方。例如，已经打开了多个 IE 窗口，那么在任务栏中只会显示一个 IE 活动任务按钮，如图 3-7 所示。如果希望打开正在预览的窗口，只需单击该窗口的缩略图。

图 3-7　预览窗口

注意，仅当 Aero 可在此计算机上运行且在运行 Windows 7 主题时，才可以查看缩略图。Aero 是从 Windows Vista 开始使用的用户界面，具有透明的玻璃图案的显示效果并带有精致的窗口动画和新窗口颜色。

（3）把程序锁定到任务栏

把经常使用的程序固定到任务栏后，可以始终在任务栏中看到这些程序并通过单击对其进行访问，是对"开始"菜单、桌面上的快捷方式的补充。如果要把"开始"菜单、桌面上或者活动任务中的程序固定到任务栏，只需右击该程序，从弹出的快捷菜单中选择"锁定到任务栏"或"将此程序锁定到任务栏"命令，如图 3-8 所示。如果要把固定到任务栏中的程序从任务栏上去掉，则右击该图标，从弹出的快捷菜单中选择"将此程序从任务栏中解锁"命令。

（4）把文档锁定到列表

对于某程序经常打开的文档，可以把常用的文档锁定到该程序文档列表的上部。锁定的文档可以是开始菜单中的程序文档，也可以是锁定到任务栏中的程序。把文档锁定到列表的方法是：单击程序后的▶以显示文档列表，单击要锁定文档后端的📌，如图 3-9 所示。锁定的文档出现在该程序最近打开文档列表上部的"已固定"中，单击其后端的📌将从列表中解锁。

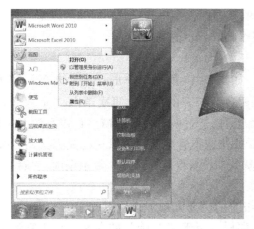 

图3-8　把程序锁定到任务栏

图3-9　把文档锁定到列表

（5）通知区域

通知区域（系统托盘）位于任务栏的最右侧，包括一个时钟和一组图标，如图3-10所示。这些图标表示计算机上某程序的状态，或提供访问特定设置的途径。图标集取决于已安装的程序或服务以及计算机制造商设置计算机的方式。

"显示隐藏的图标"按钮 ——————————————————————— "显示桌面"按钮

图3-10　安装新硬件之后，通知区域会显示一条消息

把指针指向某图标时，将显示该图标的名称或某个设置的状态。例如，指向"音量"按钮 将显示计算机的当前音量级别。单击通知区域中的图标通常会打开与其相关的程序或设置。例如，单击"音量"按钮 会打开音量控件。

有时，通知区域中的图标会显示小的弹出窗口，称为通知，通知某些信息。例如，向计算机添加新的硬件设备之后，可能会看到如图3-10所示情况。单击通知右上角的"关闭"按钮 可关闭该消息。如果没有执行任何操作，则几秒钟之后，通知会自行消失。

如果在一段时间内没有使用通知区域中的某图标，会将其隐藏在通知区域中。如果图标变为隐藏，则单击"显示隐藏的图标"按钮可临时显示隐藏的图标。

（6）查看桌面

在任务栏的右端是"显示桌面"按钮▮，如图 3-10 所示。单击"显示桌面"按钮将先最小化所有显示的窗口，然后显示桌面。若要还原打开的窗口，再次单击"显示桌面"按钮。Windows 7 的 Aero Peek（桌面透视）功能可以透过所有打开的窗口直接看到 Windows 7 桌面。在 Aero Peek 状态下，如果要临时查看或快速查看桌面，可以只将鼠标指向"显示桌面"按钮（不用单击）。若要再次显示这些窗口，只需将鼠标移开"显示桌面"按钮。

3. "开始"菜单

"开始"菜单是计算机程序、文件夹和设置的主要入口。之所以称之为"菜单"，是因为它提供一个选项列表，就像餐馆里的菜单那样。至于"开始"的含义，在于它通常是用户要启动或打开某项内容的位置所在。

"开始"菜单中它包含了 Windows 的大部分功能。使用"开始"菜单可执行：启动程序，打开文件夹，搜索文件、文件夹和程序，调整计算机设置，获取 Windows 操作系统的帮助信息，关闭计算机，注销 Windows 或切换到其他账户等操作。

（1）打开"开始"菜单

若要打开"开始"菜单，单击屏幕左下角的"开始"按钮⊛。或者，按键盘上的 Windows 徽标键⊞，则打开"开始"菜单，如图 3-11 所示。

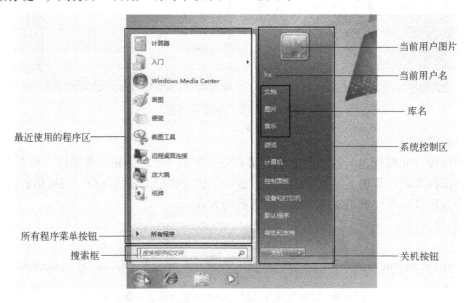

图 3-11 "开始"菜单

"开始"菜单分为三个基本部分。

- 最近使用的程序区：列出了常用的一部分程序列表和刚安装的程序，单击它可快速启动常用的程序。单击"所有程序"可显示程序的完整列表。
- 搜索框：通过键入搜索项可在计算机上查找程序和文件。
- 系统控制区：提供对常用文件夹、文件、设置和功能的访问。上部是当前用户账户图片，单击它可设置用户账户。下部的按钮可进行"关机"、"切换用户"、"注销"、"锁定"和"重新启动"等操作。

（2）从"开始"菜单打开程序

"开始"菜单最常见的用途是打开计算机上安装的程序。

- 若要打开"开始"菜单最近使用的程序区中显示的程序，可单击它。该程序将打开，并且"开始"菜单随之关闭。
- 如果看不到所需的程序，可单击底部的"所有程序"。左边窗格将变为按字母顺序显示程序的长列表，后跟一系列文件夹列表。单击某个程序的图标可启动该程序。单击文件夹，将显示该文件夹中的程序列表。例如，单击"附件"就会显示存储在该文件夹中的程序列表。单击其中的程序可将其打开。若要返回到刚打开"开始"菜单时看到的程序，可单击菜单底部的"后退"。

（3）搜索框

使用搜索框查找计算机上的项目是最便捷方法之一，搜索框将遍历硬盘上的所有文件夹。

若要使用搜索框，打开"开始"菜单，不必先在框中单击，可直接键入搜索项。键入后，搜索结果将显示在"开始"菜单左边窗格中的搜索框上方。对于程序、文件和文件夹标题中的文字与搜索项匹配或以搜索项开头时，将作为搜索结果显示。

注意：从"开始"菜单搜索时，搜索结果中仅显示已建立索引的文件。默认情况下，包含在库中的所有内容都会自动建立索引。

对于搜索结果，单击可将其打开。还可以单击"查看更多结果"以搜索整个计算机。

除可搜索程序、文件和文件夹外，搜索框还可搜索 Internet 收藏夹和访问的网站的历史记录。

（4）系统控制区

"开始"菜单右边窗格中的系统控制区从上到下有：

- "用户的文件"文件夹。打开"用户的文件"，（它是根据当前登录到 Windows 的用户命名的）如图 3-11 所示中的 lrx。此文件夹依次包含特定于用户的文件，其中包括"Desktop"（桌面）、"Documents"（文档）、"收藏夹""我的图片""我的视频""我的音乐"等文件夹。
- 文档。打开"文档库"，可以在这里存储和打开文本文件、电子表格、演示文稿以及其他类型的文档。
- 图片。打开"图片库"，可以在这里存储和查看数字图片及图形文件。
- 音乐。打开"音乐库"，可以在这里存储和播放音乐及其他音频文件。
- 游戏。打开"游戏"，可以在这里访问计算机上的所有游戏。
- 计算机。打开 Windows 资源管理器，可以在这里访问磁盘驱动器、可移动存储设备、打印机、扫描仪及其他连接到计算机的硬件。
- 控制面板。打开"控制面板"，可以在这里自定义计算机的外观和功能、安装或卸载程序、设置网络连接和管理用户账户等。
- 设备和打印机。打开一个窗口，可以在这里查看有关打印机、鼠标和计算机上安装的其他设备的信息。

- 默认程序。打开一个窗口，可以在这里选择设置默认程序、关联程序等。
- 帮助和支持。打开 Windows 帮助和支持，可以在这里浏览和搜索有关使用 Windows 和计算机的帮助主题。
- 右窗格的底部是"关机"按钮。单击"关机"按钮关闭计算机。单击"关机"按钮旁边的箭头可显示一个带有其他选项的菜单，可用来切换用户、注销、重新启动或关闭计算机。

3.2.3 窗口的组成和操作

程序是完成特定功能的计算机软件，在计算机上做的几乎每一件事都需要使用程序。例如，如果想要绘图，则需要使用绘图程序。若要写信，需使用字处理程序，如 Word。若要浏览 Internet，需使用 Web 浏览器程序。在"开始"菜单中，若要打开某个程序，单击它。如果未找到要打开的程序，但是知道它的名称，则可在左侧窗格底部的搜索框中键入全部或部分名称。在"程序"下单击该程序即可打开它。

每当打开程序时，桌面上就会出现一块显示程序和内容的矩形工作区域，这块区域被称为窗口。Windows 的操作主要是在不同窗口中进行的。虽然每个窗口的内容和外观各不相同，但大多数窗口都具有相同的基本组成部分。

1. 窗口的组成和操作

程序窗口表示一个正在运行的程序，在标题栏中显示程序名。下面如图 3-12 所示的"记事本"程序窗口为例，介绍程序窗口的组成和操作方法。

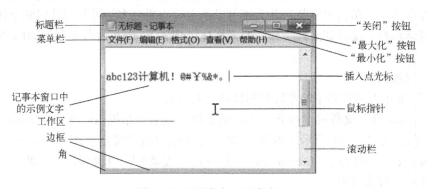

图 3-12 "记事本"程序窗口

- 标题栏：每个窗口的顶部都有一个标题栏，显示文档和程序的名称。如果正在文件夹中工作，则显示文件夹的名称。
- 最小化、最大化和关闭按钮：分别可以隐藏窗口、放大窗口使其填充整个桌面和关闭窗口。
- 菜单栏：包含程序中可单击进行选择的项目，每个菜单均包含一系列命令。大多数程序都有"文件"菜单、"编辑"菜单和"帮助"菜单。
- 滚动条：当窗口中的内容不能全部同时显示时，窗口底部或右边会出现水平或垂直滚动条。在每个滚动条上有一个滑块，滑块的大小是所显示内容与整个内容之比，其大小是变化的，拖动滑块可快速移动窗口中的内容。滚动条两端各有两个箭头 ◀、▶ 或 ▲、▼，单击也可移动窗口中的内容。

- 边框和角：窗口边框和边角用以标识窗口的边界，可以用鼠标指针拖动这些边框和角以更改窗口的大小。
- 工作区。工作区是窗口中最大的区域，是完成该程序功能的主要区域。

2. 移动窗口

若要移动窗口，用鼠标指针指向其标题栏，然后将窗口拖动到希望的位置。

3. 更改窗口的大小

- 若要使窗口填满整个桌面，单击"最大化"按钮█或双击该窗口的标题栏。此时"最大化"按钮█变为有两个重叠方框的"还原"按钮█。
- 若要将最大化的窗口还原到以前大小，单击"还原"按钮█（此按钮出现在"最大化"按钮的位置上）。或者，双击窗口的标题栏。
- 若要调整窗口的大小（变小或变大），则可指向窗口的任意边框或角。当鼠标指针变成双箭头时，如图 3-13 所示，拖动边框或角可以缩小或放大窗口。已最大化的窗口无法调整大小。虽然多数窗口可以被最大化和调整大小，但也有一些程序的窗口是固定的。

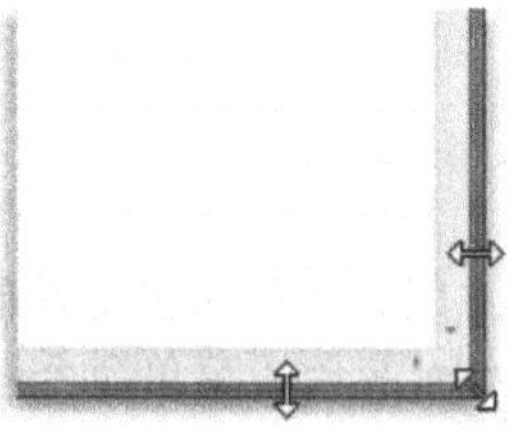

图 3-13　拖动窗口的边框

4. 隐藏窗口

- 隐藏窗口被称为"最小化"窗口。如果要使窗口临时消失而不将其关闭，则可以将其最小化。若要最小化窗口，单击"最小化"按钮█。窗口会从桌面中消失，只在任务栏上显示为程序按钮。
- 若要使最小化的窗口重新显示在桌面上，单击其任务栏按钮，窗口会按最小化前的样子显示。

5. 在窗口间切换

如果打开了多个程序或文档，桌面会快速布满杂乱无章的窗口。通常不容易跟踪已打开的那些窗口，因为一些窗口可能部分或完全被其他窗口覆盖了。

任务栏提供了整理所有窗口的方式。每个窗口都在任务栏上具有相应的按钮。若要切换到其他窗口，只需单击其任务栏按钮。该窗口将出现在所有其他窗口的前面，成为活动窗口，即当前正在使用的窗口。

6. 关闭窗口

关闭窗口会将其从桌面和任务栏中删除，也就是结束了该程序的运行。若要关闭窗口，单击其"关闭"按钮█。

如果关闭文档，而未保存对其所做的更改，则会显示一条消息，即确认是否保存更改。

3.2.4　使用菜单、滚动条、按钮和复选框

菜单、滚动条、按钮和复选框是使用鼠标或键盘操作的控件，这些控件可让用户选择命令、更改设置或使用窗口。

1. 使用菜单

大多数程序都包含许多个使程序运行的命令（操作），这些命令很多被组织在菜单中，用户通过执行这些菜单命令完成需要的任务。程序通常都有一个菜单栏，菜单栏中有菜单名，如"文件""编辑""帮助"等，每个菜单名对应一个由一组菜单命令组成的下拉菜单。为了使屏

幕整齐，会隐藏这些菜单，只有在标题栏下的菜单栏中选择菜单标题之后才会显示菜单。如图 3-14 所示是在"记事本"程序中选择菜单栏中的"编辑"命令显示出的菜单命令。

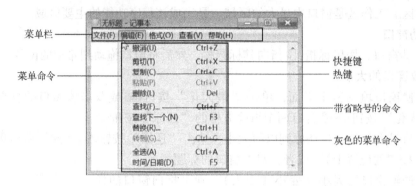

图 3-14 "记事本"程序的菜单栏和菜单

（1）下拉菜单中各命令项的说明

- 灰色的菜单命令：下拉菜单中灰色浅淡的菜单命令表示该菜单命令在当前状态下不可用，例如，剪贴板为空时，"粘贴"命令无法执行。此时无法选择该命令。
- 带省略号的菜单命令：若在菜单命令后跟一个省略号…，表示选择该命令后，将出现一个对话框，需要用户进一步提供信息或某些设置，然后才能执行。
- 快捷键：有些菜单命令后带有"Ctrl +"字母的组合键，这就是该菜单命令的快捷键，如〈Ctrl + V〉。用户可以不打开菜单，在编辑状态直接按快捷键来执行该菜单命令。
- 热键：菜单命令后都有一个用括号括起来的带下画线的字母，称为热键，如"粘贴（P）"。在打开下拉菜单后，用户可以在键盘上按热键来选择命令。
- 菜单名前带有✓或•标记的菜单命令：菜单名前的✓或•表示该命令的功能当前正在使用。如图 3-15 所示，表示在该窗口中出现状态栏。再次选择该命令后，标记消失，该命令不再起作用。
- 菜单名后带▶记号：表示打开其子菜单。如图 3-16 所示，指向"新建"打开其子菜单。

图 3-15 菜单名前带有✓或•标记的菜单命令　　　　图 3-16 菜单名后带▶记号

并不是所有的菜单控件的外观都一样，有些菜单不显示在菜单栏上，例如工具栏上的菜单。这时在单词或图片旁边有一个箭头▼、▾、▶、▲时，则可能会有菜单，如图 3-17 所示。

图 3-17 工具栏上的菜单按钮

（2）下拉菜单的操作方法

1）打开菜单的方法。

- 用鼠标打开下拉菜单的方法：用鼠标单击菜单栏中的菜单名。
- 用键盘打开下拉菜单的方法：按 Alt + "菜单名后带下画线的字母"，如按〈Alt + F〉打开"文件"下拉菜单。或者，先按〈Alt〉或〈F10〉键，此时菜单栏上的第一个菜单名被选中。按左右箭头键选定需要的菜单名，按〈Enter〉或〈↑〉、〈↓〉键打开下拉菜单。

菜单打开后，沿着菜单栏移动鼠标指针或按〈→〉、〈←〉键，菜单会自动打开，而无需再次单击菜单栏。

2）选择菜单命令。

- 用鼠标选择菜单命令：用鼠标单击下拉菜单中的菜单命令。
- 用键盘选择菜单命令：按下下拉菜单中命令后的字母键，如在"文件"下拉菜单中按〈S〉键表示选择"保存"菜单命令。或者，在下拉菜单中用〈↑〉、〈↓〉键移动指针到所选菜单命令上，按〈Enter〉键。或者，用菜单命令的快捷键。有些菜单命令后标有组合键，如"编辑"下拉菜单中"全选"菜单命令后的〈Ctrl + A〉，按这种组合键可以在不打开菜单的情况下直接执行该命令，因此称这种组合键称为菜单命令的快捷键。

3）关闭菜单的方法。

- 用鼠标关闭菜单的方法：鼠标单击被打开下拉菜单以外的区域。
- 用键盘关闭菜单的方法：按〈Alt〉键、〈Esc〉键（有时要按两次）或〈F10〉键。

2. 使用滚动条

当文档、网页或图片超出窗口大小时，会出现滚动条，可用于查看当前处于视图之外的信息。如图 3-18 所示显示滚动条的组成部分。

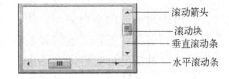

图 3-18　水平滚动条和垂直滚动条

可采用下面方法之一操作滚动条：

- 单击上、下滚动条箭头可以小幅度上、下滚动窗口内容。按下鼠标按钮可连续滚动。
- 单击滚动框上方或下方滚动条的空白区域可上、下滚动一页。
- 上、下左右拖动滚动块可在该方向上滚动窗口。
- 如果鼠标有滚轮，可以用它滚动浏览文档和网页。若要向下滚动，向后滚动滚轮。若要向上滚动，向前滚动滚轮。

3. 快捷菜单

快捷菜单是鼠标右击对象而显示的菜单，快捷菜单中包含了对该对象的常用操作命令。根据对象的不同，快捷菜单中的菜单命令也会有不同。所以，当用户希望对某个对象进行操作，而又忘记该操作命令所在的菜单时，可试试快捷菜单。

- 打开快捷菜单。右击对象。或者，选定对象后，按键盘上的快捷菜单键▤（或组合键〈Shift + F10〉）。
- 关闭快捷菜单。单击快捷菜单以外的区域。或者按〈Alt〉键或〈F10〉键。

4. 工具栏

工具栏是为操作方便而把菜单中的常用命令以按钮的形式集中放置在一个条形区域中，所以工具栏上的按钮在菜单中都有相应的命令，在程序窗口中大都带有工具栏。如果想知道某个按钮的名称，可把鼠标指针指向该按钮，稍等片刻就会显示该按钮的功能名称。

命令按钮有多种外观，因此，有时很难确定到底是不是命令按钮。例如，命令按钮会经常显示为没有任何文本或矩形边框的小图标（图片）。确定是否是命令按钮的最可靠方法是将指针放在按钮上面，如果按钮点亮并且带有矩形框架，则它是命令按钮。大多数按钮还会在指针指向时显示一些有关功能的文本，如图 3-19 所示。

图 3-19　指向某个按钮通常会显示相关提示文本

如果指向某个按钮时，该按钮变为两个部分，则这个按钮是一个拆分按钮，如图 3-20 所示。单击该按钮的主要部分会执行一个命令，而单击箭头则会打开一个有更多选项的下拉菜单。

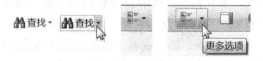

图 3-20　指向拆分按钮时，这些按钮会变为两个部分

3.2.5　对话框的组成和操作

对话框是包含用于完成某项任务所需选项的小型窗口。对话框是特殊类型的窗口，可以提出问题，选择选项来执行任务，或者提供信息。当程序或 Windows 需要用户进行响应以继续时，会出现对话框向用户提问。用户通过回答问题来完成输入或选择。Windows 也使用对话框显示附加信息和警告，或解释没有完成操作的原因。

有下面几种情况可能启动对话框。

- 单击有省略号"…"的菜单项。
- 按下有些快捷组合键，如〈Ctrl + P〉。
- 选择帮助。
- 执行程序时，系统出现的操作提示和警告。

与常规窗口不同，对话框没有菜单栏。多数对话框无法最大化、最小化或调整大小，但是它们可以被移动。对话框有多种形式，外观相差也很大。

1. 命令按钮

对话框中都会有命令按钮。命令按钮一般为上面有文字的矩形按钮，单击命令按钮会执行一个命令（操作）。例如，如果没有提前保存记事本中的文档就将其关闭，将会出现如图 3-21 所示的对话框。若要关闭记事本，必须首先单击"保存"或"不保存"按钮。单击"保存"按钮则保存所做的所有更改，单击"不保存"按钮则放弃所做的所有更改。单击"取消"按钮或对话框右上角的"关闭"按钮，关闭对话框并返回到记事本程序。

如果命令按钮呈现淡灰色，表示该按钮不能用；如果命令按钮后跟省略号，表示执行它将打开一个新对话框。一般对话框中都有"确定"和"取消"命令按钮。单击"取消"按钮放弃所设定的选项并关闭对话框，与对话框右上角的"关闭"按钮作用相同；单击"确定"按钮，则在对话框中设定的内容生效，并关闭对话框。

2. 选项按钮

选项按钮可让用户在两个或多个选项中选择一个选项。选项按钮经常出现在对话框中，被选中项的左边显示一个圆点 ，未选中项显示为空心 ，如图 3-22 所示。

图 3-21　带有三个按钮的对话框

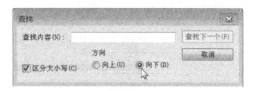

图 3-22　对话框中的按钮

注意， 只能选择一个选项，因此选项按钮也称单选钮。

3. 复选框

复选框可让用户任意选中几项或全选或全不选。复选框外形为一个小正方形，方框中有 表示选中，空框 表示未选中，如图 3-23 所示。

单击空的方框可选择或启用该选项。正方形中将出现复选标记，表示已选中该选项。

若要禁用选项，单击该选项可清除（删除）复选标记。当前无法选择或清除的选项以灰色显示。

图 3-23　对话框中的文本框

4. 文本框

在文本框中可让用户输入内容，如文字或密码。如图 3-23 所示显示了包含文本框的对话框。文本框中已经输入了文字。将光标移到文本框中时，光标将变为"I"。单击文本框，文本框内会出现一个闪烁垂直线"|"，称为光标，表示当前键入文本的位置。如果在文本框中没有看到光标，则表示该文本框无法输入内容。首先需确定光标出现在该文本框中，然后才能输入。通常，要求输入密码的文本框在键入密码时会隐藏密码，显示为黑点，以防其他人看到。

如果要在文本框中移动插入位置，可以单击新的位置或按键盘上的〈←〉、〈→〉键移动光标。

5. 下拉列表

下拉列表类似于菜单。但是，它不是单击命令，而是选择选项。下拉列表关闭后只显示当前选中的选项，其他可用的选项都会隐藏，如图 3-24 所示。

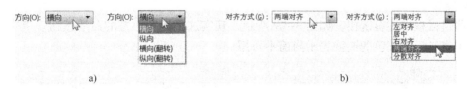

图 3-24　下拉列表
a）关闭状态　b）打开状态

若要打开下拉列表，单击该列表。若要从列表中选择选项，单击该选项。若不选择，单击其他位置。

6. 列表框

列表框显示可以从中选择的选项列表。与下拉列表不同的是，无须打开列表就可以看到某些或所有选项，如图 3-25 所示。若要从列表中选择选项，单击该选项。如果看不到想要的选项，则可使用滚动条上下滚动列表。

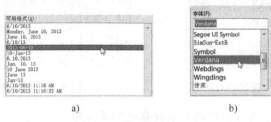

图 3-25 列表框
a）一般列表框 b）带有文本框的列表框

如果列表框上面有文本框（如图 3-25b 所示），则可从列表框中单击选项，填充上方的文本框，双击选取并确定。也可以在文本框中输入选项的名称或值。

7. 选项卡

把相关功能的对话框合在一起形成一个多功能对话框，每项功能的对话框称为一个选项卡。选项卡是对话框中叠放的页，如图 3-26 所示。一次只能看到一个选项卡中的内容。

当前选定的选项卡将显示在其他选项卡的前面。若要切换到其他选项卡，单击该选项卡顶部的标签即可。

8. 滑块

滑块可直观地沿着值范围调整设置，如图 3-27 所示。调整时，用鼠标拖动滑标左、右或上、下移动，将滑块拖动到需要的位置。

图 3-26 选项卡

图 3-27 滑块

9. 数值框

数值框用于调整或输入数值，如图 3-28 所示。当要改变数字时，单击其右端的上、下按钮增大或减小值，也可在框中输入数值。

10. 链接

有些对话框中还有链接，如图 3-29 所示，其实这是链接形式的命令按钮。单击链接将打开一个窗口。淡灰色的链接表示当前不可用。

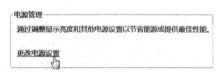

图 3-28 数值框

图 3-29 链接

11. 帮助按钮

有的对话框右上角关闭按钮的左侧有一个"帮助"按钮。单击此按钮将显示有关该对话框的帮助窗口。

3.2.6　使用程序

在计算机上做的几乎每一件事都需要使用程序（应用程序）。例如，如果想要绘图，则需要使用绘图或画图程序。若要写文章，需使用文字处理程序。若要浏览 Internet，需使用 Web 浏览器的程序。

1. 打开程序

打开程序也称启动、运行程序。程序安装到计算机中时，都会在"开始"菜单中创建它的快捷方式。有下列几种打开程序的方式。

- 若要打开"开始"菜单，单击"开始"按钮●。"开始"菜单的左侧窗格中列出了最近使用过的程序和刚安装的一小部分程序。若要打开某个程序，单击它即可。
- 若要浏览程序的完整列表或更多程序，单击"开始"按钮，然后单击"所有程序"。找到需要打开的文件夹或程序，单击打开它。
- 如果未找到要打开的程序，但是知道它的名称，则可在左侧窗格底部的搜索框中键入全部或部分名称。在"程序"下单击该程序打开它。
- 还可以在 Windows 资源管理器中通过文件打开程序。打开文件时将自动打开与该文件关联的程序。
- 如果桌面上或任务栏上有该程序的快捷方式，双击或单击它即可。

2. 退出程序

退出程序就是结束程序的运行。若要退出程序，单击程序窗口右上角的"关闭"按钮 ▣。或者，选择菜单"文件"→"退出"命令。

在退出程序前，如果有未保存的文档，将出现一个对话框，询问是否保存文档。若要保存文档并退出程序，单击"保存"按钮。若要退出程序但不保存文档，单击"不保存"按钮。若要返回程序而不退出，单击"取消"按钮。

3.3　管理文件和文件夹

Windows 把所有软、硬件资源均用文件或文件夹的形式来表示，所以管理文件和文件夹就是管理整个计算机系统。通常可以通过"Windows 资源管理器"对计算机系统进行统一的管理和操作。

3.3.1　文件和文件夹的概念

1. 文件

计算机文件是存储在存储介质中的指令或数据的有名称的集合。计算机文件分为可执行文件和数据文件。

可执行文件包含了控制计算机执行特定任务的指令，是编译后的计算机程序，这些文件的扩展名包括 exe、dll 等。可执行文件在 Windows 中称为程序，也称为系统文件。系统文件是计算机运行 Windows 所必需的文件。系统文件通常位于 Windows 文件夹或 Program Files 文件夹中。通常，不应重命名、移动或删除系统文件，因为这样做会使计算机无法正常工作。如果需要更改系统，则应使用专为更改系统而设计的工具。例如，若要从计算机删除程序，应使用控制面板中的"程序和功能"来卸载或更改程序。

数据文件是程序建立的，按照不同文件格式和内容，以文件名的形式存储在磁盘上的一个或一组文件。数据文件在 Windows 中称为文档。例如，Word 文档、Excel 文档、图片、声音等。在 Windows 中，不同的文档类型用不同的图标表示，这样便于通过查看其图标来识别文件类型。如果要打开某类型的文档，可先打开适用该文档的程序，在该程序中打开文档。例如要打开文件名为"通知"的 Word 文档，可先打开 Word 程序，在 Word 程序中打开"通知"文档。还可以通过打开文档打开程序，打开文档时将自动打开与该文档关联的程序。

每个文件都存储在文件夹或子文件夹（文件夹中的文件夹）中。

2. 文件名

为了识别文件，每个文件都有自己的名称，称为文件名。计算机按照文件名存取。文件名由主文件名和扩展名两部分组成，中间用小数点隔开，其中有些扩展名可以省略。

主文件名表示文件的名称，一般通过它可大概知道文件的内容或含义。对于主文件名 Windows 规定为：主文件名可以是英文字符、汉字、数字以及一些符号等组成，文件名最多可以包含 255 个字符（包括盘符和路径）。文件名中允许使用：空格、" + "、"，"、"；"、"［］"、" = "，但文件名不能含有字符：" ＼ "、"／"、"："、" * "、"？"、"""、" ＜ "、" ＞ "、" ｜ "。在 Windows 系统中，文件名不区分英文字母的大小写，一般一个汉字占两个英文字符的长度。

扩展名用于区分文件的类型。Windows 系统对某些文件的扩展名有特殊的规定，不同的文件类型其扩展名不一样，表 3-1 中列出了一些常用的扩展名。

表 3-1　文件常用扩展名

扩 展 名	含 义	扩 展 名	含 义	扩 展 名	含 义
exe	可执行文件	fon	字体文件	bmp	位图文件
dll	动态链接文件	hlp	帮助文件	doc、docx	Word 文档文件
dat	数据文件	ico	图标文件	rar、zip	压缩包文件
sys	系统文件	txt	文本文件	htm、html	网页文件

3. 文件夹

Windows 中的文件夹是用于存储程序、文档、快捷方式和其他文件夹的容器。文件夹中包含的文件夹通常称为子文件夹。就像人们把纸质文件保存在文件柜内不同的文件夹中一样。计算机上的文件夹分为标准文件夹和特殊文件夹两种。

- 标准文件夹：当打开一个标准文件夹时，它是以窗口的形式呈现在桌面上的，最小化时，则收缩为一个图标。文件夹是标准的窗口，用来作为其他对象（如子文件、文件夹）的容器，以图标的方式来显示其中的内容，如图 3-30 所示。
- 特殊文件夹：它们不对应于磁盘上的某个文件夹。这种文件夹实际上是程序，如控制面板、拨号网络、打印机等。在这些文件夹中不能存储文件，但是，可以通过资源管理器来查看和管理其中的内容，如图 3-31 所示。

4. 文件夹树

为了便于组织和管理大量的磁盘文件，解决文件重名问题，Windows 使用了多级存储结构——树形结构文件系统。树形结构文件系统是用文件夹来实现的。由一个根文件夹和若干层子文件夹组成的树状结构，称为文件夹树。它像一棵倒置的树。Windows 的根文件夹是桌面，下一级是库、用户文档、计算机、网络、控制面板和回收站。在 Windows 资源管理器中，文件和文件夹以及项目在导航窗格中的显示方式有两种，如图 3-32 所示。

图 3-30　标准文件夹

图 3-31　特殊文件夹

在"计算机"文件夹中可以访问计算机的各个位置，包括硬盘、CD 或 DVD 驱动器以及可移动媒体。还可以访问连接到计算机的其他设备，如外部硬盘驱动器和 USB 闪存驱动器。

用户可以建立多个文件夹，把文件放到不同的文件夹中。文件夹也有自己的名字，取名的方法与文件相似，只是不用扩展名区分文件夹的类型。每一个文件夹中可以再建立文件夹，这称为子文件夹。任何一个文件夹的上一级文件夹称为它的父文件夹。每一个文件夹中允许同时存在若干个子文件夹和文件，不同文件夹中允许存在相同文件名的文件。

图 3-32　导航窗格中的文件夹树

5. 路径

在对文件或文件夹进行操作时，为了确定文件或文件夹在文件夹树中的位置，需要按照文件夹的一定的层次顺序查找。这种确定文件或文件夹的位置的一组连续的、由路径分隔符"＼"分隔的文件夹名叫路径。通俗地说，路径就是指引系统找到指定文件或文件夹所要走的路线。描述文件或文件夹的路径有两种方法：绝对路径和相对路径。

绝对路径就是从目标文件或文件夹所在的根文件夹开始，到其所在文件夹为止的路径上所有的子文件夹名（各文件夹名之间用"＼"分隔）。绝对路径总是以"＼"作为路径的开始符号。由于绝对路径表示了文件在文件夹树上的绝对位置，所以文件夹树上的所有文件的位置都可以用绝对路径表示。例如，a. txt 存储在 C：盘的 Downloads 文件夹的 Temp 子文件夹中，则访问 a. txt 文件的绝对路径是：C：\Downloads\Temp\a. txt。

相对路径就是从当前文件夹开始，到目标文件或文件夹所在文件夹的路径上所有的子文件夹名（各文件夹名之间用"＼"分隔）。一个目标文件的相对路径会随着当前文件夹的不同而不同。例如，如果当前文件夹是 C：\Windows，则访问文件 a. txt 的相对路径是：.. \Downloads\Temp\a. txt。这里的".."代表父文件夹。

6. 盘符

驱动器（包括硬盘驱动器、光盘驱动器、U 盘、移动硬盘、闪存卡等）都会分配相应的盘符（C：～Z：），用以标识不同的驱动器。硬盘驱动器用字母 C：标识，如果划分多个逻辑分区或安装多个硬盘驱动器，则依次标识为 D：、E：、F：等。光盘驱动器、U 盘、移动硬盘、闪存卡的盘符排在硬盘之后。

7. 通配符

当查找文件或文件夹时，可以使用通配符代替一个或多个真正的字符。

"＊"星号表示 0 个或多个字符。例如，ab＊.txt 表示以 ab 开头的所有 txt 文件。

"？"问号表示一个任意字符。例如，ab???.txt 表示以 ab 开头的后跟 3 个任意字符的 txt 文件。文件中有几个"？"就表示几个字符。

8. 对象

在 Windows 中，对象是指管理的资源，如驱动器、文件、文件夹、打印机、系统文件夹（库、用户文档、计算机、网络、控制面板、回收站）等。

3.3.2 使用资源管理器

"Windows 资源管理器"是 Windows 专门用来管理软、硬件资源的应用程序。它的特点是把软件和硬件统一用文件或文件夹的图标表示，把文件或文件夹都统一看作对象，用统一的方法管理和操作。

1. 打开"Windows 资源管理器"

Windows 把所有软、硬件资源都当做文件或文件夹，可在资源管理器窗口中查看和操作。打开"Windows 资源管理器"的方法有多种：

● 单击锁定到任务栏左侧的"Windows 资源管理器"按钮 。

● 右击"开始"按钮 ，在弹出的快捷菜单中选择"Windows 资源管理器"命令。

● 选择"开始"按钮 →"所有程序"→"附件"→"Windows 资源管理器"命令。

● 按键盘上的 Windows 徽标键 ＋〈E〉。

上面 4 种方法都能打开"Windows 资源管理器"，但显示的初始文件夹不同。前 3 种方法显示"库"文件夹（见图 3-33），最后一种方法显示"计算机"文件夹（见图 3-34）。

图 3-33 "Windows 资源管理器"的"库"　　　图 3-34 "Windows 资源管理器"的"计算机"

2. "Windows 资源管理器"窗口的组成

"Windows 资源管理器"窗口的各个不同部分旨在帮助用户围绕 Windows 进行导航，或更轻松地使用文件、文件夹和库。如图 3-35 所示是一个典型的 "Windows 资源管理器" 窗口。"Windows 资源管理器" 窗口主要分为以下几个组成部分。

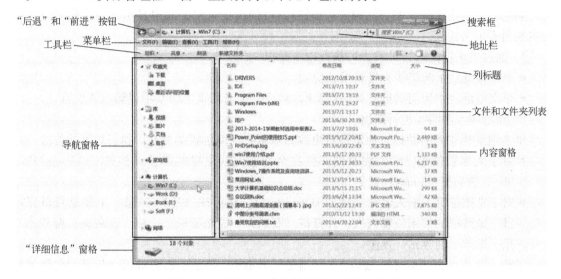

图 3-35 "Windows 资源管理器" 窗口的组成

（1）导航窗格

使用导航窗格可以访问库、文件夹、保存的搜索结果，甚至可以访问整个硬盘。使用 "收藏夹" 部分可以打开最常用的文件夹和搜索，使用 "库" 部分可以访问库。还可以使用 "计算机" 部分可以浏览整个硬盘中的文件夹、子文件夹和文件。也可以在导航窗格中将项目直接移动或复制到目标位置。

如果文件夹图标左侧显示为向右箭头▷，则表示该文件夹处于折叠状态，单击▷展开文件夹，同时变为实心箭头◢。如果文件夹图标左侧显示为实心箭头◢，则表明该文件夹已展开，单击它可折叠文件夹，同时图标变为▷。如果文件夹图标左侧没有图标，则表示该文件夹是最后一层，无子文件夹。

如果在已打开窗口的左侧没有看到导航窗格，则选择 "组织"→"布局"→"导航窗格" 命令，可以将其显示出来。

（2）文件和文件夹列表

列表可显示当前文件夹或库内容的位置。在左窗格中单击文件夹名，右窗格中将列出该文件夹的内容。在右窗格中双击文件夹图标将显示其中的文件和文件夹，双击某文件图标可以启动对应的程序或打开文档。如果通过在搜索框中键入内容来查找文件，则仅显示与当前视图相匹配的文件（包括子文件夹中的文件）。

（3）"后退" 和 "前进" 按钮

使用 "后退" 按钮◉和 "前进" 按钮◉可以导航至已打开的其他文件夹或库，而无需关闭当前窗口。这些按钮可与地址栏一起使用。例如，使用地址栏更改文件夹后，可以单击 "后退" 按钮返回到上一文件夹。

（4）地址栏

地址栏出现在每个文件夹窗口的顶部，将当前的位置显示为以箭头分隔的一系列链接，通过它可以清楚地知道当前打开的文件夹的路径。也可以直接在地址栏中输入路径来导航到其他位置。地址栏中每一个路径都由不同的按钮组成，单击这些按钮，就可以在相应的文件夹之间切换。单击这些按钮右侧的箭头按钮▶，将弹出子菜单，其中显示了该按钮对应文件夹内的所有子文件夹。

1）通过单击链接进行导航，可执行以下操作。

● 单击地址栏中的链接直接转至该位置。

● 单击地址栏中指向链接右侧的箭头▶。然后，单击列表中的某项以转至该位置。

2）通过键入新路径进行导航。

单击地址栏左侧的图标，地址栏将更改为显示到当前位置的路径。执行以下操作之一：

● 对于大多数位置，输入完整的文件夹名称或到新位置的路径（例如 C:\Users\Public），然后按〈Enter〉键。

● 对于常用位置，输入名称（例如 Documents），然后按〈Enter〉键。下面是可以直接键入地址栏的常用位置列表：计算机、联系人、控制面板、文档、收藏夹、游戏、音乐、图片、回收站、视频。

提示：可以单击"后退"按钮◉或"前进"按钮◉，导航至已经访问的位置，就像浏览 Internet 一样。

可以通过在地址栏中输入 URL 来浏览 Internet，这样会将打开的文件夹替换为默认的 Web 浏览器。

（5）菜单

菜单中列出了使用"Windows 资源管理器"对系统进行操作的命令，其作用与通过工具栏、快捷菜单调用命令相同。

（6）工具栏

使用工具栏可以执行一些常见任务，如更改文件和文件夹的外观、将文件刻录到 CD 或启动数字图片的幻灯片放映。工具栏的按钮可更改为仅显示相关的任务。例如，如果单击图片文件，则工具栏显示的按钮与单击音乐文件时不同。

（7）列标题

使用列标题可以更改文件列表中文件的整理方式。例如，可以单击列标题的左侧以更改显示文件和文件夹的顺序，也可以单击右侧以采用不同的方法筛选文件。注意，只有在"详细信息"视图中才有列标题。

（8）搜索框

在搜索框中输入词或短语可查找当前文件夹或库中的项。每输入一个字或词，就开始检索。例如，当输入 A 时，所有名称以字母 A 开头的文件都将显示在文件列表中。

（9）细节窗格

使用细节窗格可以查看与选定文件关联的最常见属性。文件属性是关于文件的信息，如作者、上一次更改文件的日期，以及可能已添加到文件的所有描述性标记。

（10）预览窗格

使用预览窗格可以查看大多数文件的内容。例如，如果选择电子邮件、文本文件或图片，则无须在程序中打开即可查看其内容。如果看不到预览窗格，可以单击工具栏中的"预览窗格"按钮▢打开预览窗格。

3. "Windows 资源管理器"窗口的左、右窗格的调整

如果希望左、右某个窗格占据更大的面积，可以将鼠标指针移到两个窗格之间的分隔线上，当鼠标指针变成双向箭头⇔时，拖动鼠标就可调整两个窗格的大小。

4. 改变文件和文件夹的显示方式

在打开文件夹或库时，使用工具栏中的"视图"按钮▦▾或者"查看"菜单，可以更改文件在窗口中的显示方式。

- 单击"视图"按钮的左侧▦▾时，会在 5 个不同的视图间切换：大图标、列表、详细信息（显示有关文件的多列信息）、平铺和内容（显示文件中的部分内容）。
- 单击"视图"按钮右侧的箭头▦▾时，共有 8 种视图选项：超大图标、大图标、中等图标、小图标、列表、详细信息、平铺和内容，如图 3-36 所示。向上或向下移动滑块可以微调文件和文件夹图标的大小。随着滑块的移动，可以查看图标更改大小。
- 单击"查看"菜单，显示菜单命令中列出了 8 种视图选项，选择其中的命令可更改视图，作用与"视图"按钮▦▾相同。

5. 更改导航窗格的显示方式

在 Windows 资源管理器中，文件和文件夹以及项目在导航窗格中的显示方式有两种，如图 3-30 所示，其中图左侧为默认显示方式。如果要更改为图右侧的显示方式，选择菜单"工具""文件夹选项"命令，弹出"文件夹选项"对话框中的"常规"选项卡，在"导航窗格"选项组中选中"显示所有文件夹"和"自动扩展到当前文件夹"复选框，如图 3-37 所示。

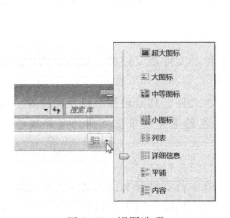

图 3-36　视图选项　　　　　　图 3-37　"文件夹"选项对话框

提示：若要还原"常规"选项卡上的原始设置，则要单击"还原为默认值"按钮，然后单击"确定"按钮。

3.3.3　文件和文件夹的基本操作

文件夹的基本操作主要包括新建、重命名、删除文件夹等。

1. 新建文件夹或文件

使用"Windows 资源管理器"新建文件夹或文件的操作为：通过左侧的导航窗格浏览到目标文件夹或桌面，使右侧的内容窗格为目标文件夹。下面两种方法之一可新建文件夹。

- 在右侧的内容窗格中，右击文件和文件夹之外的空白区域，从弹出的快捷菜单中选择"新建"命令，从其子菜单中选择"文件夹"或需要新建的文档类型，将新建一个文件夹或文档，默认文件夹名为"新建文件夹"或"新建 XXX 文档"（XXX 为文档类型）。
- 在左侧的导航窗格中，右击目标文件夹，从弹出的快捷菜单中选择"新建"→"文件夹"命令，将新建一个文件夹，默认文件夹名为"新建文件夹"。

如果要重命名文件夹或文件名，直接输入新的文件名称；如果不修改，可按〈Enter〉键或单击其他空白区域。

2. 选定文件和文件夹

在对文件和文件夹操作之前，首先要选定文件和文件夹，一次可选定一个或多个对象。选定的文件和文件夹会突出显示。有以下几种选定方法。

- 选定一个文件或文件夹：单击要选定的文件或文件夹。
- 框选文件和文件夹：在右侧的文件夹窗口中，按下鼠标左键拖动，将出现一个框，框住要选定的文件和文件夹，然后释放鼠标按钮。
- 选定多个连续文件和文件夹：先单击选定第一个对象，按下〈Shift〉键不放，然后单击最后一个要选定的项。
- 选定多个不连续文件和文件夹：单击选定第一个对象，按下〈Ctrl〉键不放，然后分别单击各个要选定的项。
- 选定文件夹中的所有文件和文件夹：选择菜单"编辑"→"全选"或"反向选择"命令，或者按〈Ctrl + A〉键。
- 撤销选定：撤销一项选定，先按下〈Ctrl〉键，然后单击要取消的项目。若要撤销所有选定，则单击窗口中其他区域。

3. 重命名文件或文件夹

重命名文件或文件夹的方法为：右击要更改名称的文件或文件夹，在弹出的快捷菜单中选择"重命名"命令，输入新的文件或文件夹名称。

提示：还可以一次重命名几个文件。先选中这些文件，然后按照上述步骤操作。输入一个名称，然后每个文件都将用该新名称来保存，并在结尾处附带上不同的顺序编号（例如"重命名文件（2）"、"重命名文件（3）"等）。

4. 打开文件或文件夹

打开 Windows 中的文件或文件夹以执行各种任务。若要打开文件，必须已经安装一个与其关联的程序。通常，该程序与用于创建该文件的程序相同。以下是打开 Windows 中文件或文件夹的方法。

1）找到要打开的文件或文件夹。双击要打开的文件或文件夹。

注意：双击文件时，如果该文件尚未打开，相关联的程序会自动将其打开。若要使用其他程序打开文件，请右击该文件，从弹出的快捷菜单中选择"打开方式"命令，然后单击列表中的兼容程序。

2）双击文件夹便可以在 Windows 资源管理器中将其打开。它不会打开其他程序。

如果看到一条消息，内容是"Windows 无法打开文件"，则可能需要安装能够打开这种类型文件的程序。若要执行此操作，请在该对话框中，单击"使用 Web 服务查找正确的程序"按钮，然后单击"确定"。如果服务识别该文件类型，则系统将建议要安装的程序。

5. 删除文件或文件夹

删除文件或文件夹可用以下四种方法之一：首先选中要删除的一个或多个文件和文件夹。

- 右击要删除的文件或文件夹，在弹出的快捷菜单中选择"删除"命令。
- 按键盘上的〈Delete〉键。
- 把要删除的文件和文件夹拖动到"回收站"中。
- 选择资源管理器的菜单"文件"→"删除"命令。

执行上述操作后，将显示"确实要把文件或文件夹放入回收站吗？"对话框。单击"是"按钮，则将其删除，并送入回收站暂存；单击"否"按钮，则取消删除。

注意：从硬盘中删除文件或文件夹时，不会立即将其删除，而是将其存储在回收站中，直到清空回收站为止。若要永久删除文件而不是先将其移至回收站，请选择该文件，然后按〈Shift + Delete〉键。

如果从网络文件夹或 USB 闪存驱动器删除文件和文件夹，则可能会永久删除该文件和文件夹，而不是将其存储在回收站中。

6. 使用回收站

（1）恢复回收站中的文件

从计算机上删除文件时，文件实际上只是移动到并暂时存储在回收站中，直至回收站被清空。因此，用户可以恢复意外删除的文件，并将它们还原到其原始位置。打开"回收站"，如图 3-38 所示，执行以下操作之一：

- 若要还原文件，则先选择该文件，然后单击工具栏上的"还原此项目"按钮。
- 若要还原所有文件，请确保未选择任何文件，然后单击工具栏上的"还原所有项目"按钮。

文件将还原到它们在计算机上的原始位置。

注意：如果从计算机以外的位置（如网络文件夹）删除文件，该文件可能被永久删除，而不会存储在回收站中。

（2）永久删除回收站中的文件

删除的文件通常被移动到"回收站"中，以便在将来需要时还原文件。若要将文件从计算机上永久删除并回收它们所占用的所有硬盘空间，需要从回收站中删除这些文件。可以删除回收站中的单个文件或一次性清空回收站。打开"回收站"，执行以下操作之一：

图 3-38　回收站

- 若要永久性删除某个文件，则先选择该文件，然后按〈Delete〉键，在弹出的对话框中单击"是"按钮。
- 若要删除所有文件，则单击工具栏上的"清空回收站"按钮，在弹出的对话框中单击"是"按钮。

提示：若要在不打开回收站的情况下将其清空，则右击回收站，在弹出的快捷菜单中选择"清空回收站"命令。

7. 复制文件或文件夹

复制就是把一个文件夹中的文件或文件夹复制一份到另一个文件夹中，原文件夹中的内容仍然存在，新文件夹中的内容与原文件夹中的内容完全相同。

- 鼠标拖动。选定要复制的文件和文件夹，按下〈Ctrl〉键，再用鼠标将选定的文件拖动到目标文件夹上，此时目标文件夹突出显示，然后松开鼠标键和〈Ctrl〉键。
- 快捷键（或菜单）。选定要复制的文件和文件夹，按〈Ctrl + C〉键（或右击从弹出的快捷菜单中选择"复制"命令；或选择菜单"编辑"→"复制"命令）执行复制。浏览到目标驱动器或文件夹，按〈Ctrl + V〉键（或右击从弹出的快捷菜单中选择"粘贴"命令；或选择菜单"编辑"→"粘贴"命令）执行粘贴。
- 复制到文件夹。选定要复制的文件和文件夹，选择菜单"编辑"→"复制到文件夹"命令，弹出"复制项目"对话框，浏览到目标驱动器或文件夹，单击"复制"按钮。
- 发送到。如果要把选定的文件和文件夹复制到 U 盘等移动存储器中，最简便的方法是右击选定的文件和文件夹，从弹出的快捷菜单中选择"发送到"命令，选择子菜单中的移动存储器。

8. 移动文件或文件夹

移动就是把一个文件夹中的文件或文件夹移到另一个文件夹中，原文件夹中的内容不再存在，都转移到新文件夹中。所以，移动也就是更改文件在计算机中的存储位置。

- 鼠标拖动。先选定要移动的文件或文件夹，用鼠标将选定内容拖动到目标文件夹上，此时目标文件夹突出显示。然后松开鼠标左键。

注意：在同一磁盘驱动器的各个文件夹之间拖动对象时，Windows 默认为是移动对象。在不同磁盘驱动器之间拖动对象时，Windows 默认为是复制对象。为了在不同的磁盘驱动器之间移动对象，可以先按下〈Shift〉键不放，再利用鼠标拖动。

- 快捷键（或菜单）。选定要移动的文件或文件夹，按〈Ctrl + X〉键（或右击从弹出的快捷菜单中选择"剪切"命令；或选择菜单"编辑"→"剪切"命令）执行剪切，切换到目标驱动器或文件夹，按〈Ctrl + V〉键（或右击从弹出的快捷菜单中选择"粘贴"命令；或选择菜单"编辑"→"粘贴"命令）执行粘贴。
- 移动到文件夹。选定要移动的文件或文件夹，选择菜单"编辑"→"移动到文件夹"命令，弹出"移动项目"对话框，浏览到目标驱动器或文件夹，单击"移动"按钮。

9. 撤销复制、移动和删除的操作

在执行过复制、移动和删除操作后，如果要撤销刚才的操作，可选择菜单"编辑"→"撤销复制"命令或"撤销移动"命令，或者按快捷键〈Ctrl + Z〉。

10. 查找文件或文件夹

Windows 提供了查找文件和文件夹的多种方法。可以使用"开始"菜单上的搜索框来查找存储在计算机上的已经建立索引的文件、文件夹或程序。如果知道要查找的文件位于某个特定文件夹或库中，为了节省时间，可使用资源管理器窗口顶部的搜索框。操作方法为：在搜索框中输入关键词。输入时，会根据输入的关键词动态筛选当前视图，以匹配输入的每个连续字符。随着输入的关键字越来越完整，符合条件的文件和文件夹也越来越少。看到需要的文件或文件夹后，即可停止输入。然后可对出现的文件和文件夹进行操作。

例如，打开的文件夹如图 3-39 所示。假设要查找含有"计算机"的文件和文件夹，在搜索框中输入"计算机"。输入后，自动对视图进行筛选，将看到如图 3-40 所示的内容。

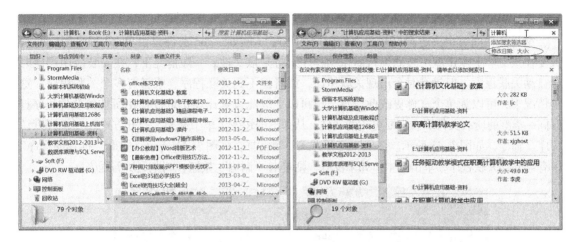

| 图 3-39　在搜索框中输入字词之前的文件夹 | 图 3-40　在搜索框中输入"计算机"之后的文件夹 |

如果要基于一个或多个属性（如文件类型）搜索文件，可以在开始输入文本前，单击搜索框，然后单击搜索框正下方的某一属性（例如，修改日期、大小等）来缩小搜索范围。

11. 隐藏文件、文件夹或驱动器

文件、文件夹或驱动器都有一个隐藏属性，默认设置下在资源管理器中不显示隐藏的文件、文件夹或驱动器。如果要设置或查看文件属性，则在资源管理器中，右击某个文件、文件夹或驱动器图标，在弹出的快捷菜单中选择"属性"命令，弹出"属性"对话框，选中"属性"选项中的"隐藏"复选框，然后单击"确定"按钮，如图 3-41 所示。

12. 显示隐藏的文件和文件夹

Windows 默认不显示系统文件和隐藏属性的文件。如果某个文件、文件夹或驱动器处于隐藏状态，希望将其显示出来，则需要先设置资源管理器，使之显示全部隐藏文件才能看到该文件。在"Windows 资源管理器"中，选择菜单"工具"→"文件夹选项"命令，弹出"文件夹选项"对话框。单击"查看"选项卡，在"高级设置"下拉列表中，选中"显示隐藏的文件、文件夹和驱动器"单选按钮。如果想查看所有文件的扩展名，取消"隐藏已知文件类型的扩展名"的选择号，如图 3-42 所示。单击"确定"按钮。

图 3-41　文件属性对话框

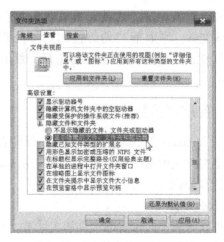

图 3-42　"文件夹选项"对话框

13. 更改打开某种类型的文件的程序

文件类型同时也决定着打开此文件所用的程序（例如，doc 文件是由 Word 程序创建的），只要在该文件上双击就可自动运行默认的程序来打开该文件。一般情况下，在安装应用程序时会自动关联程序，但是有时会出现关联错误，或者找不到关联程序，或者有多个关联程序。这种情况下，可以为单个文件更改此设置，也可以更改此设置让 Windows 使用所选的软件程序打开同一类型的所有文件。右击要更改的文件，从弹出的快捷菜单中选择"打开方式"→"选择默认程序"命令，如图 3-43 所示。弹出"打开方式"对话框，如图 3-44 所示。如果"推荐的程序"中有需要的关联程序，单击选中。如果没有，则单击"浏览"按钮，浏览到所需程序。

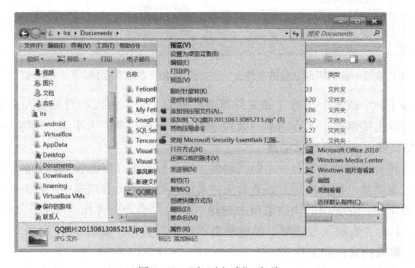

图 3-43 "打开方式"选项

在"打开方式"对话框中执行下列操作之一：

- 如果要使用相同的软件程序打开该类型的所有文件，则选中"始终使用选择的程序打开这种文件"复选框，然后单击"确定"按钮。
- 如果仅希望这一次使用此软件程序打开该文件，则取消"始终使用选择的程序打开这种文件"复选框的选择，然后单击"确定"按钮。

图 3-44 "打开方式"对话框

3.3.4 使用库访问文件和文件夹

库是 Windows 7 中的新增功能。在以前版本的 Windows 中，管理文件意味着在不同的文件夹和子文件夹中组织这些文件。但在 Windows 7 中，可以使用库组织和访问文件，而不管其存储位置如何。

1. 什么是库

库可以收集不同位置的文件和文件夹，并将其显示为一个集合或容器，而无需从其存储位置移动这些文件。位置可以在计算机中、移动硬盘驱动器或其他计算机中。

库类似于文件夹。但与文件夹不同的是，库可以收集存储在多个位置中的文件，这是一个重要的差异。库实际上不存储项目，它们监视包含项目的文件夹，并允许用户以不同的方式访问和排列这些项目。例如，如果在硬盘和外部驱动器上的文件夹中有音乐文件，则可以使用音乐库同时访问所有音乐文件。同时，可以使用库来查看和排列位于不同位置的文件，也可使用与在文件夹中浏览文件相同的方式浏览文件。

2. 默认的库

Windows 7 系统默认创建有 4 个库，用户也可以新建库。以下是 4 个默认库及其通常应用的内容：

- 文档库。使用该库可组织和排列字处理文档、电子表格、演示文稿以及其他与文本有关的文件。默认情况下，移动、复制或保存到文档库的文件都存储在"用户的文档"文件夹中。
- 图片库。使用该库可组织和排列数字图片，图片可从照相机、扫描仪或者从其他人的电子邮件中获取。默认情况下，移动、复制或保存到图片库的文件都存储在"我的图片"文件夹中。
- 音乐库。使用该库可组织和排列数字音乐，如从音频 CD 翻录或从 Internet 下载的歌曲。默认情况下，移动、复制或保存到音乐库的文件都存储在"我的音乐"文件夹中。
- 视频库。使用该库可组织和排列视频，例如取自数字相机、摄像机的剪辑，或者从 Internet 下载的视频文件。默认情况下，移动、复制或保存到视频库的文件都存储在"我的视频"文件夹中。

若要打开文档、图片或音乐库，单击"开始"按钮 ，然后在子菜单中选择"文档"、"图片"或"音乐"命令。

3. 新建库

若要将文件复制、移动或保存到库，库中必须首先包含一个文件夹，以便让库知道存储文件的位置。此文件夹将自动成为该库的默认保存位置。创建新库的步骤为：单击"开始"按钮，单击用户名（例如，如图 3-11 所示中的 lrx），打开"个人文件夹"，然后单击左窗格中的"库"。单击工具栏上的"新建库"按钮，如图 3-45 所示。右侧的库内容窗格中显示创建的"新建库"，如图 3-46 所示，输入库的名称（例如"古典名著"），然后按〈Enter〉键。

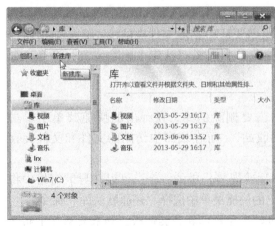

图 3-45　新建库

图 3-46　键入库的名称

4. 将文件夹包含到库中

库可以收集不同文件夹中的内容。可以将不同位置（计算机、移动硬盘、网络）的文件夹包含到同一个库中，然后以一个集合的形式查看和排列这些文件夹中的文件。例如，如果在移动硬盘上保存了一些图片，则可以在图片库中包含该移动硬盘中的文件夹，然后在移动硬盘连接到计算机时，可随时在图片库中访问该文件夹中的文件。将计算机、移动硬盘、网络上的文件夹包含到库中的步骤为：在任务栏中，单击"Windows 资源管理器"按钮。在导航窗格（左窗格）中，单击"计算机"或"网络"，然后导航到要包含的文件夹。右击该文件夹，在弹出的快捷菜单中选择"包含到库中"命令，其中列出了默认的库和用户创建的库。选择需要包含进去的库名，如图 3-47 所示。

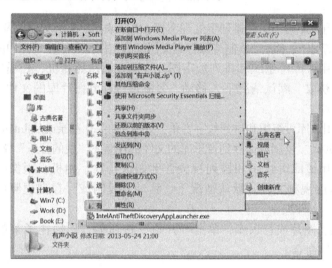

图 3-47　将文件夹包含到库中

注意：如果未看到"包含到库中"选项，则意味着该文件夹不能包含到库中，即无法将可移动媒体设备（如 CD 和 DVD）和某些 USB 闪存驱动器上的文件夹包含到库中。

5. 从库中删除文件夹

不需要监视库中的文件夹时，可以将其删除。从库中删除文件夹时，不会从原始位置中删除该文件夹及其内容。从库中删除文件夹的步骤为：在任务栏中，单击"Windows 资源管理器"按钮。在导航窗格（左窗格）中，浏览到要从中删除文件夹的库。在导航窗格中展开该库，右击要删除的文件夹，从弹出的快捷菜单中选择"从库中删除位置"命令，如图 3-48 所示。

6. 删除库

如果删除库，在导航窗格（左窗格）中右击要删除的库，在弹出的快捷菜单中单击"删除"按钮。删除库后会将库自身移动到"回收站"。可在该库中访问的文件和文件夹存储在其他位置，因此不会被删除。

如果意外删除 4 个默认库（文档、音乐、图片或视频）中的一个，可以在导航窗格中将其还原为原始状态，方法是：右击"库"，从弹出的快捷菜单中选择"还原默认库"命令。

注意：如果从库中删除文件或文件夹，会同时从原始位置将其删除。如果要从库中删除项目，但不要从存储位置将其删除，则应执行"从库中删除位置"命令。

同样，如果将文件夹包含到库中，然后从原始位置删除该文件夹，则无法再在库中访问该文件夹。

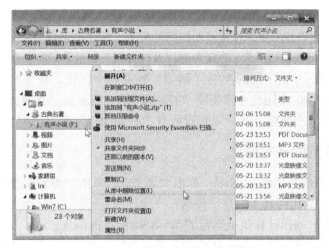

图 3-48　从库中删除文件夹

3.4　设置 Windows

可以通过更改 Windows 的主题、桌面背景、屏幕保护程序、字体大小和用户账户图片来对计算机进行个性化设置，还可以添加输入法、安装程序等。

3.4.1　使用"控制面板"

微软公司把对 Windows 的外观设置、硬件和软件的安装和配置及安全性等功能的程序集中安排到被称为"控制面板"的虚拟文件夹中，以方便用户使用。可以使用"控制面板"更改 Windows 的设置。这些设置几乎包含了有关 Windows 外观和工作方式的所有设置，并允许用户对 Windows 进行设置，使其适合自己的需要。

启动"控制面板"最常用的方法是：单击"开始"按钮，选择开始菜单中的"控制面板"。"控制面板"窗口默认显示为类别视图，如图 3-49 所示。单击"查看方式"后面的按钮，可选择"大图标"或"小图标"视图，如图 3-50 所示。

图 3-49　"控制面板"的类别视图

图 3-50　"控制面板"的小图标视图

可以使用两种不同的方法找到要查找的"控制面板"项目：

- 使用搜索。若要查找需要的设置或要执行的任务，请在搜索框中输入单词或短语。例如，输入"声音"可查找与声卡、系统声音以及任务栏上音量图标的设置有关的特定任务。
- 浏览。可以通过单击不同的类别（例如，外观和个性化、程序或轻松访问）并查看每个类别下列出的常用任务来浏览"控制面板"。或者在"查看方式"选项中，选择"大图标"或"小图标"命令以查看所有"控制面板"项目的列表。

3.4.2　查看计算机的基本信息

在"控制面板"的小图标视图中，单击"系统"，弹出"系统"窗口，如图 3-51 所示，可以查看有关计算机的基本信息，包括：

- Windows 版本。列出计算机上运行的 Windows 版本的信息。
- 系统。显示计算机的 Windows 体验指数基本分数，是描述计算机总体能力的数字。还列出了计算机的处理器类型、速度和数量，安装的随机存取内存（RAM）数量。某些情况下还显示 Windows 可以使用的内存数量。
- 计算机名称、域和工作组设置。显示计算机名称以及工作组或域信息。通过单击"更改设置"可以更改该信息并添加用户账户。
- Windows 激活。显示当前 Windows 副本是否激活及是否为正版。

图 3-51　"系统"窗口

3.4.3　设置时钟

计算机时钟用于记录创建或修改计算机中文件的时间。可以更改时钟的时间和时区。在"控制面板"的小图标视图中，单击"日期和时间"，或者单击任务栏右端的通知区域中的时钟图标。弹出的"日期和时间"对话框，如图 3-52 所示。单击"更改日期和时间"按钮，弹出"日期和时间设置"对话框，如图 3-53 所示，执行下列一项或多项操作：

- 若要更改小时，请双击小时，然后单击箭头增加或减少该值。
- 若要更改分钟，请双击分钟，然后单击箭头增加或减少该值。
- 若要更改秒，请双击秒，然后单击箭头增加或减少该值。

更改完时间设置后，单击"确定"按钮。

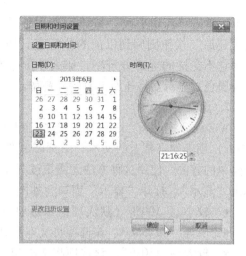

图 3-52 "日期和时间"对话框　　　　　　　图 3-53 "日期和时间设置"对话框

若要更改时区,单击"更改时区"按钮,弹出"时区设置"对话框,选择下拉列表中需要的时区,然后单击"确定"按钮。

若要与 Internet 时间服务器同步,单击"日期和时间"对话框中的"Internet 时间"选项卡,然后单击"更改设置"按钮,选中"与 Internet 时间服务器同步"复选框,选择时间服务器,然后单击"确定"按钮。时钟通常每周更新一次。而如要进行同步,必须将计算机连接到 Internet。

3.4.4 设置显示属性

显示属性包括显示器分辨率、文本大小、连接到投影仪的设置等方面。

1. 更改屏幕分辨率

屏幕分辨率是指屏幕上显示的像素的个数,单位是像素,表示为"横向像素数×纵向像素数",分为最高设计分辨率和设置分辨率。例如 21.5in 宽屏 LCD 的设计分辨率是 1920×1080。屏幕分辨率取决于显示器的分辨率和显示卡支持的分辨率。对于 LCD 显示器,使用其最高分辨率可获得最佳显示效果,因此建议将屏幕设置为最高分辨率以避免文本模糊。LCD 的最高设计分辨率就是其最佳分辨率。更改屏幕分辨率的步骤为:在"控制面板"的类别视图中,单击"外观和个性化"下的"调整屏幕分辨率"。或者右击桌面,从弹出的快捷菜单中选择"屏幕分辨率"命令。弹出"屏幕分辨率"窗口,如图 3-54 所示。单击"分辨率"旁边的下拉列表,将滑块移动到所需的分辨率,然后单击"应用"按钮。弹出"显示设置"对话框,如图 3-55

图 3-54 "屏幕分辨率"窗口

所示。单击"保留更改"按钮则使用新的分辨率，或单击"还原"按钮则回到以前的分辨率。如果将显示器设置为它不支持的屏幕分辨率，那么该屏幕在几秒钟内将变为黑色，显示器将还原至原始分辨率。

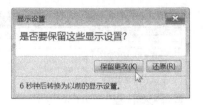

图 3-55 "显示设置"对话框

2. 更改字体大小

Windows 提供了 3 种预设选择（100%、125% 或 150%）用于使屏幕上的文本、图标和其他项目大于正常大小。这是更改其大小的最快速、最简单的方法。使用这种方法无需更改显示器的分辨率。在"控制面板"的小图标视图中，单击"显示"。打开"显示"窗口，如图 3-56 所示。选择下列操作之一：

- "较小 – 100%（默认）"。该选项使文本和其他项目保持正常大小。
- "中等 – 125%"。该选项将文本和其他项目设置为正常大小的 125%。
- "较大 – 150%"。该选项将文本和其他项目设置为正常大小的 150%。但仅当监视器支持的分辨率至少为 1200×900 像素时才显示该选项。

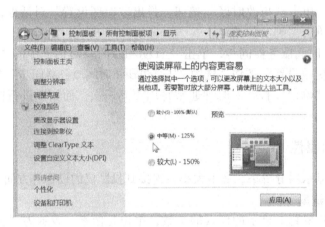

图 3-56 "显示"窗口

单击"应用"按钮。若要查看更改，请关闭所有程序，然后注销 Windows。该更改将在下次登录时生效。

也可以使用自定义每英寸点数（DPI）比例将其大小更改为介于正常大小 100%～500% 的任何数字。还可以通过更改屏幕分辨率来使文本显示为更大或更小。

3.4.5 设置主题

主题是 Windows 中的桌面背景、窗口颜色、声音方案和屏幕保护程序的组合。某些主题也可能包括桌面图标和鼠标指针。

1. 系统主题

在"控制面板"的类别视图中，单击"外观和个性化"下的"更改主题"，弹出"个性化"窗口，如图 3-57 所示。Windows 提供了多个主题。可以选择 Aero 主题使计算机个性化；如果计算机运行缓慢，则可以选择 Windows 7 基本主题；如果希望屏幕更易于查看，则可以选择高对比度主题。在"Aero 主题"或"基本和高对比度主题"中单击主题图标，设置的主题立即生效。

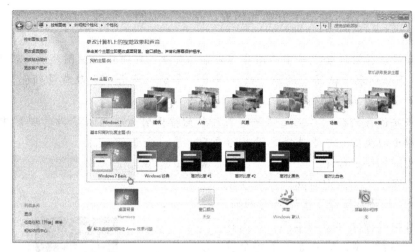

图 3-57 "个性化"窗口

Aero 是 Windows 7 版本具有高级视觉体验的主题，其特点是透明的玻璃图案中带有精致的窗口动画，以及全新的"开始"菜单、任务栏和窗口边框颜色。

2. 自定义主题

可以更改主题的各个部分（图片、颜色和声音），然后保存修改后的主题以供自己使用或与其他人共享。也可以更改主题的桌面背景、窗口颜色、声音和屏幕保护程序。在如图 3-50 所示的"个性化"窗口中，执行以下一项或多项操作更改主题各部分。

（1）更改桌面背景

桌面背景（也称为"壁纸"）是显示在桌面上的图片、颜色或图案。桌面背景可以是个人收集的数字图片、Windows 提供的图片、纯色或带有颜色框架的图片。可以选择一个图像作为桌面背景，也可以以幻灯片形式显示图片。在"个性化"窗口中，单击"桌面背景"。显示"桌面背景"窗口，如图 3-58 所示。如果要使用的图片不在桌面背景图片列表中，则单击"图片位置"列表中的选项查看其他类别，或单击"浏览"按钮搜索计算机上的图片。找到所需的图片后，双击该图片。它将成为桌面背景。单击"图片位置"

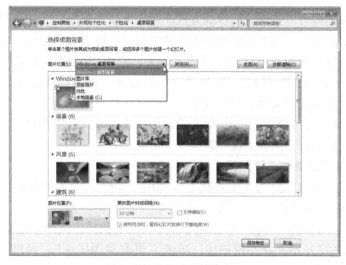

图 3-58 "桌面背景"窗口

下的箭头，选择背景图片的显示方式（填充、适应、拉伸、平铺、居中），然后单击"保存修改"按钮。

注意：如果选择自适合或居中的图片作为桌面背景，还可以为该图片设置颜色背景。在"图片位置"下拉列表中选择"适应"或"居中"命令。单击"更改背景颜色"，单击某种颜色，然后单击"确定"按钮。

提示：若要使存储在计算机上的任何图片作为桌面背景，可在资源管理器中右击该图片，然后在弹出的快捷菜单中选择"设置为桌面背景"命令。

（2）更改屏幕保护程序

屏幕保护程序是在指定时间内没有使用鼠标或键盘时，出现在屏幕上的图片或动画。若要停止屏幕保护程序并返回桌面，只需移动鼠标或按任意键。Windows 提供了多个屏幕保护程序。用户还可以使用保存在计算机上的个人图片来创建自己的屏幕保护程序，也可以从网站上下载屏幕保护程序。设置屏幕保护的操作为：在"个性化"窗口中，单击"屏幕保护程序"。显示"屏幕保护程序设置"对话框，如图 3-59 所示。在"屏幕保护程序"列表中，单击要使用的屏幕保护程序，然后单击"确定"按钮。在"等待"微调框中输入或选择用户停止击键启动屏幕保护的时间，选中"在恢复时显示登录屏幕"复选框。如果需要设置电源管理，则可单击

图 3-59　"屏幕保护程序设置"对话框

"更改电源设置"按钮。最后设置完成后单击"确定"或"应用"按钮。

3.4.6　设置桌面图标

使用桌面上的图标可以快速访问快捷方式。用户可以为程序、文件、图片、位置和其他项目添加或删除桌面图标。添加到桌面的大多数图标是快捷方式，但也可以将文件或文件夹保存到桌面。如果删除存储在桌面的文件或文件夹，它们则会被移动到"回收站"中。可以在"回收站"中将它们永久删除。如果删除快捷方式，则会将快捷方式从桌面删除，但不会删除快捷方式链接到的文件、程序或位置。

桌面上的图标快捷方式分为系统快捷方式和用户快捷方式。用户快捷方式图标左下角上有一个箭头，系统快捷方式图标上没有箭头。

1. 在桌面上显示或隐藏系统图标

桌面上的图标快捷方式分为系统快捷方式和用户快捷方式。在桌面上显示的图标包括"计算机"文件夹、个人文件夹、"网络"文件夹、"回收站"和"控制面板"的快捷方式。Window 默认显示"回收站"图标。按照以下操作将系统快捷方式添加至桌面：打开"个性化"窗口，如图 3-57 所示。在左窗格中，单击"更改桌面图标"。弹出"桌面图标设置"对话框，如图 3-60 所示。在"桌面图标"选项组中，选中要在桌面上显示的每个图标对应

的复选框。清除不想显示的图标对应的复选框，然后单击"确定"按钮。

2. 在桌面上添加或删除用户快捷方式图标

添加用户快捷方式图标的步骤：找到要为其创建快捷方式的项目。右击该项目，在弹出的快捷菜单中选择"发送到"→"桌面快捷方式"命令。该快捷方式图标便出现在桌面上。

删除用户快捷方式图标的步骤：右击桌面上的某个图标，在弹出的快捷菜单中选择"删除"命令，然后在弹出的对话框中单击"是"按钮。如果系统提示输入管理员密码或进行确认，请输入该密码或提供确认。

图 3-60 "桌面图标设置"对话框

3.4.7 使用用户账户

用户账户通知 Windows 用户可以访问哪些文件和文件夹，可对计算机进行哪些更改以及该用户账户的首选项（如桌面背景、屏幕保护程序）。每个人都可以使用用户名和密码访问各自的用户账户。通过用户账户，可以在拥有自己的文件和设置的情况下与多个人共用计算机。有 3 种类型的账户。每种类型为用户提供不同的计算机控制级别：

- 标准用户账户。适用于日常计算。可以使用计算机上安装的大多数程序，并可以更改影响用户账户的设置。但是，无法安装或卸载某些软件和硬件、删除计算机工作所需的文件，也无法更改影响计算机的其他用户或安全的设置。使用标准账户，系统可能会提示先提供管理员密码，然后才能执行某些任务。

- 管理员账户。允许完全访问计算机的用户账户类型，管理员可以对计算机进行最高级别的控制，可进行任何需要的更改。建议只在必要时才使用该账户。

- 来宾账户。主要针对需要临时使用计算机的用户。使用来宾账户的人无法安装软件或硬件，更改设置或者创建密码。必须启用来宾账户然后才可以使用它。

1. 创建用户账户

通过用户账户，多个用户可以轻松地共享一台计算机。每个人都可以有一个具有唯一设置和首选项（如桌面背景或屏幕保护程序）的单独的用户账户。用户账户还可以控制用户访问的文件和程序以及可以对计算机进行的更改类型。在"控制面板"的小图标视图中，单击"用户账户"。打开"用户账户"窗口，如图 3-61 所示，单击"管理其他账户"打开"管理账户"窗口，如图 3-62 所示。

单击"创建一个新账户"。打开"创建一个新账户"窗口，如图 3-63 所示，输入要为用户账户提供的名称，例如"阿猫"，单击账户类型，然后单击"创建账户"按钮。显示账户信息，如图 3-64 所示。

注意：用户名长度不能超过 20 个字符，不能完全由句点或空格组成，不能包含以下任何字符："\"、"/"、"""、"["、"]"、":"、"|"、"<"、">"、"+"、"="、";"、","、"?"、"*"、"@"。

图 3-61 "用户账户"窗口

图 3-62 "管理账户"窗口

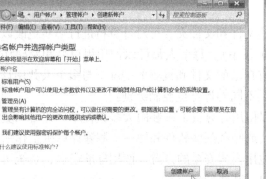

图 3-63 "创建一个新账户"窗口

图 3-64 选择希望更改的账户

2. 创建用户账户的密码

密码是用户登录到 Windows 并且访问文件、程序及其他资源使用的字符串。密码可以有助于确保未经授权的人不能访问计算机。在 Windows 中，密码可以包含字母、数字、符号和空格，且区分大小写。为了确保计算机的安全，应该始终创建密码。打开"用户账户"窗口，如图 3-61 所示。如果当前的用户账户具有密码，则可以通过单击"更改密码"来更改密码。如果是以管理员身份登录，则可以为任何用户账户创建密码。下面为前面新建的用户账户"阿猫"创建密码：

在"用户账户"窗口中单击"管理其他账户"，或者在如图 3-64 所示的窗口中单击"阿猫"。打开"更改 阿猫 的账户"窗口，如图 3-65 所示，单击"创建密码"按钮显示创建密码窗口，如图 3-66 所示。

在"新密码"文本框中输入密码，然后在"确认新密码"文本框中再次输入该密码。如果希望使用密码提示，可在"密码提示"文本框中输入提示。最后单击"创建密码"按钮。创建密码后，回到如图 3-65 所示的"更改 阿猫 的账户"窗口。用户可以进行"更改账户名称"（无法更改来宾账户的名称）、"更改图片"、"更改账户类型"、"删除账户"等操作。

| 图 3-65 "更改 阿猫 的账户"窗口 | 图 3-66 创建密码 |

注意： Windows 要求至少有一个管理员账户。如果计算机上只有一个账户，则无法将其更改为标准账户。另外，为防止在忘记密码时失去对文件的访问权限，强烈建议创建密码重设盘。

3. 启用或关闭来宾账户

如果希望他人临时使用您的计算机，则可以启用来宾账户。由于来宾账户允许用户登录到网络、浏览 Internet 以及关闭计算机，因此应该在不使用时将其禁用。具体方法：打开"用户账户"窗口，单击"管理其他账户"。打开如图 3-64 所示的选择希望更改的账户窗口，单击"Guest"来宾账户。若要开启来宾账户，单击"启用"按钮。若要关闭，则单击"关闭来宾账户"按钮。

4. 不注销用户进行用户切换

如果 Windows 上有多个用户账户，则可以切换到其他用户帐户而不需要注销或关闭程序，该方法称为快速用户切换。若要切换到其他用户账户，可采用下列两种方法之一操作：

● 单击"开始"按钮![icon]，然后单击"关机"按钮![icon]旁边的箭头，单击"切换用户"。

● 按〈Ctrl + Alt + Delete〉键，然后选择希望切换到的用户。

警告： 由于 Windows 不会自动保存打开的文件，因此确保在切换用户之前已保存所有打开的文件。如果切换到其他用户账户并且该用户关闭了该计算机，则对账户上打开的文件所做的所有未保存更改都将丢失。

3.4.8 设置用户账户控制

1. 什么是用户账户控制

用户账户控制（UAC）是 Windows 中的功能，此功能在某个程序做出需要管理员级别权限的更改时，UAC 会通知用户，从而使用户保持对计算机的控制。如果是管理员，则可以单击"是"按钮以继续。如果不是管理员，则必须由具有计算机管理员账户的用户输入其密码才能继续。这样，即使使用的是管理员账户，在不知情的情况下也无法对计算机做出更改，从而防止在计算机上安装恶意软件和间谍软件或对计算机做出任何更改。

当需要权限或密码才能完成任务时，UAC 会以 4 种不同类型的对话框中的一种来通知用户。

- 带有安全盾牌图标❤的对话框，表示可以安全地继续；
- 带有蓝色盾牌图标❷的对话框，表示具有有效的数字签名，但需要用户确认是想要运行的程序；
- 带有黄色盾牌图标❶的对话框，表示不具有有效数字签名，需要用户确定该程序是已知的程序，还是恶意的软件；
- 带有红色盾牌图标❌的对话框，表示此程序已被阻止，因为已知此程序不受信任。

建议大多数情况下使用标准用户账户登录到计算机。用户可以浏览 Internet、发送电子邮件，使用字处理器。所有这些都不需要使用管理员账户。当要执行管理任务（如安装新程序或更改将影响其他用户的设置）时，也不必先切换到管理员账户。在执行该任务之前，Windows 会提示用户授予许可或提供管理员密码。

2. 更改用户账户控制设置

用户账户控制可以防止对计算机进行未经授权的更改。在对计算机进行更改（需要管理员级别的权限）之前，UAC 会通知用户，并可以通过设置来控制 UAC 通知用户的频率。设置步骤为：在"控制面板"的小图标视图中，单击"操作中心"。打开"操作中心"窗口，在左侧窗格中单击"更改用户账户控制设置"。打开"用户账户控制设置"窗口，如图 3-67 所示。执行以下操作之一：

- "始终通知"。这是最安全的设置。在程序对计算机或 Windows 设置进行更改之前，系统会通知用户。收到通知后，桌面将会变暗，用户必须先批准或拒绝 UAC 对话框中的请求，然后才能在计算机上执行其他操作。变暗的桌面称为安全桌面，其他程序在桌面变暗时无法运行。
- "默认 - 仅在程序尝试对我的计算机进行更改时通知我"。如果用户对 Windows 设置进行更改（需要管理员权限），系统将不会通知。如果 Windows 外部的程序尝试对 Windows 设置进行更改，系统会通知。应该始终小心对待允许在计算机上运行的程序。
- "仅当程序尝试更改计算机时通知我"（不降低桌面亮度）。设置与"默认 - 仅在程序尝试对我的计算机进行更改时通知我"相同，但不会在安全桌面上收到通知。

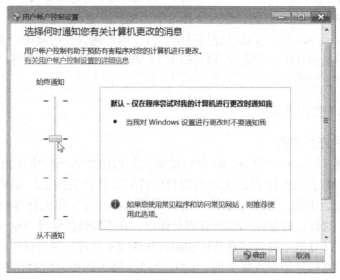

图 3-67 "用户帐户控制设置"窗口

● "从不通知"。如果选择此设置,将需要重新启动计算机来关闭 UAC。UAC 关闭后,以管理员身份登录的人员将始终具有管理员权限。

然后单击"确定"按钮。如果系统提示输入管理员密码或进行确认,请输入该密码或提供确认。

3.4.9 安装和卸载应用程序

1. 安装应用程序

可以从硬盘、U 盘、CD、局域网或 Internet 安装应用程序。

(1)从硬盘、U 盘、CD、局域网安装程序的步骤

在资源管理器中浏览到应用程序的安装文件所在的位置,双击打开安装文件(文件名通常为 Setup. exe 或 Install. exe)。一般会出现安装向导,然后按照屏幕上的提示操作就能完成安装。

(2)从 Internet 安装程序的步骤

在 Web 浏览器中,单击指向程序的链接。请执行下列操作之一:

● 若要立即安装程序,则单击"打开"或"运行"按钮,然后按照屏幕上的指示进行操作。

● 若要后安装程序,则单击"保存"按钮,然后将安装文件下载到计算机上。做好安装该程序的准备后,双击该文件,并按照屏幕上的指示进行安装。这是比较安全的方法,因为可以在安装前扫描安装文件中的病毒。

2. 卸载或更改程序

正常安装的程序,通常在开始菜单的"所有程序"的该程序组中有一个删除程序,通常称为"卸载 XXX",执行卸载程序将删除该程序,并作清理系统环境等操作。所以,不能在"资源管理器"中直接删除其文件和文件夹。但是,有些应用程序在"所有程序"的该程序组中没有提供卸载程序,这时就要用到以下功能了。在"控制面板"的类别视图中,单击"程序"下的"卸载程序"。打开"程序和功能"窗口,如图 3-68 所示。选择程序,然后单击工具栏上的"卸载"按钮,按照提示操作就可以卸载程序。

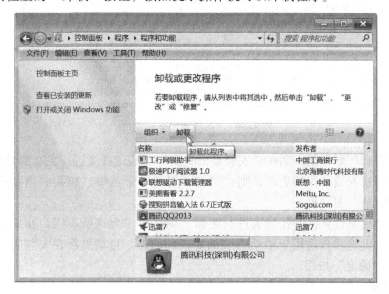

图 3-68 "程序和功能"窗口

除了卸载选项外，还可以更改或修复"程序和功能"中的某些程序。单击"更改"、"修复"或"更改/修复"（取决于所显示的按钮），即可安装或卸载程序的可选功能。并非所有的程序都使用"更改"按钮。许多程序只提供"卸载"按钮。

3.4.10 安装 Windows 更新

Windows Update 是微软提供的一种自动更新工具，通过它可以修补已知的系统漏洞，更新硬件驱动程序和软件的升级。

1. 启用或禁用自动更新

在"控制面板"的类别视图中，单击"系统和安全"。打开"系统和安全"窗口，如图 3-69 所示。单击 Windows Update 下的"启用或禁用自动更新"，打开"更改设置"窗口，如图 3-70 所示。在"重要更新"选项组中，单击下拉列表中的选项之一：

- 自动安装更新（推荐）。
- 下载更新，但是让我选择是否安装更新。
- 检查更新，但是让我选择是否下载和安装更新。
- 从不检查更新（不推荐）。

图 3-69 "系统和安全"窗口

若要设置自动更新日期，则在"安装新的更新"旁边选择要进行更新的日期和时间。

若要为计算机安装推荐的更新，则在"推荐更新"下选中"以接收重要更新的相同方式接收推荐的更新"复选框。

若要允许使用该计算机的任何人进行更新，则选中"允许所有用户在此计算机上安装更新"复选框。此选项仅适用于手动安装的更新和软件。自动更新在安装时不会考虑用户的身份。单击"确定"按钮。

2. 检查更新

如果没有启用自动更新，应确保定期检查更新情况。检查 Windows 更新的步骤为：单击打

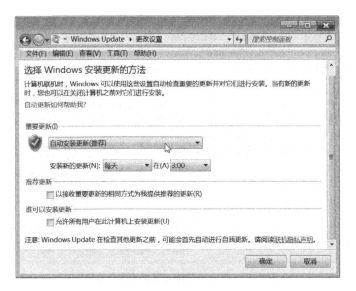

图 3-70　"更改设置"窗口

开 Windows Update 窗口。单击"检查更新",显示"正在检查更新"提示,等待查找计算机的最新更新。检查完成后显示重要更新和可选更新,如图 3-71 所示。单击该信息以查看并选中要安装的重要更新。打开"选择希望安装的更新"窗口,如图 3-72 所示。在列表中,单击更新的名称右侧将显示详细信息。选中要安装的所有更新的复选框,然后单击"确定"按钮。

图 3-71　"Windows Update"窗口

回到 Windows Update 窗口,单击"安装更新"按钮。选中"我接受许可条款"单选按钮,然后单击"完成"按钮,开始安装更新。

注意:一些更新需要重新启动计算机才能完成安装。重新启动前请保存和关闭所有程序以防数据丢失。

图 3-72 "选择希望安装的更新"窗口

3.4.11 添加或更改输入语言

Windows 包含多种输入语言，但在使用之前，需要将它们添加到语言列表。部分显示语言是在默认情况下安装的，例如对于中文 Windows，则默认安装简体中文。除此以外的其他语言则需要安装语言文件。

1. 添加输入语言

在"控制面板"的小图标视图中，单击"区域和语言"。弹出"区域和语言"对话框，如图 3-73 所示。单击"键盘和语言"选项卡，然后单击"更改键盘"按钮，弹出"文本服务和输入语言"对话框，如图 3-74 所示。

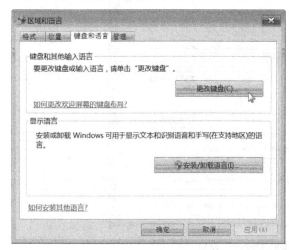

图 3-73 "区域和语言"对话框

图 3-74 "文本服务和输入语言"对话框

在"常规"选项卡的"已安装的服务"选项组中，单击"添加"按钮。弹出"添加输入语言"对话框，如图 3-75 所示，双击要添加的语言或单击田展开语言，双击"键盘"单击田展开键盘，选择要添加的文本服务选项。例如，在"中文（简体，中国"下的"键盘"中，选中"微软拼音 - 新体验 2010"复选框，然后单击"确定"。

2. 更改输入语言

在更改要使用的输入语言之前，需要确保已经添加输入语言。更改输入语言的方法为：单击语言栏上的"输入语言"按钮，如图 3-76 所示，然后单击要使用的输入语言。

3. 选择输入法的步骤

中文有多种输入法，可以安装 Window 内置的输入法，也可以安装其他输入法，如搜狗、QQ、百度等。这些外部输入法需要下载、安装。选择输入法的方法为：单击语言栏上的"键盘布局"按钮，然后在下拉列表中单击输入法，如图 3-77 所示。

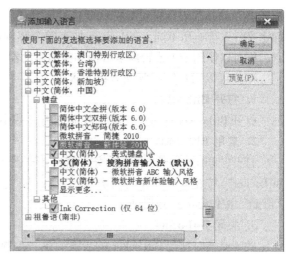

图 3-75　"添加输入语言"对话框

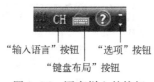

图 3-76　语言栏上的按钮

图 3-77　选择输入法

4. 语言栏

语言栏提供了从桌面快速更改输入语言或键盘布局的方法。语言栏上显示的按钮和选项会根据所安装的文本服务和当前处于活动状态的软件程序的不同而发生变化。可以将语言栏移动到屏幕的任何位置，也可以将其最小化到任务栏或隐藏它。如果没有看到语言栏，则右击任务栏，从弹出的快捷菜单中选择"工具栏"→"语言栏"命令。如果语言栏最小化到任务栏，可以单击其恢复按钮 回 恢复到桌面。单击语言栏的"选项"按钮 回，在其下拉列表中单击"设置"。显示"文本服务和输入语言"对话框，在对话框可以进行设置。

3.4.12　更新驱动程序

如果计算机中具有不能正常工作的硬件设备，可能需要更新的驱动程序。有 3 种更新驱动程序的方法：

- 使用 Windows Update。可能需要下载 Windows Update 并安装推荐的更新。
- 安装来自设备制造商的软件。例如，如果设备附带光盘，则该光盘可能包含用于安装设备驱动程序的软件。
- 自行下载并更新驱动程序。使用此方法可以安装从制造商网站上下载的驱动程序。如果 Windows Update 找不到设备的驱动程序，且设备未附带安装驱动程序的软件，则可执行此操作。

3.4.13　使用 BitLocker 驱动器加密

使用 BitLocker 驱动器加密，可以保护 Windows 的驱动器（操作系统驱动器）和固定数据驱动器（如内部硬盘驱动器）上存储的所有文件。使用 BitLocker To Go，可以保护可移动数据驱动器（如外部硬盘驱动器或 USB 闪存驱动器）上存储的所有文件。与用于加密单个文件的加密文件系统有所不同，BitLocker 加密整个驱动器。如果对数据驱动器（固定或可移动）加密，则可以使用密码或智能卡解锁加密的驱动器，或者设置驱动器在登录计算机时自动解锁。

用户可以通过解密驱动器将其永久关闭。

1. 打开 BitLocker

打开 BitLocker 的步骤：在"控制面板"的小图标视图中，单击"BitLocker 驱动器加密"。

2. 启用 BitLocker

打开"BitLocker 驱动器加密"窗口，如图 3-78 所示。在要加密的驱动器后单击"启用 BitLocker"按钮。此操作将打开 BitLocker 安装向导。按照向导中的说明进行操作。单击"帮助"按钮❓可打开帮助。

3. 关闭 BitLocker

关闭或临时挂起 BitLocker 的步骤：在"控制面板"的小图标视图中，单击"BitLocker 驱动器加密"。打开"BitLocker 驱动器加密"窗口，如图 3-79 所示，然后单击"解密驱动器"。

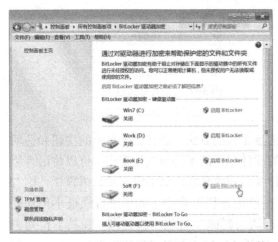

图 3-78　"BitLocker 驱动器加密"窗口（启动加密前）　　　图 3-79　启动加密前后

3.5　使用附件

附件是 Windows 附带的一些常用应用程序，可以直接使用这些程序完成一些工作，而不用再安装。由于它们不是 Windows 运行必须的部分，故称为"附件"，包括 Windows 资源管理器、画图、计算器、录音机、写字板等。如果希望使用功能更强大的程序，则需要另外安装其他同类软件。使用附件程序的方法为：单击"开始"按钮❗，在"开始"菜单中选择"所有程序"→"附件"命令，然后选择其中需要的程序名。

3.6　获得帮助

在使用计算机的过程中，可能会遇到计算机出错或不知如果操作的任务。若要解决此问题，就需要了解如何获得正确的帮助。

1. 使用 Windows 帮助和支持

Windows 帮助和支持是 Windows 内置的帮助系统。在这里可以快速获取常见问题的答案、疑难解答提示以及操作执行说明。若要打开 Windows "帮助和支持"，请单击 "开始"
按钮⦿，然后单击 "帮助和支持"。打开 "Windows 帮助和支持" 窗口，如图 3-80 所示。

图 3-80 "Windows 帮助和支持" 窗口

（1）获取最新的帮助内容

如果已连接到 Internet，在 Windows 帮助和支持的工具栏上，单击 "选项"，从下拉菜单
中单击 "设置"。弹出 "帮助设置" 对话框，在 "搜索结果" 下，选中 "使用联机帮助改
进搜索结果（推荐）" 复选框，然后单击 "确定" 按钮。当连接到网络时，"帮助和支持"
窗口的右下角将显示 "联机帮助" 一词。"联机帮助" 包括新主题和现有主题的最新版本。

（2）浏览帮助

可以按主题浏览帮助主题。单击 "浏览帮助" 按钮▣，然后选择出现的主题标题列表中
的项目。主题标题可以包含帮助主题或其他主题标题。单击帮助主题将其打开，或单击其他
标题更加细化主题列表。

（3）搜索帮助

获得帮助的最快方法是在搜索框中键入一个或两个词。例如，若要获得有关任务栏的信
息，则输入 "任务栏"，然后按〈Enter〉键。将出现结果列表，其中最有用的结果显示在
顶部。单击其中一个结果以阅读主题。

2. 获得程序帮助

几乎每个程序都包含自己的内置帮助系统，例如画图、Word、计算器、资源管理器等。
打开程序帮助系统的方法为：选择菜单 "帮助"→"查看帮助"、"帮助主题" 命令或类似短
语，或单击 "帮助" 按钮⦿。还可以通过〈F1〉键访问帮助，在几乎所有程序中，此功能
键都可打开 "帮助"。

3. 获得对话框和窗口帮助

除特定于程序的帮助以外，有些对话框和窗口还包含有关其特定功能的帮助主题的链
接。如果看到圆形⦿或正方形▣ ▣内有一个问号，或者带下画线的彩色文本链接，则单击

107

它可以打开帮助主题。

4. 从其他 Windows 用户获得帮助

如果无法通过帮助信息来解答问题，则可以尝试从其他 Windows 用户获得帮助。

- 通过搜索寻找答案，把问题描述的关键词通过百度等搜索引擎查找。
- 咨询朋友、同学、家人或其他计算机专业人士，通过"远程协助"来解决问题。

3.7 习题

一、选择题

1. 当前微机上运行的 Windows 7 系统是属于（　　）。

    A. 网络操作系统 　　　　　　　　　　B. 单用户单任务操作系统

    C. 单用户多任务操作系统 　　　　　　D. 分时操作系统

2. Windows 的"桌面"指的是（　　）。

    A. 整个屏幕 　　　B. 全部窗口 　　　C. 某个窗口 　　　D. 活动窗口

3. Windows 的整个显示屏幕称为（　　）。

    A. 窗口 　　　　　B. 操作台 　　　　C. 工作台 　　　　D. 桌面

4. Windows 的"开始"菜单包括了 Windows 系统的（　　）。

    A. 主要功能 　　　B. 全部功能 　　　C. 部分功能 　　　D. 初始化功能

5. 在 Windows 中，"任务栏"（　　）。

    A. 只能改变位置不能改变大小 　　　B. 只能改变大小不能改变位置

    C. 既不能改变位置也不能改变大小 　　D. 既能改变位置也能改变大小

6. Windows"任务栏"上的内容为（　　）。

    A. 当前窗口的图标 　　　　　　　　B. 已经启动并在执行的程序名

    C. 所有运行程序的程序按钮 　　　　D. 已经打开的文件名

7. 在 Windows 中，下列关于"任务栏"的叙述错误的是（　　）。

    A. 可以将任务栏设置为自动隐藏

    B. 任务栏可以移动

    C. 通过任务栏上的按钮，可实现窗口之间的切换

    D. 在任务栏上，只显示当前活动窗口名

8. 在 Windows 中，"回收站"是（　　）。

    A. 内存中的一块区域 　　　　　　　B. 硬盘上的一块区域

    C. U 盘上的一块区域 　　　　　　　D. 高速缓存中的一块区域

9. 在 Windows 的"回收站"中，存放的（　　）。

    A. 只能是硬盘上被删除的文件或文件夹

    B. 只能是软盘上被删除的文件或文件夹

    C. 可以是硬盘或软盘上被删除的文件或文件夹

    D. 可以是所有外存储器中被删除的文件或文件夹

10. 在 Windows 中，下列关于"回收站"的叙述中，正确的是（　　）。

    A. 不论从硬盘还是软盘上删除的文件都可以用"回收站"恢复

B. 不论从硬盘还是软盘上删除的文件都不能用"回收站"恢复

C. 用〈Delete〉（〈Del〉）键从硬盘上删除的文件可用"回收站"恢复

D. 用〈Shift + Delete〉（〈Del〉）键从硬盘上删除的文件可用"回收站"恢复

11. 在 Windows 中删除某程序的快捷键方式图标，表示（　　　）。

    A. 既删除了图标，又删除该程序

    B. 只删除了图标而没有删除该程序

    C. 隐藏了图标，删除了与该程序的联系

    D. 将图标存放在剪贴板上，同时删除了与该程序的联系

12. 图标是 Windows 操作系统中的一个重要概念，它表示 Windows 的对象。它可以指（　　　）。

    A. 文档或文件夹　　　　　　　　　　B. 应用程序

    C. 设备或其他的计算机　　　　　　　D. 以上都正确

13. Windows 中，当一个应用程序窗口被最小化后，该应用程序（　　　）。

    A. 被转入后台执行　　B. 被暂停执行　　C. 被终止执行　　D. 继续在前台执行

14. 在 Windows 窗口中，右击出现（　　　）。

    A. 对话框　　　　　　B. 快捷菜单　　　　C. 文档窗口　　　　D. 应用程序窗口

15. Windows 中，选定多个连续的文件或文件夹，应首先选定第一个文件或文件夹，然后按（　　　）键，单击最后一个文件或文件夹。

    A. 〈Tab〉　　　　　　B. 〈Alt〉　　　　　C. 〈Shift〉　　　　D. 〈Ctrl〉

16. Windows 中将信息传送到剪贴板不正确的方法是（　　　）。

    A. 用"复制"命令把选定的对象送到剪贴板

    B. 用"剪切"命令把选定的对象送到剪贴板

    C. 用〈Ctrl + V〉把选定的对象送到剪贴板

    D. 〈Alt + PrintScreen〉把当前窗口送到剪贴板

17. 在 Windows 默认状态下，下列关于文件复制的描述不正确的是（　　　）。

    A. 利用鼠标左键拖动可实现文件复制

    B. 利用鼠标右键拖动不能实现文件复制

    C. 利用剪贴板可实现文件复制

    D. 利用组合键〈Ctrl + C〉和〈Ctrl + V〉可实现文件复制

18. 在 Windows 默认环境中，能将选定的文档放入剪贴板中的组合键是（　　　）。

    A. 〈Ctrl + V〉　　　B. 〈Ctrl + Z〉　　　C. 〈Ctrl + X〉　　　D. 〈Ctrl + A〉

19. 在 Windows 中，若要将当前窗口存入剪贴板中，可以按（　　　）。

    A. 〈Alt + PrintScreen〉键　　　　　　　B. 〈Ctrl + PrintScreen〉键

    C. 〈PrintScreen〉键　　　　　　　　　　D. 〈Shift + PrintScreen〉键

20. 在 Windows 中，要选定多个连续的文件，错误的操作是（　　　）。

    A. 单击第一个文件，按下〈Shift〉键不放，再单击最后一个文件

    B. 单击第一个文件，按下〈Ctrl〉键不放，再单击最后一个文件

    C. 按下〈Ctrl + A〉，当前文件夹中的全部文件被选中

    D. 用鼠标在窗口中拖动，在画出的虚线框中的全部文件被选中

21. Windows 中有设置、控制计算机硬件配置和修改桌面布局的应用程序是（　　）。

    A. Word   B. Excel   C. 文件管理器   D. 控制面板

22. 在 Windows 默认环境中，不能运行应用程序的方法是（　　）。

    A. 双击应用程序的快捷方式

    B. 双击应用程序的图标

    C. 右击应用程序的图标，在弹出的快捷菜单中选择"打开"命令

    D. 右击应用程序的图标，然后按〈Enter〉键

23. 在 Windows 中，文件不包括的属性是（　　）。

    A. 系统   B. 运行   C. 隐藏   D. 只读

24. 在资源管理器左窗口中，单击文件夹中的图标，则（　　）。

    A. 在左窗口中扩展该文件夹   B. 在右窗口中显示文件夹中的子文件夹和文件

    C. 在左窗口中显示子文件夹   D. 在右窗口中显示该文件夹中的文件

25. 把 Windows 的窗口和对话框作一一比较，窗口可以移动和改变大小，而对话框（　　）。

    A. 既不能移动，也不能改变大小   B. 仅可以移动，不能改变大小

    C. 仅可以改变大小，不能移动   D. 既能移动，也能改变大小

26. 在"Windows 资源管理器"窗口中，若已选定了文件或文件夹，为了设置其属性，可以打开属性对话框的操作是（　　）。

    A. 右击"文件"菜单中的"属性"命令

    B. 右击该文件或文件夹名，然后从弹出的快捷菜单中选择"属性"命令

    C. 右击"任务栏"中的空白处，然后从弹出的快捷菜单中选择"属性"命令

    D. 右击"查看"菜单中"工具栏"下的"属性"图标

27. 为获得 Windows 帮助，必须通过下列途径（　　）。

    A. 在"开始"菜单中运行"帮助和支持"命令

    B. 选择桌面并按 F1 键

    C. 在使用应用程序过程中按〈F1〉键

    D. A，B 都对

28. 可以启动记事本的方法是单击（　　）。

    A. "开始"→"所有程序"→"附件"→"记事本"

    B. "Windows 资源管理器"→"控制面板"→"记事本"

    C. "Windows 资源管理器"→"记事本"

    D. "Windows 资源管理器"→"控制面板"→"辅助选项"→"记事本"

29. 在 Windows 中，用户同时打开的多个窗口可以层叠式或平铺式排列，要想改变窗口的排列方式，应进行的操作是（　　）。

    A. 右击"任务栏"空白处，然后在弹出的快捷菜单中选择要排列的方式

    B. 右击桌面空白处，然后在弹出的快捷菜单中选择要排列的方式

    C. 先打开"资源管理器"窗口，选择其中的"查看"菜单下的"排列图标"项

    D. 先打开"库"窗口，选择其中的"查看"菜单下的"排列图标"项

30. 在 Windows "资源管理器"窗口右部选定所有文件，如果要取消其中几个文件的选定，应进行的操作是（　　）。

A. 依次单击各个要取消选定的文件

B. 按住〈Ctrl〉键，再依次单击各个要取消选定的文件

C. 按住〈Shift〉键，再依次单击各个要取消选定的文件

D. 右键依次单击各个要取消选定的文件

31. 在 Windows 中，打开"资源管理器"窗口后，要改变文件或文件夹的显示方式，应选用（   ）。

    A. "文件"菜单　　　　B. "编辑"菜单　　　C. "查看"菜单　　D. "帮助"菜单

32. 在 Windows 中，能弹出对话框的操作是（   ）。

    A. 选择了带省略号的菜单项　　　　　　　　B. 选择了带向右三角形箭头的菜单项

    C. 选择了颜色变灰的菜单项　　　　　　　　D. 运行了与对话框对应的应用程序

33. 关于 Windows 的说法，正确的是（   ）。

    A. Windows 是迄今为止使用最广泛的应用软件

    B. 使用 Windows 时，必须要有 MS-DOS 的支持

    C. Windows 是一种图形用户界面操作系统，是系统操作平台

    D. 以上说法都不正确

34. 关于 Windows 的文件名描述正确的是（   ）。

    A. 文件主名只能为 8 个字符　　　　　　　B. 可长达 255 个字符，无须扩展名

    C. 文件名中不能有空格出现　　　　　　　D. 可长达 255 个字符，同时仍保留扩展名

35. 在 Windows 默认环境中，若已找到了文件名为 try. bat 的文件，不能编辑该文件的方法是（   ）。

    A. 双击该文件

    B. 右击该文件，在弹出的快捷菜单中选"编辑"命令

    C. 首先启动"记事本"程序，然后用"文件"→"打开"菜单打开该文件

    D. 首先启动"写字板"程序，然后用"文件"→"打开"菜单打开该文件

36. Windows 中，对文件和文件夹的管理是通过（   ）。

    A. 对话框　　　　　　B. 剪贴板　　　　　　C. 资源管理器　　　D. 控制面板

37. 在 Windows 中，实现中文输入和英文输入之间的切换按组合键（   ）。

    A. 〈Ctrl + 空格键〉　　B. 〈Shift + 空格键〉　　C. 〈Ctrl + Shift〉　　D. 〈Alt + Tab〉

38. 在 Windows 中，错误的新建文件夹的操作是（   ）。

    A. 在"资源管理器"窗口中，选择菜单"文件"→"新建"→"文件夹"命令

    B. 在 Word 程序窗口中，选择菜单"文件"→"新建"命令

    C. 右击"资源管理器"文件夹内容窗口的任意空白处，在弹出的快捷菜单中选"新建"→"文件夹"命令

    D. 在"资源管理器"的某驱动器或用户文件夹窗口中，选择"文件"→"新建"→"文件夹"命令

39. 在 Windows 中，单击某应用程序窗口的最小化按钮后，该应用程序的状态处于（   ）。

    A. 不确定　　　　　　B. 被强制关闭　　　　C. 被暂时挂起　　　D. 在后台继续运行

40. 在资源管理器右窗格中，如果需要选定多个非连续排列的文件，应按组合键（   ）。

    A. Ctrl + 单击要选定的文件对象　　　　　B. Alt + 单击要选定的文件对象

C. Shift + 单击要选定的文件对象　　　　D. Ctrl + 双击要选定的文件对象

41. 在 Windows 资源管理窗口中，左部显示的内容是（　　）。
    A. 所有未打开的文件夹　　　　　　　　B. 系统的树形文件夹结构
    C. 打开的文件夹下的子文件夹及文件　　D. 所有已打开的文件夹

42. 下列关于 Windows 菜单的说法中，不正确的是（　　）。
    A. 命令前有"·"记号的菜单选项，表示该项已经选用
    B. 当鼠标指向带有黑色箭头符号"▶"的菜单选项时，弹出一个子菜单
    C. 带省略号"…"的菜单选项执行后会打开一个对话框
    D. 用灰色字符显示的菜单选项表示相应的程序被破坏

43. 在 Windows 中，对同时打开的多个窗口进行层叠式排列，这些窗口的显著特点是（　　）。
    A. 每个窗口的内容全部可见　　　　　　B. 每个窗口的标题栏全部可见
    C. 部分窗口的标题栏不可见　　　　　　D. 每个窗口的部分标题栏可见

44. 在 Windows 中，当一个窗口已经最大化后，下列叙述中错误的是（　　）。
    A. 该窗口可以被关闭　　　　　　　　　B. 该窗口可以移动
    C. 该窗口可以最小化　　　　　　　　　D. 该窗口可以还原

45. 在 Windows 中，可以由用户设置的文件属性为（　　）。
    A. 存档、系统和隐藏　　　　　　　　　B. 只读、系统和隐藏
    C. 只读、存档和隐藏　　　　　　　　　D. 系统、只读和存档

46. 在 Windows 的"资源管理器"窗口右部，若已单击了第 1 个文件，又按住〈Ctrl〉键并单击了第 5 个文件，则（　　）。
    A. 有 0 个文件被选中　　　　　　　　　B. 有 5 个文件被选中
    C. 有 1 个文件被选中　　　　　　　　　D. 有 2 个文件被选中

47. 下列关于 Windows 对话框的叙述中，错误的是（　　）。
    A. 对话框是提供给用户与计算机对话的界面
    B. 对话框的位置可以移动，但大小不能改变
    C. 对话框的位置和大小都不能改变
    D. 对话框中可能会出现滚动条

48. 在 Windows 中文件夹名不能是（　　）。
    A. 12% + 3%　　　　B. 12 $ − 3 $　　　　C. 12 * 3!　　　　D. 1&2 = 0

二、操作题

1. 在练习文件夹中，分别建立 Lx1、Lx2 和 Temp 文件夹。

2. 在 Lx1 文件夹中新建一个名为 Book1. txt 的文本文档。

3. 在练习文件夹中，再新建一个 Good 文件夹，把 Lx1 文件夹及其中的文件复制到 Good 文件夹中。把 Lx2 文件夹移动到 Good 文件夹中。

4. 把 Lx2 文件夹设置为隐藏属性。

5. 删除 Temp 文件夹。

第 4 章　Word 2010 文字编辑软件的使用

Word 2010 是 Microsoft 公司开发的 Office 2010 办公组件之一，是目前最常用的文字编辑软件之一，是一种集文字处理、表格处理、图文排版和打印于一体的办公软件。利用 Word 2010 的文档格式设置工具，可轻松、高效地组织和编写具有专业水准的文档。

4.1　Word 的基本操作

本节将介绍 Word 2010 的窗口组成和文档的创建、打开、保存等基本的操作方法。

4.1.1　Word 的启动和退出

Word 2010 的启动、退出与一般程序相同。

1. 启动 Word 2010

启动 Word 有多种方法，常用下列两种方法之一。

- 通过"开始"菜单启动 Word。单击"开始"按钮 ，选择"开始"菜单中的"所有程序"→"Microsoft Office"→"Microsoft Word 2010"命令。如果"开始"菜单左侧的最近使用的程序区中出现 Microsoft Word 2010，则可直接选择"Microsoft Word 2010"。
- 通过在"Windows 资源管理器"中双击 Word 文档文件名启动 Word。则会先启动 Word 程序，然后装入该 Word 文档。

启动 Word 程序就可打开 Word 窗口，如图 4-1 所示。同时新建文件名为"文档 1"的空文档。

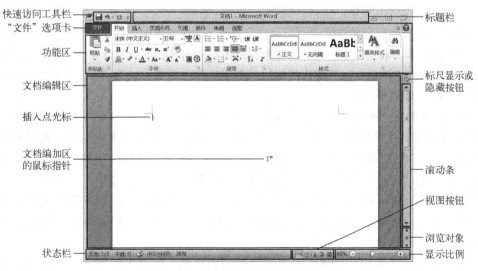

图 4-1　Word 2010 窗口的组成

2. 关闭文档与退出 Word

（1）关闭文档

关闭当前正在编辑文档的方法为：单击"文件"选项卡，从下拉菜单中选择"关闭"命令，弹出提示信息框，如图 4-2 所示。若要保存则单击"保存"按钮，不保存单击"不保存"按钮。若不关闭文档，仍继续编辑，则单击"取消"按钮。

图 4-2　保存 Word 文档对话框

（2）结束 Word

如果不需要在 Word 的编辑环境中继续编辑文档，或者要关闭计算机，则要结束 Word。若要结束 Word，单击"文件"选项卡，选择菜单底部的"退出" 。

结束 Word 也将关闭编辑窗口中的 Word 文档，如果该文档没有存盘，将打开如图 4-2 所示的提示框，询问用户是否保存。

注意，上面两种关闭文档的结果是不同的，如果用户只打开一个文档，则单击"文件"选项卡，从下拉菜单中选择"关闭"命令，Word 仍然在运行；如果打开了多个文档，则显示下一个文档；如果打开多个文档，单击"关闭"按钮，则显示下一个文档窗口；如果只打开一个文档，则结束 Word 程序。

4.1.2　Word 窗口的组成

如图 4-1 所示，Word 2010 使用功能区选项卡来代替先前版本的菜单、工具栏，功能区是按应用来分类的，把相同的应用分配到一个选项卡中，以简化用户的操作。Word 2010 窗口由下面几部分组成。

1. 标题栏

标题栏显示正在编辑的文档的文件名以及所使用的软件名（Microsoft Word）。

2. 快速访问工具栏

快速访问工具栏是一个可自定义的工具栏，它包含一组独立于当前显示功能区上选项卡的命令。常用命令位于此处，例如"保存" 、"撤销" 、"恢复" 。用户可以添加个人常用命令，单击"自定义快速访问工具栏"按钮，在列表中选择要显示的命令。也可以向快速访问工具栏添加其他命令。在功能区上，单击相应的选项卡或组以显示要添加到快速访问工具栏的命令。右击该命令，在弹出的快捷菜单中选择"添加到快速访问工具栏"命令。

3. "文件"选项卡

Word 2010 中的一项新设计是，"文件"选项卡取代了 Word 2007 中的"Office"按钮，或 Word 2003 及早期版本中的"文件"菜单，以使之更适合 Word 2003 及早期版本用户的习惯。"文件"选项卡中包含的命令，与 Word 2007 中"Office"按钮 或 Word 2003 及早期版本中的"文件"菜单中的命令相同，如"保存"、"另存为"、"打开"、"关闭"、"新建"、"打印"和"选项"等其他一些命令，如图 4-3 所示。在 Word 2003 中某些命令被突出显示，单击突出显示的命令，其右侧将以选项卡的形式显示相应内容，如图 4-3 中右侧部分显示的是"信息"选项卡。

提示，若要从"文件"选项卡视图快速返回到文档，请单击"开始"选项卡，或者按键盘上的〈Esc〉键。

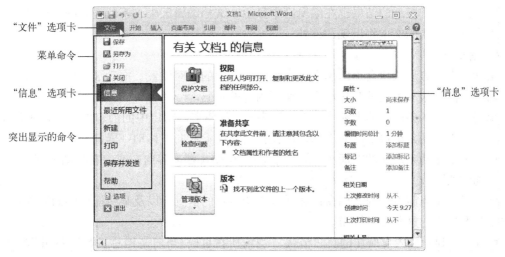

图 4-3 "文件"选项卡和"信息"选项卡

4. 功能区

Word 2010 用功能区代替以前版本的菜单和工具栏。工作时需要用到的功能命令位于功能区，功能区上的选项卡按照命令的功能分别设置在不同的选项卡上，每个选项卡都与一种类型的活动相关，旨在帮助用户快速找到完成某一任务所需的命令。每个功能区根据功能的不同又分为若干个组。单击选项卡名称可切换到其他选项卡。

如图 4-4 所示是"开始"选项卡，包含了常用的命令按钮和选项。根据功能又分为多个组：剪贴板、字体、段落、样式、编辑。在某些组的右下角有一个对话框启动按钮，单击它将显示相应的对话框或列表，可做更详细的设置。例如，单击"开始"选项卡"字体"组右下角的按钮，将显示"字体"对话框。

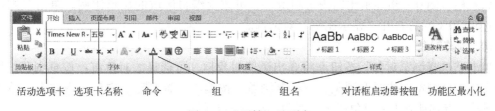

图 4-4 "开始"选项卡

每个选项卡都与一种类型的活动相关。某些选项卡只在需要时才显示。例如，仅当选择图片后，才显示"图片工具"选项卡。

功能区占据了一部分区域，为了扩展编辑区，可将功能区最小化。若要快速将功能区最小化，请双击活动选项卡的名称。再次双击此活动选项卡可还原功能区。

若要始终使功能区最小化，则单击功能区右上方的"功能区最小化"，则该按钮改变。单击则恢复功能区。

要在功能区最小化的情况下使用功能区，则需要单击要使用的选项卡，被隐藏或最小化的选项卡显示出来，然后单击要使用的选项或命令。随后，功能区将自动被隐藏。

5. 文档编辑区

窗口中部大面积的区域为文档编辑区，用户输入和编辑的文本、表格、图形都是在文档编辑区中进行，排版后的结果也在编辑区中显示。文档编辑区中，不断闪烁的竖线"｜"是插入点光标，输入的文本将出现在该处。

6. 滚动条

滚动条中的方形滑块会指出插入点在整个文档中的相对位置。拖动滚动块，可快速移动文档内容，同时滚动条附近会显示当前移到内容的页码。

单击垂直滚动条两端的上箭头▲或下箭头▼，可使文档窗口中的内容向上或向下滚动一行。单击垂直滚动条滑块上部或下部，使文档内容向上或向下移动一屏幕。

单击水平滚动条两端的左箭头◀或右箭头▶，可使文档内容向左或向右移动一列。

7. 状态栏 页面 4/11　字数: 6,195　英语(美国)　插入

状态栏显示当前编辑的文档窗口和插入点所在页的信息，以及某些操作的简明提示。可以单击状态栏上的这些提示按钮。

- 页面：显示插入点所在的页、节及"当前所在页码/当前文档总页数"的分数。单击可打开"查找和替换"对话框的"定位"选项卡。
- 字数：统计的字数。单击可打开"字数统计"对话框。
- 拼写和语法检查 ：单击 按钮，可进行校对。
- 插入 插入：单击 插入 按钮，可把编辑状态更改为 改写。

8. 视图按钮

状态栏右侧有5个视图按钮，它们是改变视图方式的按钮，分别为：页面视图、阅读板式视图、Web版式视图、大纲视图和草稿。

页面视图与打印效果一样，例如页眉、页脚、栏和文本框等项目会出现在它们的实际位置上。系统默认为页面视图。

9. 显示比例 120%

状态栏右侧有一组显示比例按钮和滑块，可改变编辑区域的显示比例。单击"缩放级别"（如120%）可打开"显示比例"对话框。

10. 浏览对象

单击"选择浏览对象"按钮 将弹出浏览对象框，可选择的对象有：按页浏览、按节浏览、按表格浏览、按图形浏览、按标题浏览、按编辑位置浏览、定位、查找等。单击 或 则插入点移动到上一对象或下一对象。如图4-5所示。

图4-5　浏览对象

11. 任务窗格

Office应用程序中提供的常用命令窗口，一般出现在窗口的边沿，用户可以一边使用这些操作任务窗格中的命令，一边继续处理文档。例如，在功能区的"开始"选项卡中，单击"剪贴板"组的对话框启动器按钮 ，将在Word窗口左侧显示"剪贴板"任务窗格。

4.1.3 设置工作环境

由于需要编辑的文档类型不同（例如书、公文、海报），用户的操作习惯不同，在正式使用 Word 前，通常应该先设置 Word 的工作环境。Word 2010 对环境的设置都安排在"文件"选项卡中。单击"文件"选项卡，选择菜单底部的"选项"命令，弹出"Word 选项"对话框。

1. 取消自动更正

在输入和编辑过程中，Word 默认一些自动更正功能。例如，输入直引号" " " "将自动变为弯引号" " " "；输入"1."按〈Enter〉后，将在下行出现"2."，并且排列方式也变了。严重情况下，自动更正会让用户无法完成需要的工作。因此，应根据需要取消一些默认设置。

在"Word 选项"对话框左侧窗格中单击"校对"选项，如图 4-6 所示。在右侧窗格中单击"自动更正选项"按钮，弹出"自动更正"对话框。在"键入时自动套用格式"选项卡和"自动套用格式"选项卡中，取消一些复选框，建议取消"键入时自动替换"和"键入时自动应用"下的所有选项，如图 4-7 所示。

图 4-6 "Word 选项"对话框中的"校对"选项　　图 4-7 "自动更正"对话框

2. 自定义快速访问工具栏

对于一些经常使用的命令，可将其放置到快速访问工具栏中，例如"打开"文档命令。在"Word 选项"对话框左侧窗格中单击"快速访问工具栏"选项，如图 4-8 所示。

图 4-8 "Word 选项"对话框中的"快速访问工具栏"选项

在右侧窗格中，首先从左侧框中选择要添加的命令，例如选择"打开"命令，然后单击框中间的"添加"按钮，选中的命令会出现在右侧的框中。单击"确定"按钮后，在快速访问工具栏中可以看到刚才添加的命令。建议添加常用的命令，如打开、新建、打印等命令。

还可以直接从功能区上显示的命令向快速访问工具栏添加命令。在功能区上，单击相应的选项卡或组以显示要添加到快速访问工具栏的命令，右击该命令，从弹出的快捷菜单中选择"添加到快速访问工具栏"命令。

只有命令才能被添加到快速访问工具栏。大多数列表的内容（如缩进和间距值及各个样式）虽然也显示在功能区上，但无法将它们添加到快速访问工具栏。

4.1.4　创建文档

创建一篇新的空白文档的方法有多种，可以根据需要来选择。

1. 启动 Word 后自动创建文档

在启动 Word 后，Word 会根据普通模板（Normal. dot）新建一个空白文档，并自动命名为"文档1"，如图4-1所示。

2. 创建空白文档

若正在编辑一个文档或者已经启动 Word 程序，还需新建文档，请执行下列操作：单击"文件"选项卡，选择"新建"命令。在"可用模板"下双击"空白文档"，如图4-9所示。

图4-9　新建空白文档

3. 从模板创建文档

Office. com 中的模板网站为许多不同类型的文档提供模板，包括简历、求职信、商务计划、名片和 APA 样式的论文。具体操作：单击"文件"选项卡，选择"新建"命令。在"可用模板"下，执行下列操作之一：

● 单击"样本模板"以选择计算机上的可用模板。

● 单击 Office. com 下的链接之一，下载列出的模板。

然后双击所需的模板。

4. 删除文档

单击"文件"选项卡，选择"打开"命令。在弹出的"打开"对话框中找到要删除文件，右击该文件，在弹出的快捷菜单中选择"删除"命令。也可以使用"Windows 资源管理器"删除文件。

4.1.5 保存文档

保存文档时，一定要注意文档三要素，即保存的位置、名字、类型。保存文件时，可以将它保存到硬盘驱动器上的文件夹中，或者保存到网络位置、CD/DVD、桌面或闪存驱动器，也可以保存为其他文件格式。即使已经设置启用了自动恢复功能，也应该在处理文件时经常保存该文件，以避免因意外断电或其他问题而丢失数据。

1. 保存文档

在"快速访问工具栏"上，单击"保存"按钮![save]或者按〈Ctrl + S〉键。如果是第一次保存该文件，则弹出"另存为"对话框，如图4-10所示。Word 会将文档保存在默认位置。若要将文档保存在其他位置，则浏览保存文档的文件夹。为文档输入一个名称，然后单击"保存"按钮。保存后，文档标题栏显示新名称。

如果文档已经命名，则不会出现"另存为"对话框，而将直接保存到原来的文档中，以当前内容代替原来内容。当前编辑状态保持不变，可继续编辑文档。

2. 将现有文档另存为新文档

若要防止覆盖原始文档，则在打开原始文档时使用"另存为"命令创建新的文件。在要另存为新文件的文档中，单击"文件"选项卡，选择"另存为"命令，显示"另存为"对话框，如图4-9所示。选择保存位置，或更改不同的文件名。在"保存类型"列表中，

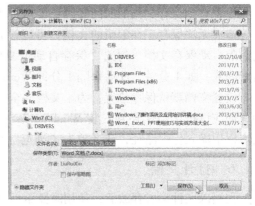

图4-10 "另存为"对话框

单击要在保存文件时使用的文件格式。例如，单击"Word 97 – 2003 文档（∗.doc）"、"RTF 格式（∗.rtf）"、"网页（∗.htm 或 ∗.html）"或"PDF（∗.pdf）"等。然后单击"保存"按钮。这时，文档窗口标题栏中显示为改名后的文档名。

3. 将现有文档另存为模板

如果更改了下载的模板，则可以将其保存在自己的计算机上以再次使用。要将模板保存在"我的模板"文件夹中，需执行以下操作：单击"文件"选项卡，选择"另存为"命令，在弹出的"另存为"对话框中，单击导航窗格中的"Templates"（模板）。在"保存类型"列表中选择"Word 模板"。在"文件名"文本框中输入模板名称，然后单击"保存"按钮，如图4-11所示。

在"文件"选项卡中，通过"新建"选项卡中选择"我的模板"，打开"新建"对话框的"个人模板"，可以找到所有的自定义模板。

4. 设置默认保存文档

默认保存文档包括保存文档的默认格式、自动保存时间、文件默认保存位置。在"Word 选项"对话框左侧窗格中选择"保存"，然后在右侧窗格中设置，如图4-12所示。

设置文档默认保存格式：Word 2010 默认保存的文档格式为 .docx，Word 97～2003 无法打开 ∗.docx 文档，为了保持兼容，可更改为"Word 97 – 2003 文档（∗.doc）"，但是，有些 Word 2010 的功能将不能使用。

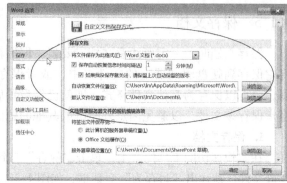

图4-11　将现有文档另存为模块　　　　图4-12　"Word 选项"对话框中的"保存"选项

设置自动保存文档的时间间隔：编辑过程中，为确保文档安全，减少因断电、程序不响应等造成无法保存正在编辑的文档，可以设置定时自动保存，Word 将按用户事先设定的时间间隔自动保存文档。勾选"保存自动恢复信息时间间隔"复选框，然后调整需要保存的时间间隔，如 1 分钟。此后每隔 1 分钟 Word 就会把没有保存的内容自动保存。

设置文档默认保存位置：为了文档安全，不要把文档保存在 Windows 默认的文档文件夹中，而应该把文档保存到安装 Windows 系统分区之外的其他分区中。在"默认文件位置"文本框中输入保存路径，或者单击"浏览"按钮，找到默认文件夹。

4.1.6　打开文档

文档以文件形式存放后，使用时要重新打开。打开文档常用以下几种方法。

1. 通过"打开"命令

如果当前在 Word 窗口中，请执行操作：单击"文件"选项卡，选择"打开"命令，弹出"打开"对话框，如图 4-13 所示。在"打开"对话框中选取要打开的文档所在的文件夹、驱动器或其他位置。双击要打开的 Word 文档文件名，则该文档装入编辑窗口。

如果要打开其他类型的文件，先单击"所有 Word 文档"框后面的 ，打开列表框，选择打开文件的类型，然后再打开文档。

如果要以其他方式打开文档，先单击"打开"按钮后面的 ，从列表中选取打开方式，例如，选择"打开并修复"命令，然后再打开文档。

图4-13　"打开"对话框

2. 在 Word 中打开最近使用过的文档

启动 Word 后，在"文件"选项卡下的"最近所用文件"选项卡会列出"最近使用的文档"和"最近的位置"。单击文档名，可直接打开该文档；单击位置名，将打开该位置。列出的文档个数（默认 25 个）可在"Word 选项"对话框中的"高级"中的"显示"项中更改。

3. 在未进入 Word 之前打开文档

还可以通过下列方法之一打开 Word 文档：

- 在"开始"菜单或者任务栏上的 Word 程序文档锁定列表中列出了最近使用过的文档，单击该文档名，将在启动 Word 程序的同时，打开该文档。
- 在"Windows 资源管理器"窗口中，双击要打开的 Word 文档。

4.1.7　输入文本

创建文档后，在编辑区的左上角可以看到不断闪烁的竖线"│"，称之为插入点光标。它标记新输入字符的位置，单击某位置，或移动键盘的光标移动键，可以改变插入点的位置。也可以使用"即点即输"，即将指针移动到要输入的任何位置，然后双击。

1. 输入文字

在编辑区输入文字的操作步骤为：单击 Word 窗口编辑区中需要输入文字的位置（设置插入点）。从输入法工具栏中选取一种中文输入法。输入文章的标题，然后按〈Enter〉键另起一段，使插入点移到下一行。输入正文，插入点会随着文字的输入向后移动。在输入文字时可以按空格键。如果输错了文字，可按〈Backspace〉键删除刚输入的错字，然后输入正确的文字。输入过程中，当文字到达右页边距时，插入点会自动折回到下一行行首。一个自然段输入完成后按一次〈Enter〉键，段尾有一个"↵"符号，代表一个段落的结束。显示如图 4-14 所示。

2. 插入符号

在文档输入过程中，可以通过键盘直接输入常用的符号，也可以使用汉字输入法输入符号。在 Word 中还可以通过下面方法插入符号：单击要插入符号的位置，或者用键盘上的箭头键移动，设置插入点。单击功能区中的"插入"选项卡。在"符号"组中单击"符号"，显示符号列表。如图 4-15 所示，单击需要的符号即可插入。

图 4-14　输入文本

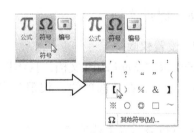

图 4-15　"符号"列表

如果列表中没有要插入的符号，选择"其他符号"，弹出"符号"对话框，如图 4-16 所示。其中列出了某种字体的全部符号，图 4-16 所示的字体是普通文本的符号集列表。从"字体"下拉列表中选取合适的字体，框中将列出该字体包含的符号，单击要插入的符号，单击"插入"按钮，或者双击要插入的符号，则插入的符号出现在插入点上。

在"符号"对话框中单击"特殊字符"选项卡，结果如图4-17所示，可以插入一些特殊字符。

图4-16 "符号"对话框的"符号"选项卡　　图4-17 "符号"对话框的"特殊字符"选项卡

3. 插入当前日期和时间

可以插入计算机当前时钟的日期和时间，日期和时间有标准的格式。插入日期和时间的操作为：单击要插入日期或时间的位置，或者用键盘上的箭头键移动。在"插入"选项卡中，单击"文本"组中的"日期和时间"，如图4-18所示。弹出"日期和时间"对话框，如图4-19所示。在"语言"下拉列表中选定"中文（中国）"或"英语（美国）"，在"可用格式"列表中选择需要的格式。如果选中"自动更新"复选框，插入的日期和时间会在下次打开时自动更新。单击"确定"按钮，则会在插入点插入当前系统的日期和时间。

图4-18 "文本"组中的"日期和时间"　　图4-19 "日期和时间"对话框

4.1.8 保护文档

1. 设置权限

若要保护 Word 2010 文档，具体操作是，在打开的文档中，单击"文件"选项卡。选择"信息"命令，在其选项的"权限"卡中，单击"保护文档"按钮，其下拉菜单如图4-20所示。

此时将显示以下选项。

- 标记为最终状态：文档将变为只读。
- 用密码进行加密：为文档设置密码。单击则弹出"加密文档"对话框，在"密码"文本框中输入密码，然后单击"确定"按钮，弹出"确认密码"对话框，在"重新输入密码"文本框中，重新输入该密码，然后单击"确定"按钮，完成密码设置。
- 限制编辑：控制可对文档进行哪些类型的更改。选择"限制编辑"此选项，将显示3

图 4-20 "保护文档"选项

个选项："格式设置限制""编辑限制"和"启动强制保护"。

- 按人员限制权限：使用 Windows Live ID 限制权限。
- 添加数字签名：添加可见或不可见的数字签名。

2. 修改打开权限和修改权限密码

用正确的打开权限和修改权限密码来打开该文档后，才能修改密码，其操作方法与设置密码相同。

3. 取消权限密码

取消权限密码的操作方法与修改密码基本相同，只是在"加密文档"对话框中，删除密码框中的"●"号，再单击"确定"按钮回到"另存为"对话框，再次"保存"后就可删除密码。

4.2 文档的编辑

编辑文档是文字处理中最基本的操作，包括移动插入点、选定文档、删除、查找等操作。

4.2.1 移动插入点

文档中闪烁的插入点光标"丨"和鼠标指针"Ｉ"具有不同的外观和作用。插入点光标用于指示在文档中输入文字和图形的当前位置，它只能在文档区域移动；如鼠标指针则可以在桌面上任意移动。如移动鼠标指针或者拖动滚动块。且并不改变插入点的位置，只有用鼠标在文档中单击才改变插入点。在文档中移动插入点的方法如下。

1. 用鼠标移动插入点

如果要设置插入点的文档区域没有在窗口中显示，可以先使用滚动条使之显示在当前文档窗口，将"Ｉ"形鼠标指针移动要插入的位置，单击，则闪烁的插入点"丨"出现在此位置。

2. 用键盘移动插入点

可以用键盘上的光标移动键移动插入点。表 4-1 列出了常用的按钮和功能。

表 4-1　插入点移动键及功能

键盘按键	功　能	键盘按键	功　能
〈←〉	左移一个字符或汉字	〈Home〉	放置到当前行的开始
〈←〉	右移一个字符或汉字	〈End〉	放置到当前行的末尾
〈↑〉	上移一行	〈Ctrl + PageUp〉	放置到上页的第一行
〈↓〉	下移一行	〈Ctrl + PageDown〉	放置到下页的第一行
〈PageUp〉	上移一屏幕	〈Ctrl + Home〉	放置到文档的第一行
〈PageDown〉	下移一屏幕	〈Ctrl + End〉	放置到文档的最后一行

选择"编辑"选择→"查找"和"定位"命令，也可以把插入点定位到特定位置。

4.2.2　选定文本

Windows 环境下的程序，其操作都有一个共同规律，即"先选定，后操作"。在 Word 中，则体现在对选定文本、图形等处理对象上。

选定文本内容后，被选中的部分变为突出显示，一旦选定了文本就可以对它进行多种操作，如删除、移动、复制、更改格式操作。

1. 用鼠标选定文本

使用鼠标选择文档正文中的文本的操作见表 4-2。

表 4-2　使用鼠标选择文档正文中的文本

选　择	操　作
任意数量的文本	在要开始选择的位置单击，按住鼠标左键，然后在要选择的文本上拖动鼠标
一个词	在单词中的任何位置双击
一行文本	将指针移到行的左侧，在指针变为右向箭头 ⟋ 后单击
一个句子	按下〈Ctrl〉，然后在句中的任意位置单击
一个段落	在段落中的任意位置连击 3 次
多个段落	将指针移动到第一段的左侧，在指针变为右向箭头 ⟋ 后，按住鼠标左键，同时向上或向下拖动鼠标
较大的文本块	单击要选择的内容的起始处，滚动到要选择的内容的结尾处，然后按下〈Shift〉，同时在要结束选择的位置单击
整篇文档	将指针移动到任意文本的左侧，在指针变为右向箭头 ⟋ 后连击 3 次
页眉和页脚	在页面视图中，双击灰色显示的页眉或页脚文本。将指针移到页眉或页脚的左侧，在指针变为右向箭头 ⟋ 后单击
脚注和尾注	单击脚注或尾注文本，将指针移到文本的左侧，在指针变为右向箭头 ⟋ 后单击
垂直文本块	按下〈Alt〉键，同时在文本上拖动鼠标
文本框或图文框	在图文框或文本框的边框上移动指针，在指针变为四向箭头 ✛ 后单击

2. 用键盘选定文本

在用键盘选定文本前，要先设置插入点，然后使用表 4-3 中的组合键操作。

表 4-3 用键盘选定文档正文中的文本

选　择	操　作
右侧的一个字符	按〈Shift + →〉键
左侧的一个字符	按〈Shift + ←〉键
一个单词（从开头到结尾）	将插入点放在单词开头，再按〈Ctrl + Shift + →〉键
一个单词（从结尾到开头）	将指针移动到单词结尾，再按〈Ctrl + Shift + ←〉键
一行（从开头到结尾）	按〈Home〉键，然后按〈Shift + End〉键
一行（从结尾到开头）	按〈End〉键，然后按〈Shift + Home〉键
下一行	按〈End〉键，然后按〈Shift + ↓〉键
上一行	按〈Home〉键，然后按〈Shift + ↑〉键
一段（从开头到结尾）	将指针移动到段落开头，再按〈Ctrl + Shift + ↓〉键
一段（从结尾到开头）	将指针移动到段落结尾，再按〈Ctrl + Shift + ↑〉键
一个文档（从结尾到开头）	将指针移动到文档结尾，再按〈Ctrl + Shift + Home〉键
一个文档（从开头到结尾）	将指针移动到文档开头，再按〈Ctrl + Shift + End〉键
从窗口的开头到结尾	将指针移动到窗口开头，再按〈Alt + Ctrl + Shift + PageDown〉键
整篇文档	按〈Ctrl + A〉键

4.2.3　插入文本

在插入文本前，首先要确认当前处于插入状态，此时 Word 状态栏中显示为"插入"。把插入点放置到插入字符的位置，输入文字，其右侧的字符逐一向右移动。

如果要在某个文字后另起一段落，先把插入点放置到该处，按〈Enter〉键，则后面的内容为下一段落。如果要把两个连续的段落合为一个段落，把插入点放置到第一个段落的最后一个字符后，按〈Delete〉键，则后面的段落连接到前一个段落后，成为一个段落。

如果状态栏中显示为"改写"，表示处于改写状态。在改写状态输入文字，新输入的文字将覆盖掉已有文字。所以，一般都在插入状态下工作。

4.2.4　设置格式标记

在编辑过程中，如果想检查在每段结束时是否按了〈Enter〉键，是否按了空格键，或在输入编辑过程中是否按规定格式进行了排版，这时就要在文档中设置显示控制字符标记。

1. 设置显示或隐藏编辑标记

单击"文件"选项卡中的"选项"，弹出"Word 选项"对话框，在左侧窗格中单击"显示"。默认始终显示"制表符"、"空格"和"段落标记"。为了显示所有格式，最好在右侧窗格中选中"显示所有格式标记"复选框，如图 4-21 所示。

2. 显示或隐藏格式标记

在"开始"选项卡上的"段落"组中，单击"显示/隐藏编辑标记"按钮，如图 4-22 所示。注意，如果在"Word 选项"对话框选择了一些始终显示的标记（例如段落标记、空格、制表符），则"显示/隐藏编辑标记"按钮不会隐藏这些始终显示的格式标记。

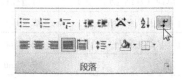

图4-21 "Word 选项"对话框中的"显示"选项　　图4-22 "显示/隐藏编辑标记"按钮

4.2.5 删除文本

删除文本内容，常用下面两种方法。

1. 删除单个文字或字符

把插入点设在要删除文本之前或之后，按〈Delete〉键将删除当前光标之后的一个字，按〈Backspace〉键将删除光标之前的一个字。

2. 删除文本块

选定要删除的文本，然后按〈Delete〉或〈Backspace〉键。也可以单击"开始"选项卡中"剪贴板"组上的"剪切"按钮 剪切 。

4.2.6 撤销与恢复

在编辑文档的过程中，如果删除错误，可以使用撤销与恢复操作。Word 支持多级撤销和多级恢复。

1. 撤销

操作过程中，如果对先前所做的工作不满意，可用下面方法之一撤销操作，恢复到原来的状态。

- 单击快速工具栏上的"撤销"按钮 （或按〈Ctrl + Z〉），可取消对文档的最后一次操作。
- 多次单击"撤销"按钮 （或按 Ctrl + Z），依次从后向前取消多次操作。
- 单击"撤销"按钮 右边的下箭头，打开可撤销操作的列表，可选择其中某次操作，一次性恢复此操作后的所有操作。撤销某操作的同时，也撤销了列表中所有位于它上面的操作。

2. 恢复

在撤销某操作后，如果想恢复被撤销的操作，可单击快速工具栏上的"恢复"按钮 。如果不能重复上一项操作，该按钮将变为灰色的"无法恢复"。

4.2.7 移动文本

移动文本内容最常用的是拖动法和粘贴法。

1. 拖动法

如果移动文本的距离较近，可采用鼠标拖动的方法：选定要移动的文本，将选定内容拖至新位置。

2. 粘贴法

利用剪贴板移动文本：选定要移动的文本。单击"开始"选项卡中"剪贴板"组上的"剪切"按钮 ✗剪切 （或按〈Ctrl + X〉）。这时选定文本已被剪切掉，保存到剪贴板中。

切换到目标位置，可以是当前文档，也可以是另外一个文档。单击插入点位置，单击"开始"选项卡中"剪贴板"组上的"粘贴"按钮 📋 （或〈Ctrl + V〉），这时刚才剪切掉的文本连同原有的格式一起显示在目标位置。

如果只想复制文本而不复制文本的格式按钮（例如，从网页中复制文本），单击"开始"选项卡中"剪贴板"组上的"粘贴"按钮 ▼，从列表中选择"只保留文本" Ａ。更多选项可选择"选择性粘贴"，在弹出的"选择性粘贴"对话框中选择需要的形式。

4.2.8　复制文本

复制文本内容常用下面 3 种方法。

1. 拖动法

选定要复制的文本，按住〈Ctrl〉键，将选定文本拖至新位置。

2. 粘贴法

用粘贴法复制文本的操作步骤为：选定要复制的文本，单击"开始"选项卡中"剪贴板"组上的"复制"按钮 📋复制 （或按〈Ctrl + C〉键）。

切换到目标位置，单击插入点位置。单击"开始"选项卡中"剪贴板"组上的"粘贴"按钮 📋 （或按〈Ctrl + V〉键），这时文本内容被复制在目标位置。

3. Office 剪贴板

Office 剪贴板允许从 Office 文档或其他程序复制多个文本和图形项目，并将其粘贴到另一个 Office 文档中。在 Office 中，每使用一次"剪切"或"复制"命令，在"剪贴板"任务窗格中将显示一个包含代表源程序的图标，Office 剪贴板可容纳 24 次剪切或复制的内容。

显示 Office"剪贴板"任务窗格的操作方法为：在"开始"选项卡的"剪贴板"组中，单击对话框启动器 ▫，如图 4-23 所示。将在窗口左侧显示 Office"剪贴板"任务窗格，如图 4-24 所示。

图 4-23　"剪贴板"组　　　　图 4-24　"剪贴板"任务窗格

从"剪贴板"任务窗格中粘贴需要内容的操作方法为：先单击插入点，然后在"剪贴板"任务窗格中单击要粘贴的项目，如图 4-24 所示。

如果不从"剪贴板"任务窗格中选择，而是直接单击"剪贴板"组上的"粘贴"按钮 📋 （或按〈Ctrl + V〉键），则只粘贴最后一次放入剪贴板中的内容。

如果要关闭"剪贴板"任务窗格，单击"剪贴板"任务窗格右上角的"关闭"按钮✖。

4.2.9　在粘贴文本时控制其格式

在剪切或复制文本并将其粘贴到文档中时，有时需要保留其原始格式，有时需要采用粘贴位置周围的文本所用的格式。例如，如果要将网页中的一段文本插入到的文档中，用户可能希望复制的文本与目标文档中其他文本的格式相同。

在 Word 中，每次粘贴文本时都可以选择上述选项中的任何一个。如果经常使用其中的某个选项，可以将其设置为粘贴文本时的默认选项。

1. 使用"粘贴选项"

选择要移动或复制的文本，然后按〈Ctrl + X〉剪切该文本，或按〈Ctrl + C〉复制该文本。

在要粘贴文本的位置单击，然后按〈Ctrl + V〉。在粘贴文本的右下方出现"粘贴选项"图标（Ctrl）▾，单击按钮（Ctrl）▾或按〈Ctrl〉键，打开其列表，显示如图4-25所示。执行下列操作之一：

- 如果要保留粘贴文本的格式，单击"保留源格式"按钮。
- 如果要与插入粘贴文本附近文本的格式合并，单击"合并格式"按钮。
- 如果要删除粘贴文本的所有原始格式，单击"只保留文本"按钮。如果所选内容包括非文本的内容，"只保留文本"选项将放弃此内容或将其转换为文本。例如，如果在粘贴包含图片和表格的内容时，使用"仅保留文本"选项，将忽略粘贴内容中的图片，并将表格转换为一系列段落。如果所选内容包括项目符号列表或编号列表，"仅保留文本"选项可能会放弃项目符号或编号，这取决于 Word 中粘贴文本的默认设置。

2. 设置默认粘贴选项

如果要设置默认粘贴选项，在"粘贴选项"列表中选择"设置默认粘贴"命令，则弹出"Word 选项"对话框，显示"高级"选项，如图4-26所示。在"剪切、复制和粘贴"下设置默认选项。

图4-25　"粘贴选项"列表　　　　图4-26　"Word 选项"对话框的"高级"选项

3. 粘贴文本后看不到"粘贴选项"按钮

如果在粘贴文本后没有看到"粘贴选项"按钮，可在"Word 选项"中设置显示该按钮。单击"文件"选项卡，选择"选项"命令，弹出"Word 选项"对话框。单击"高级"，然后向下滚动至"剪切、复制和粘贴"部分。选中"粘贴内容时显示粘贴选项按钮"复选框，如图4-26所示。单击"确定"按钮。

4.2.10 查找和替换

Word 2010 不仅可以查找文字，还可以查找格式文本和特殊字符。

1. 查找文本

在"开始"选项卡上，在"编辑"组中，单击"查找"按钮 ，如图4-27所示。弹出"导航"任务窗格，如图4-28所示。在"搜索文档"文本框内输入要查找的文本，例如"计算机"。

图4-27　"编辑"组　　　　　图4-28　"导航"任务窗格

在 Word 2010 中，可以使用渐进式搜索功能查找内容，因此无需确切地知道要搜索的内容即可找到。每输入一个字或词，"导航"窗格中的内容区中都会渐进显示搜索到的段落并加重显示搜索内容。在"导航"任务窗格中单击搜索到的段落，在文档编辑区中将同步跳转到该段落，搜索的字、词也加重显示。如图4-29所示。

如果暂时不使用"导航"任务窗格，可单击任务窗格的"关闭"按钮 ✕ 将其关闭。

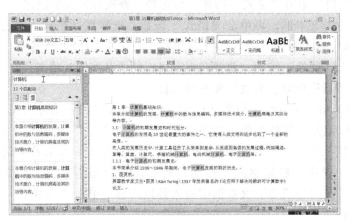

图4-29　导航找到的内容

2. 查找和替换文本

Word 可以自动将某个词语替换为其他词语，替换文本将使用与所替换文本相同的格式。如果对替换结果不满意，可以单击"撤销"按钮恢复原来的内容。替换文本的操作为：在"开始"选项卡上的"编辑"组中，单击"替换"按钮，弹出"查找和替换"对话框，默认为"替换"选项卡，如图4-30所示。在"查找内容"文本框中输入要搜索的文本，例如"电脑"。在"替换为"文本框中输入替换文本，例如"计算机"。

执行下列操作之一：

● 要查找文本的下一次出现位置，单击"查找下一处"按钮。

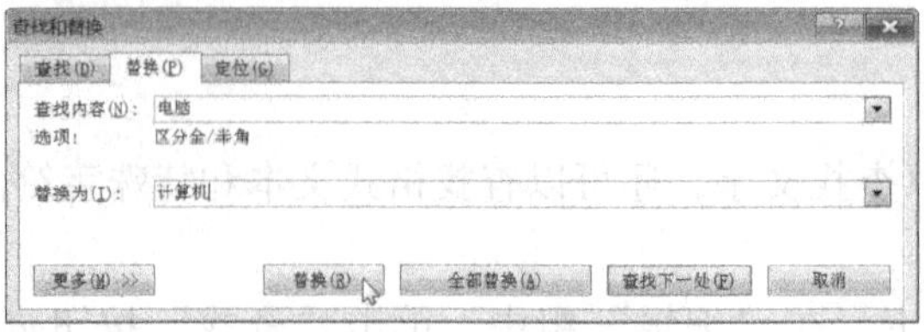

图4-30 "查找和替换"对话框的"替换"选项卡

- 要替换文本的某一个出现位置，单击"替换"按钮。单击"此按钮"后，插入点将移至该文本的下一个出现位置。
- 要替换文本的所有出现位置，单击"全部替换"按钮。

要取消正在进行的替换，按〈Esc〉键。

利用替换功能还可以删除找到的文本，方法是：在"替换为"文本框中不输入任何内容，替换时会以空字符代替找到的文本，则等于做了删除操作。

3. 查找和替换特定格式

Word可以搜索、替换或删除字符格式。例如，可以搜索特定的单词或短语并更改字体颜色，或搜索特定的格式（如加粗）并进行更改。在"开始"选项卡上的"编辑"组中，单击"替换"按钮。显示"查找和替换"对话框的"替换"选项卡。单击"更多"按钮，可看到格式要求。

要搜索带有特定格式的文本，可在"查找内容"文本框中输入文本。若仅查找格式，则此文本框保留空白。单击"格式"按钮，再选择要查找和替换的格式。

单击"替换为"文本框，再单击"格式"按钮，选择替换格式。若还要替换文本，在"替换为"文本框中输入替换文本。要查找和替换特定格式的每个实例，单击"查找下一处"按钮，再单击"替换"按钮。要替换指定格式的所有实例，单击"全部替换"按钮。

4. 查找和替换段落标记、分页符和其他项目

Word可以搜索和替换特殊字符和文档元素（如制表符和手动分页符）。例如，可以查找所有双线段落标记并将其替换为单线段落标记。在"开始"选项卡上的"编辑"组中，单击"替换"按钮。单击"查找"或"查找和替换"选项卡。如果看不到"特殊格式"按钮，单击"更多"单击"特殊格式"按钮，然后选择所需的项目。若要替换，单击"替换"选项卡，然后在"替换为"文本框中输入替换内容。单击"查找下一处"、"替换"或"全部替换"按钮。

5. 使用通配符查找和替换文本

可以使用通配符搜索文本，例如，"?"代表任意单个字符，"＊"代表任意多个字符。在"开始"选项卡上的"编辑"组中，单击"替换"按钮，弹出"查找和替换"对话框，选中"使用通配符"复选框（如果看不到"使用通配符"复选框，单击"更多"按钮）。执行下列操作之一：

- 要从列表中选择通配符，单击"特殊格式"按钮，再选择需要的通配符，然后在"查找内容"文本框中输入其他文本。
- 在"查找内容"文本框中直接输入通配符字符。

若要替换项目，单击"替换"选项卡，然后在"替换为"文本框中输入要替换的内容。

单击"查找下一个""查找全部""替换"或"全部替换"按钮。

6. 定位

在"开始"选项卡上的"编辑"组中，单击"查找"旁边的箭头 ，然后选择"转到"命令，显示"查找和替换"对话框的"定位"选项卡。在"输入页号"文本框中输入页号，然后单击"定位"按钮，确定位置。

4.3 设置字符格式

输入文档后，还要对文档进行格式设置，格式包括字符格式、段落格式等，目的是使其美观和便于阅读。Word 提供了"所见即所得"的显示效果。

字符格式包括字符的字形、字号、颜色、字型（如粗体、斜体、下画线）等。默认字号是五号字，中文字体是宋体，西文是 Times New Roman。用户可以根据需要重新设置文本的字体。

设置字符格式的方法有两种：一种是在未输入字符前设置，其后输入的字符将按设置的格式一直显示下去；二是先选定文本块，然后再设置，它只对该文本块起作用。

4.3.1 设置字体

简体中文 Windows 中安装的字体有常用的各种英文字体、中文字体（宋体、隶书等）和其他字体等，同时，还可以安装其他中英文字体。用户可从"字体"栏或"控制面板"中的"字体"中查看已经安装的字体。可以用下面三种方法设置字体格式。

1. 使用浮动工具栏设置

选定要更改的文本后，浮动工具栏会自动出现，然后将指针移到浮动工具栏上，如图4-31所示。当选中文本并右击时，它还会与快捷菜单一起出现。

- 单击"字体"框 右端的箭头 ，从字体列表中选择所需字体的名称（如"黑体"）。
- 单击"字号"框 右端的箭头 ，从字号列表中选择所需字号（如"三号"）。
- 单击"字体颜色" 框右端的箭头 ，从颜色列表中选择所需颜色。
- 单击"加粗" 、"倾斜" 等按钮，为选定的文字设置粗体、斜体等。这些按钮允许联合使用，当粗体和斜体同时按下时是粗斜体。

2. 使用"开始"选项卡上的"字体"组设置

选定要更改的文本后，单击"开始"选项卡上的"字体"组中的相应按钮，如图4-32所示。

图4-31 文本的浮动工具栏　　　　图4-32 "开始"选项卡上的"字体"组

3. 使用"字体"对话框设置

选定要更改的文本，单击"开始"选项卡上的"字体"组右下角的对话框启动器按钮，弹出"字体"对话框，如图4-33所示。在"字体"对话框中可以对字符进行详细设置，包括字体、字型、字号、效果等。设置后的字体如图4-34所示。

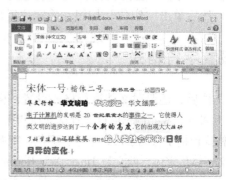

图4-33 "字体"对话框　　　　　　　图4-34 字体格式实例

4. 设置默认字体

设置默认字体可以确保打开的每个新文档都会使用选定的字体设置并将其作为默认字体。在"开始"选项卡上，单击"字体"组中的对话框启动器，显示"字体"对话框的"字体"选项卡，选择要应用于默认字体的选项，例如，字体、字形、字号、效果等。单击"设为默认值"按钮，然后在弹出的对话框中单击"是"按钮。

5. 清除格式

选定要清除格式的文本，单击"开始"选项卡上的"字体"组中的"清除格式"按钮，将清除所选内容的所有格式。

4.3.2 设置超链接、首字下沉格式

1. 设置超链接

Word中的超链接，可以链接到文件、网页、电子邮件地址。链接到地址的操作为：选中要链接的文字内容，例如"新浪网"，如图4-35所示左图。单击"插入"选项卡上的"链接"组中的"超链接"按钮，弹出"插入超链接"对话框。在"地址"文本框中输入或者粘贴地址，单击"确定"按钮。则超链接文字被自动加上下画线并以默认蓝色显示。将鼠标指向超链接文字时，将出现提示文字。按下〈Ctrl〉键并单击则浏览器将自动链接到该地址。

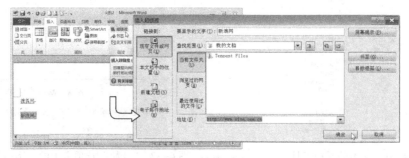

图4-35 链接到地址

2. 设置首字下沉格式

首字下沉就是加大的大写首字母，可用于文档或章节的开头，也可为新闻稿或请柬增添趣味。操作方法为：单击要以首字下沉开头的段落，在"插入"选项卡上的"文本"组中，单击"首字下沉"按钮，如图4-36所示。

图4-36　设置首字下沉

如果要取消首字下沉，只需在"首字下沉"列表中选择"无"选项即可。

4.4　设置段落格式

段落是文本、图片及其他对象的集合，每个段落结尾跟一个段落标记"↵"，每个段落都有自己的格式。设置段落格式是对某一段落设置格式，段落格式包括段落的对齐方式、行距、间距等。

4.4.1　设置段落的水平对齐方式

水平对齐方式确定段落边缘的外观和方向，包括两段对齐（表示文本沿左边距和右边距均匀地对齐，是默认的对其方式）、左对齐文本、右对齐文本、居中文本等。用户可以对不同的段落设置不同的对齐方式，如标题使用居中对齐，正文使用两端对齐或右对齐等。

1. 改变已有段落的对齐方式

单击需要对齐的段落，把插入点置于该段落中。在"开始"选项卡上的"段落"组中，如图4-37所示，单击"文本左对齐"▤、"居中"▤、"文本右对齐"▤、"两端对齐"按钮▤或"分散对齐"按钮▤。

2. 改变单行文本内的对齐方式

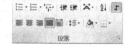

切换到页面视图或Web版式视图。按〈Enter〉键插入新行，然后执行以下操作之一：

图4-37　"开始"选项卡上的"段落"组

- 插入左对齐文本：将 I 型指针移动到左边距，直到看到指针变为"左对齐"图标 I▤。双击，然后输入的文本。
- 插入居中对齐文本：移动 I 型指针，直到看到指针变为"居中"图标 ▤。双击，然后输入的文本。
- 插入右对齐文本：移动 I 型指针，直到看到指针变为"右对齐"图标 ▤I。双击，然后输入文本。

3. 设置文字方向

可以更改页面中段落、文本框、图形、标注或表格单元格中的文字方向，以使文字可以垂直或水平显示，操作方法为：选定要更改文字方向的文字，或者单击包含要更改的文字的图形对象或表格单元格。在"页面布置"选项卡的"页面设置"组中，单击"文字方向"按钮，如图4-38所示。从列表中选择需要的文字方向。

图4-38　设置文字方向

4.4.2　设置段落缩进

就像在稿纸上写文稿一样，文本的输入范围是整个稿纸除去页边距以后的版心部分。但有时为了美观，文本还要再向内缩进一段距离，这就是段落缩进，如图4-39所示。缩进决定了段落到左、右页边距的距离。

在页边距内，可以增加或减少一个段落或一组段落的缩进。可以创建反向缩进（凸出），使段落超出左边的页边距。还可以创建悬挂缩进，即段落中的首行文本不缩进，但下面的行缩进。段落缩进类型有"首行缩进"、"悬挂缩进""反向缩进"3种，如图4-40所示。

图4-39　页边距与段落缩进示意　　　　　图4-40　段落缩进的3种类型

1. 只缩进段落的首行（首行缩进）

单击要缩进的段落，在"开始"选项卡上，单击"段落"组中的对话框启动器。显示"段落"对话框的"缩进和间距"选项卡，如图4-41所示。对于中文段落，最常用的段落缩进是首行缩进2字符。在"缩进"下的"特殊格式"列表中，选择"首行缩进"选项，然后在"磅值"微调框中设置首行的缩进间距量，如输入"2字符"。

该段落以及后续输入的所有段落的首行都将缩进。但是选定段落之前的段落必须使用相同的步骤手动设置缩进。

2. 缩进段落首行以外的所有行（悬挂缩进）

（1）使用水平标尺设置悬挂缩进

若要缩进某段落中首行以外的所有其他行（悬挂缩进），单击该段落。在水平标尺上，将"悬挂缩进"标记拖动到希望缩进开始的位置。水平标尺上各部分的含义如图4-42所示。如果看不到文档顶部的水平标尺，单击垂直滚动条顶部的"标尺"按钮。

图4-41　"段落"对话框的
"缩进和间距"选项卡

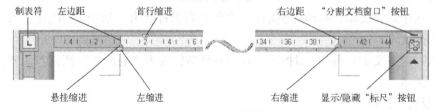

图4-42　水平标尺

（2）使用精确度量设置悬挂缩进

若要在设置悬挂缩进时更加精确，选择"缩进和间距"选项卡上的选项。单击要缩进的段落，在"页面布局"选项卡上，单击"段落"组中的对话框启动器，如图 4-43 所示。显示"段落"对话框的"缩进和间距"选项卡。在"缩进"下的"特殊格式"列表中，选择"悬挂缩进"选项，然后在"磅值"微调框中设置悬挂缩进所需的间距量。

3. 创建反向缩进

单击要延伸到左边距中的文本或段落。在"页面布局"选项卡上的"段落"组中，单击"缩进"下"左"微调框中的向下箭头 。继续单击向下箭头，直到选定的文本达到其在左页边距中的目标位置。

图 4-43 "页面布局"选项卡上的"段落"组

4. 增加或减少整个段落的左缩进量或右缩进量

单击要更改的段落。在"页面布局"选项卡上的"段落"组中，单击"缩进"下"左"微调框后的箭头 可增加或减少段落的左缩进量，或单击"右"微调框后的箭头 可增加或减少段落的右缩进量。

5. 使用〈Tab〉键设置缩进

单击"文件"选项卡，然后单击"选项"，显示"Word 选项"对话框。单击"校对"。在"自动更正设置"下，单击"自动更正选项"按钮。显示"自动更正"对话框，然后单击"键入时自动套用格式"选项卡。选中"用 Tab 和 Backspace 键设置左缩进和首行缩进"复选框。若要缩进段落的首行，则在首行前单击。若要缩进整个段落，则在首行以外的其他任何行前单击。按〈Tab〉键。

要删除缩进，在移动插入点之前按〈Backspace〉键。还可以单击快速访问工具栏上的"撤销"按钮。

4.4.3　调整行距或段落间距

行距决定段落中各行之间的垂直距离。段落间距决定段落上方和下方的距离。默认情况下，各行之间是单倍行距，每个段落前、后的间距为 0 行。

1. 更改行距

行距是从一行文字的底部到下一行文字底部的间距。Word 会自动调整行距以容纳该行中最大的字体和最高的图形。如果某行包含大字符、图形或公式，Word 将自动增加该行的行距。

要均匀分布段落中的各行，应指定足够大的间距以适应所在行中的最大字符或图形。如果出现项目显示不完整的情况，则应增加间距。

单击要更改行距的段落。在"开始"选项卡上的"段落"组中，单击"行距和段落间距"按钮 ，打开列表，如图 4-44 所示。执行下列操作之一：

图 4-44　行和段落间距

- 要应用新的设置，单击所需行距对应的数字。例如，如果单击"2.0"，所选段落将采用双倍行距。
- 要设置更精确的行距，在列表中选择"行距选项"选项，显示"段落"对话框的"缩进和间距"选项卡，在"行距"下设置所需的选项和值。

在"缩进和间距"选项卡中，"行距"下拉列表中有下列选项：

- 单倍行距：将行距设置为该行最大字体的高度加上一小段额外间距。额外间距的大小取决于所用的字体。
- 1.5 倍行距：将行距设置为单倍行距的 1.5 倍。
- 2 倍行距：将行距设置为单倍行距的两倍。
- 最小值：设置适应行上最大字体或图形所需的最小行距。
- 固定值：设置固定行距且 Word 不能自动调整行距。
- 多倍行距：设置按指定的百分比增大或减小行距。例如，将行距设置为 1.2 就会在单倍行距的基础上增加 20%。

2. 更改段前或段后的间距

段前间距是一个段落的首行与上一段落的末行之间的距离。段后间距是一个段落的末行与下一段落的首行之间的距离。

单击要更改段前或段后间距的段落。在"页面布局"选项卡上的"段落"组中，在"间距"选项组中单击"段前"微调框 或"段后距"微调框 的箭头，或者直接输入所需的间距。

4.4.4 添加项目符号列表或编号列表

用户可以快速给现有文本行添加项目符号或编号，Word 可以在输入文本时自动创建列表。

1. 自动创建单级项目符号或编号列表

默认情况下，如果段落以星号"＊"或数字"1."开始，Word 会认为开始项目符号或编号列表。按〈Enter〉键后，下一段前将自动加上项目符号或编号。

输入"＊"（星号）开始项目符号列表，或键入"1."开始编号列表，然后按空格键或〈Tab〉键。输入所需的文本，按后按〈Enter〉键。Word 会自动插入下一个项目符号或编号。添加下一个列表项。要完成列表，按两次〈Enter〉键，或按〈Backspace〉键删除列表中的最后一个项目符号或编号。

由于自动项目符号和编号不容易控制，一般不建议 Word 自动创建。如果不想将文本转换为列表，可以单击出现的"自动更正选项"按钮 ，从列表中选择"撤销自动编号"或"停止自动创建编号列表"选项，如图 4-45 所示。

图 4-45　取消自动编号

建议取消本功能，在如图 4-45 所示的列表中选择"控制自动套用格式选项"，或者，单击"文件"选项卡，单击"选项"。在弹出的"Word 选项"对话框左侧窗格中单击"校对"，在右侧单击"自动更正选项"按钮，弹出"自动更正"对话框，在"键入时自动套用格式"选项卡中，取消"自动项目符号列表"和"自动编号列表"复选框的选择。

2. 在列表中添加项目符号或编号

选择要向其添加项目符号或编号的一个或多个段落。在"开始"选项卡上的"段落"组中，单击"项目符号"按钮 或"编号"按钮 。

单击"项目符号"按钮 ≣ 或"编号"按钮 ≣ 后面的箭头，有多种项目符号样式和编号格式。

可以左移或右移整个列表。单击列表中的项目符号或编号，然后将它拖到新位置。整个列表将在拖动时相应移动。编号级别不会更改。

3. 选择多级列表样式

用户可以给任何多级列表应用样式。单击列表中的项。在"开始"选项卡上的"段落"组中，单击"多级列表"按钮 ≣ 后面的箭头。单击所需的多级列表样式。

4. 将单级列表转换为多级列表

通过更改列表项的分层级别，可将现有列表转换为列表库中多级列表。选择要移到其他级别的任何项目，在"开始"选项卡上的"段落"组中，单击"项目符号"按钮 ≣· 或"编号"按钮 ≣· 后面的箭头，从下拉列表中选择"更改列表级别"选项，选择所需的级别则改变级别。

5. 取消项目符号或编号

单击或者选中多行列表中的项。在"开始"选项卡上的"段落"组中，单击"项目符号"按钮 ≣ 或"编号"按钮 ≣。或者单击后面的箭头，在"编号库"中选择"无"选项。或者在"开始"选项卡上的"字体"组中，单击"清除格式"按钮 ⬧。

4.4.5 设置制表位

按〈Tab〉键后，插入点移动到的位置称为制表位。采用制表位可以按列对齐各行。

1. 使用水平标尺设置制表位

制表位是水平标尺上的位置，指定文字缩进的距离或一栏文字开始之处。默认状态下，每两个字符有一个制表位。设置制表位的方法为：单击水平标尺最左端的方形按钮 ⌐，如图 4-42 所示，直到它更改为所需制表符类型：└ （左对齐）、┘ （右对齐）、⊥ （居中对齐）、⊥ （小数点对齐）或 | （竖线对齐）。在水平标尺的下边框上单击要插入制表位的位置，刚才选定的制表位符号将出现在该处。一行可设置多个制表位。

若需要多行相同的制表位，按〈Enter〉键，设置的制表位将被应用到新行。按〈Tab〉键，直到光标移到该制表位处，这时输入的新文本在此对齐。用制表位设置对齐的示例，如图 4-46 所示。

图 4-46　使用制表位设置文本对齐示例

如果看不到位于文档顶端的水平标尺，单击垂直滚动条顶端的"标尺"按钮 ▦。

2. 关于使用水平标尺设置制表位

- 默认情况下，打开新空白文档时标尺上没有制表位。
- 设置竖线对齐式制表位时，在设置制表位的位置出现一条竖线（无需按〈Tab〉键）。竖线对齐式制表符与删除线格式相似，但它在竖线对齐式制表位处纵向贯穿段落。像其他类型的制表符一样，在输入段落文本之前或之后都可以设置竖线对齐式制表位。

- 可以通过将制表位拖离标尺（向上或向下）来将其删除。释放鼠标按钮时，该制表位消失。
- 也可在标尺上向左或向右拖动现有的制表位以将其拖到其他位置。
- 当选择多个段落时，标尺上只显示第一个段落的制表符。
- 制表符选择器上的最后两个选项▣、▣是用于缩进的。单击▣或▣，然后单击标尺下边框来定位缩进（不是拖动滑动缩进游标来定位缩进）。单击"行缩进"按钮▣，然后在要开始段落的第一行的位置单击水平标尺上半部分。单击"挂缩进"按钮▣，然后在要开始段落的第二行和后续行的位置单击水平标尺的下半部分。

3. 更改默认制表位的间距

如果设置手动制表位，在标尺上设置的手动制表位会替代默认的制表位。

1）在"页面布局"选项卡上，单击"段落"组中的对话框启动器▣，弹出"段落"对话框。

2）在"缩进和间距"选项卡中，单击"制表位"按钮，弹出"制表位"对话框。

3）在"默认制表位"微调框中输入所需的默认制表位间距大小（单位是字符）。如果该行已经有制表位，则显示已有的制表位，如图4-47所示。

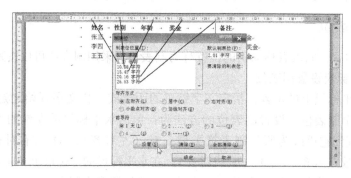

图4-47　设置默认制表位

4）在"对齐方式"选项组中选择一种对齐方式。在"前导符"选项组中选择一种前导符。

5）单击"设置"按钮，选定的制表位出现在"制表位位置"下的列表框中。

如果要删除某个制表位，先在"制表位位置"下的列表框中选定要清除的制表位，单击"清除"按钮。

6）重复3）~5），设置多个制表位。

7）单击"确定"按钮，结束设置。

4.4.6 更改文本间距

用户可以更改所选文本或一些特定字符的文本字符的间距。此外，还可以根据需要拉伸或压缩整个段落的文本。

1. 更改字符的间距（字距）

选择"加宽"或"紧缩"则会按照相同的量更改选择的所有文字之间的间距。字距调整会更改两个特定文字的间距。选择要更改的文本。在"开始"选项卡上，单击"字体"组

中的对话框启动器 ，弹出"字体"对话框，然后单击"高级"选项卡，如图4-48所示。在"间距"下拉列表框中选择"加宽"或"紧缩"选项，然后在"磅值"微调框中指定所需的间距。

如果要对大于特定磅值的字符调整字距，选中"为字体调整字间距"复选框，然后在"磅或更大"微调框中输入磅值。

2. 水平拉伸或缩放文本

在缩放文本时，字符的形状会按百分比更改。可以通过拉伸或压缩文本对其进行缩放。选择要拉伸或压缩的文本。在"开始"选项卡上，单击"字体"组中的对话框启动器 ，弹出"字体"对话框，单击"高级"选项卡。在"缩放"下拉列

图4-48 "字符间距"选项卡

表框中输入所需的百分比。大于100%的百分比将拉伸文本。小于100%的百分比将压缩文本。

4.4.7 向文字或段落应用底纹或边框

1. 向文字或段落应用（或更改）底纹

选中要应用或更改底纹的文字或段落。在"开始"选项卡上的"段落"组中，单击"底纹"旁边的箭头 ，显示下拉列表如图4-49所示。在"主题颜色"选项下，选择要用来为选定内容添加底纹的颜色（默认为无颜色）。

如果要使用主题颜色以外的特定颜色，可选择"标准色"下的一种颜色或者选择"其他颜色"选项以便查找所需的确切颜色。更改文档的主题颜色时，标准颜色不会更改。

2. 向文字或段落应用（或更改）边框

选中要应用（或更改）边框的文字或段落。在"开始"选项卡上的"段落"组中，单击"下画线"旁边的箭头 。从下拉列表中单击需要的框线类型。或者选择"边框和底纹"选项，弹出"边框和底纹"对话框，单击"边框"选项卡，如图4-50所示。

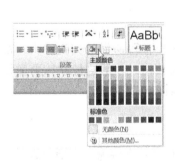

图4-49 "底纹"列表　　　　图4-50 "边框和底纹"对话框的"边框"选项卡

在"设置"选项组选择一个边框类型（如"方框"、"阴影"或"三维"），在"样式"列表框中选择一种线型，在"颜色"下拉列表框中选择一种边框颜色，在"宽度"下拉列表框中选择线条的粗细磅值，在"应用于"下拉列表框中选择"文字"或"段落"选项。

在"预览"区，单击图示中的边框或使用按钮可以设置上下左右边框是否应用刚才的设置，如图 4-50 所示。

3. 用"边框和底纹"对话框设置底纹

选中要应用（或更改）底纹的文字或段落。在"开始"选项卡上的"段落"组中，单击"边框或底纹" ，或者"下画线"后面的箭头 。从下拉列表中选择"边框和底纹"选项，弹出"边框和底纹"对话框，单击"底纹"选项卡，如图 4-51 所示。

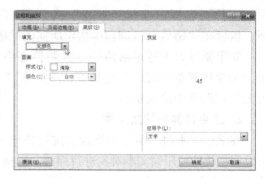

图 4-51 "边框和底纹"对话框的"底纹"选项卡

在"填充"下拉列表框中选择一种颜色，在"图案"选项组中选择"样式"和"颜色"，在"应用于"下拉列表框中选择是应用于"文字"还是应用于"段落"。单击"确定"按钮完成设置。

4.4.8 用格式刷复制格式

单击"开始"选项卡上的"格式刷"按钮 ，可以把已有格式复制到其他文本格式和一些基本图形格式，如边框和填充。使用"格式刷"复制格式非常简便，是最常用的工具之一。

选择要复制格式的文本或图形。如果要复制文本格式，选择段落的一部分。如果要复制文本和段落格式，选择整个段落，包括段落标记。在"开始"选项卡上的"剪贴板"组中，单击"格式刷"按钮 ，如图 4-52 所示。指针变为刷子形状 。如果想更改文档中的多个选定内容的格式，双击"格式刷"按钮。选择要设置格式的文本或图形。

图 4-52 添加底纹

要停止设置格式，按〈Esc〉键或再次单击"格式刷"按钮 。

对于图形来说，"格式刷"可以复制图形对象（如自选图形）。也可以从图片中复制格式（如图片的边框）。

4.5 设置页面

在 Word 中创建的内容都以页为单位显示或打开到页上。前面所做的文档编辑，都是在默认的页面设置下进行的，即套用 Normal 模板中设置的页面格式。但这种默认页面设置在多数情况下并不符合用户要求，因此需要用户根据自己的需要对其调整。

4.5.1 页面设置

页面设置可在新建文档后，输入内容前设置。也可以在文档内容输入完毕后进行设置。Word 的页面分为文档区域和页边距区域，页面各部分的名称如图 4-53 所示。

1. 选择纸张大小

在实际工作时，与我们用笔在纸上写字一样，首先要选择纸张大小和页面方向。在"页面布局"选项卡上的"页面设置"组中，单击"纸张大小"按钮，如图 4-54 所示。从

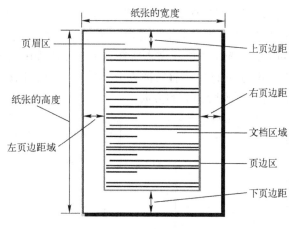

图 4-53　页面各部分的名称

下拉列表中选择需要的纸张大小（默认为 A4）。如果要自定义页面，选择列表中的"其他页面大小"选项，显示"页面设置"对话框的"纸张"选项卡，如图 4-55 所示。在"宽度"和"高度"微调框中输入纸张大小。

图 4-54　"页面布局"选项卡上的"页面设置"组

图 4-55　"纸张"选项卡

2. 更改每行字数和每页行数

根据纸型的不同，每页中的行数和每行中的字符数都有一个默认值。调整该值，可以满足用户的特殊需要。在"页面布局"选项卡上，单击"页面设置"组中的对话框启动器，弹出"页面设置"对话框，然后单击"文档网格"选项卡，如图 4-56 所示。调整"每行"字符数和"每页"行数。

3. 选择页面方向

可以为部分或全部文档选择纵向（垂直）或横向（水平）方向。

（1）更改整个文档的方向

在"页面布局"选项卡上的"页面设置"组中，单击"纸张方向"，按钮从下拉列表中选择"纵向"或"横向"选项。

（2）在同一文档中使用纵向和横向方向

选择要更改为纵向或横向的页或段落。在"页面布局"选项卡上的"页面设置"组中，单击"页边距"按钮。从下拉列表中选择"自定义页边距"选项，显示"页面设置"对话框的"页边距"选项卡，如图4-57所示。在"纸张方向"选项组中选择"纵向"或"横向"。在"应用于"列表中选择"所选文字"选项。如果选择将某页中的部分文本而非全部更改为纵向或横向，Word 将所选文本放在文本所在页上，而将周围的文本放在其他页上。

Word 自动在具有新页面方向的文字前后插入分节符。如果文档已分节，则可在节中单击（或选择多个节），然后只更改所选节的方向。

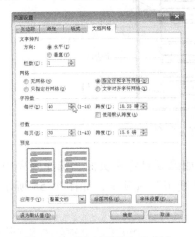

图4-56 "文档网格"选项卡　　　　　　　图4-57 "页边距"选项卡

4. 更改或设置页边距

页边距是页面上打印区域之外四周的空白区域。某些项目放置在页边距区域中，如页眉、页脚和页码等。在"页面布局"选项卡上的"页面设置"组中，单击"页边距"按钮。从下拉列表中选择所需的页边距类型，例如"普通"。选择所需的页边距类型时，整个文档会自动更改为选择的页边距类型。如果要自定义页边距，从下拉列表中选择"自定义边距"选项，显示"页面设置"对话框的"页边距"选项卡，如图4-57所示。在"上"、"下"、"左"和"右"框中，输入新的页边距值。各种选择都可以通过"预览"框查看设置后的效果。

若要更改默认页边距，在设置选择新的页边距后单击"设为默认值"按钮，然后单击"确定"按钮。新的默认设置将保存在该文档使用的模板中。每个基于该模板的新文档都将自动使用新的页边距设置。

5. 查看页边距

单击"文件"选项卡，然后单击"选项"，弹出"Word 选项"对话框。从左侧栏中单击"高级"，选中右侧"显示文档内容"中的"显示正文边框"复选框。页边距将以虚线显示在文档中。

可以在页面视图或 Web 版式视图中查看页边距，但是正文边框不会显示在打印出的页面上。

6. 设置对开页的页边距

选择对称页边距时，左侧页的页边距是右侧页的页边距的镜像。即内侧页边距等宽，外侧页边距等宽。在"页面布局"选项卡上的"页面设置"组中，单击"页边距"按钮。从下拉列表中选择"镜像"选项，要更改页边距宽度，再次单击"页边距"按钮，从列表中单击"自定义边距"选项，显示"页面设置"对话框的"页边距"选项卡，如图4-58所示。然后在"内侧"和"外侧"微调框中输入所需宽度。

7. 设置用于装订文档的装订线边距

装订线边距设置将为要装订的文档两侧或顶部边距添加额外的空间。装订线边距有助于确保不会因装订而遮住文字。在"页面布局"选项卡上的"页面设置"组中，单击"页边距"按钮。从下拉列表中选择"自定义边距"选项。显示"页面设置"对话框的"页边距"选项卡。在"多页"下拉列表中选择"普通"选项。在"装订线"微调框中输入装订线边距的宽度。在"装订线位置"下拉列表中，选择"左"或"上"选项。

图 4-58　对开页的页边距

使用"对称页边距""拼页"或"书籍折页""反向书籍折页"时，"装订线位置"微调框不可用。对于这些选项，装订线位置是自动确定的。

注意，纸张大小、页边距、每行字符数、字符间距、每页行数、行间距等因素是互相制约的。对一定的纸张大小及其页边距，若调整每行的字符数，Word 将自动调整字符间距以适应每行的字符数。同样的，若调整每页的行数，Word 将自动调整行间距以适应每页行数。

另外，还可以用标尺栏来调整页边距。切换至页面视图或打印预览状态，将鼠标指向水平标尺或垂直标尺上的页边距边界，待鼠标指针变成双向箭头后拖动。如果希望显示文字区和页边距的精确数值，在拖动页边距边界时按下〈Alt〉键。

4.5.2　文档分页

Word 提供了自动分页和人工分页两种分页方法。

1. 自动分页

自动分页是建立文档时，Word 根据字体大小、页面设置等，自动为文档做分页处理。Word 自动设置的分页符在文档中不固定位置，是可变化的。这种灵活的分页特性使得用户无论对文档进行过多少次变动，Word 都会随文档内容的增减而自动变更页数和页码。

2. 手工分页

手工分页是用户根据需要手工插入分页标记，可以在文档中的任何位置插入分页符。插入手动分页符的操作是：在文档中，单击要开始新页的位置。在"插入"选项卡上的"页"组中，单击"分页"按钮，如图 4-59 所示。

在页面视图、打印预览和打印的文档中，分页符后面的文字将出现在新的一页上。在草稿视图中，自动分页符显示为一条贯穿页面的虚线，人工分页符显示为标有"分页符"字样的虚线。切换到"草稿"视图的方法：在"视图"选项卡中的"文档视图"组中，单击"草稿"按钮。

 或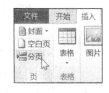

图 4-59　"插入"选项卡上的"页"组

3. 防止在段落中间出现分页符、在段落之间出现分页符、在段落前指定分页符

选择要防止分为两页的段落。在"页面布局"选项卡上，单击"段落"组中的对话框启动器，弹出"段落"对话框，单击"换行和分页"选项卡，选中"分页"选项组中的"段中不分页""与下段同页"和"段前分页"复选框。

4. 在页面的顶部或底部至少放置段落的两行

在专业的文档中，不会在页面的末尾仅显示新段的第一行，也不会在新页的开头仅显示上页段落的最后一行。如果出现上述情况，则这样的行称为孤行。选择要防止出现孤行的段落。在"页面布局"选项卡上，单击"段落"组中的对话框启动器⫣，弹出"段落"对话框，单击"换行和分页"选项卡，选中"分页"选项组"孤行控制"复选框。默认情况下此选项处于启用状态。

5. 删除分页符

文档中如果有多余的分页符，可以将其删除。这些多余的分页符如果是人工的分页符，在草稿视图中选定该分页符，按〈Delete〉键可以删除该分页符。

多余的分页符也可能是使用了一些影响文档分页的段落格式生成的，如段中不分页、与下段同页或段前分页。要删除这些分页符，选定分页符后的段，在"页面布局"选项卡上，单击"段落"组中的对话框启动器⫣，弹出"段落"对话框，单击"换行和分页"选项卡，取消"分页"选项组中"段中不分页"、"与下段同页"或"段前分页"复选框的选择。

4.5.3 分节

分节符是表示节的结尾插入的标记。分节符包含节的格式设置元素，例如页边距、页面的方向、页眉和页脚，以及页码的顺序。使用分节符改变文档中一个或多个页面的版式或格式。例如，可以将单列页面的一部分设置为双列（分栏）页面。分隔文档中的各章，以便每一章的页码编号都从 1 开始。也可以为文档的某节创建不同的页眉或页脚。

分节符控制它前面的文本节的格式。删除某分节符会同时删除该分节符之前的文本节的格式，该段文本将成为后面的节的一部分并采用该节的格式。例如，如果用分节符分隔了文档的各章，然后删除了第 2 章开头处的分节符，则第 1 章和第 2 章将位于同一节中并采用之前第 2 章使用的格式。要更改文档格式，请单击文档的最后一个段落。

1. 插入分节符

有时可能要在所选文档部分的前、后插入一对分节符。单击要更改格式的位置。在"页面布局"选项卡上的"页面设置"组中，单击"分隔符"按钮，如图 4-60 所示。

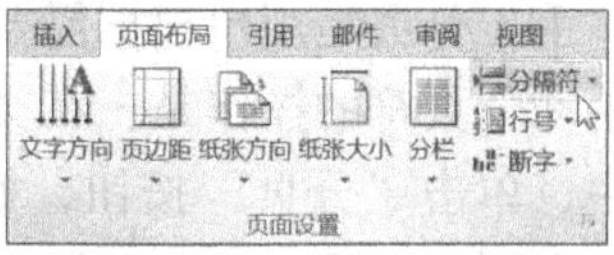

在"分隔符"下拉列表中，单击对应的"分节符"类型如下。

图 4-60 "页面布局"选项卡上的 "页面设置"组

- "下一页"：用于插入一个分节符并在下一页开始新的节。这种类型的分节符尤其适用于在文档中开始新章。

- "连续"：用于插入一个分节符并在同一页上开始新节。连续分节符适用于在一页中实现一种格式更改，例如更改列数。

- "偶数页"或"奇数页"：用于插入一个分节符并在下一个偶数页或奇数页开始新节。如果要使文档的各章始终在奇数页或偶数页开始，使用"奇数页"或"偶数页"分节符选项。例如，如果要将一篇文档分隔为几章，可能希望每章都从奇数页开始。单击"分节符"组中的"奇数页"。

2. 删除分节符

分节符定义文档中格式发生更改的位置。删除某分节符会同时删除该分节符之前的文本节的格式。该段文本将成为后面的节的一部分并采用该节的格式。确保在普通视图中，可以看到双虚线分节符。选择要删除的分节符，按〈Delete〉键。

4.5.4　添加或删除页

当文本或图形填满一页时，Word 会插入一个自动分页符，并开始新的一页。也可以随时单击"插入"选项卡上"页"组中的"空白页"，向文档中添加新的空白页或添加带有预设布局的页。还可以删除文档中的分页符，以删除不需要的页。

1. 添加空白页

单击文档中需要插入空白页的位置。插入的页将位于光标之前。在"插入"选项卡上的"页"组中，单击"空白页"按钮，如图4-59所示。

2. 添加封面

Word 2010 提供了预先设计的封面样式库，无论光标出现在文档的什么地方，封面始终插入到文档的开头。在"插入"选项卡上的"页"组中，单击"封面"按钮。显示"内置"封面列表。在"内置"列表中选择一个封面布局，然后用自己的内容替换示例文本。

要删除封面，在"封面"下拉列表中选择"删除当前封面"选项。

3. 删除页

可以通过删除分页符来删除 Word 文档中的空白页，包括文档末尾的空白页。还可以通过删除两页间的分页符来合并这两页。

（1）删除空白页

确保在草稿视图中（在"视图"选项卡中的"文档视图"组中，单击"草稿"按钮）。如果看不见非打印字符（如段落标记），在"开始"的"段落"组中单击"显示/隐藏编辑标记"按钮。

要删除空白页，请选择页尾的分页符，然后按〈Delete〉键。

（2）删除单页内容

可以选择和删除文档任意位置的单页内容。将光标放在要删除的页面内容中的任何位置，选中该页内容，按〈Delete〉键。

（3）删除文档末尾的空白页

确保在草稿视图（在状态栏的"视图"工具栏上 单击"草稿"按钮 ）中。如果看不见非打印字符（如段落标记），在"开始"选项卡的"段落"组中单击"显示/隐藏"编辑标记按钮。

要删除文档末尾的空白页，选择文档末尾的分页符或任何段落标记，再按〈Delete〉键。

4.5.5　页码

页码与页眉、页脚关联，可以将页码添加到文档的顶部、底部或页边距。保存在页眉、页脚或页边距中的信息显示为灰色，并且不能与文档正文信息同时进行更改。

1. 插入页码

可以从样式库中提供的各种页码编号设计中选择。在"插入"选项卡上的"页眉和页脚"组中，单击"页码"按钮，如图4-61所示。打开下拉列表。

根据希望页码在文档中显示的位置，选择"页面顶端""页面底端"或"页边距"。然后再选择需要的页码样式。这时，切换到"页眉和页脚"视图，如图4-62所示。文档部分显示为灰色，插入点在页码与页眉区域中闪烁，可以输入或修改页码。

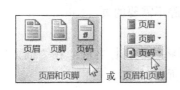

图4-61 "插入"选项卡上的"页眉和页脚"组　　　　　图4-62 "页眉和页脚工具"视图

设置其他选项。单击选项卡上的"关闭页眉和页脚"按钮返回到文档编辑视图。

2. 设置页码格式

添加页码后，可以像更改页眉或页脚中的文本一样更改页码。可以更改页码的格式、字体和大小。

（1）修改页码格式

页码格式如1、i或a。双击文档中某页的页眉或页脚区域，切换到"页眉和页脚"视图。在"页眉和页脚工具"下的"设计"选项卡上的"页眉和页脚"组中，单击"页码"按钮，从下拉列表中选择"设置页码格式"命令，弹出"页码格式"对话框，如图4-63所示。在"编号格式"下拉列表中选择一个编号样式，然后单击"确定"按钮。

（2）修改页码的字体和字号

双击文档中某页的页眉、页脚或页边距区域。切换到"页眉和页脚"视图。选中页码。在所选页码上方显示的浮动工具栏上，用该工具栏更改字体和设置字体等。也可以在"开始"选项卡的"字体"组中设置字体大小等。

3. 开始或重新开始对页码进行编号

请执行下列操作之一。

（1）使用不同的数字开始对页码进行编号

图4-63 "页码格式"对话框

例如，如果向带有页码的文档中添加封面，则原来的第1页将自动编为第2页，但可能希望文档从第1页开始。单击文档中的任何位置。在"插入"选项卡上的"页眉和页脚"组中，单击"页码"按钮从下拉列表中选择"设置页码格式"命令，弹出"页码格式"对话框。选中"起始页码"单选按钮，在其后的文本框中输入一个页码。如果有封面并且希望文档的第一页编号从"1"开始，则输入"0"。

（2）从1开始重新对每章或每节的页码进行编号

例如，可以将目录编为i～iv，将剩余部分编为1～25。如果文档包含多个章节，可能需要在每章中重新对页码进行编号。单击要重新开始对页码进行编号的节。在"插入"选项卡上的"页眉和页脚"组中，单击"页码"按钮，从下拉列表中选择"设置页码格式"命令，弹出"页码格式"对话框在"起始页码"文本框中输入"1"。

4. 删除页码

在单击“删除页码”或手动删除文档中单个页面的页码时，将自动删除所有页码。在“插入”选项卡上的“页眉和页脚”组中，单击“页码”按钮，从下拉列表中选择“删除页码”命令，如果“删除页码”为灰色，则需要在“页眉和页脚”视图中手工删除页码。

如果文档首页页码不同，奇偶页的页眉或页脚不同，或者有未链接的节，就必须从每个不同的页眉或页脚中删除页码。

4.5.6　页眉和页脚

页眉和页脚是文档中每个页面的顶部和底部的区域。可以在页眉和页脚中插入或更改文本或图形。例如，可以添加页码、时间和日期、公司徽标、文档标题、文件名或作者姓名。

1. 插入或更改页眉或页脚

可以在文档中插入预设的页眉或页脚并轻松地更改页眉和页脚设计。还可以创建带有公司徽标或自定义外观的页眉或页脚，并将新的页眉或页脚保存到样式库中。

（1）在整个文档中插入相同的页眉和页脚

在“插入”选项卡上的“页眉和页脚”组中，单击“页眉”或“页脚”按钮。从下拉列表中，选择所需的页眉或页脚样式，将切换到“页眉和页脚”视图，如图4-64所示。在“键入文字”处输入文字，页眉或页脚即被插入到文档的每一页中。

如有必要，选中页眉或页脚中的文本，然后使用浮动工具栏上的格式选项，可以设置文本格式。

（2）在页眉或页脚中插入文本或图形并将其保存到样式库中

在“插入”选项卡上的“页眉和页脚”组中，单击“页眉”或“页脚”按钮。从下拉列表中选择“编辑页眉”或“编辑页脚”命令，则可以插入文本或图形。

要将创建的页眉或页脚保存到页眉或页脚选项样式库中，选择页眉或页脚中的文本或图形，然后单击“将选择的内容保存到页眉库”或“将选择的内容保存到页脚库”命令。

（3）更改页眉或页脚

在“插入”选项卡上的“页眉和页脚”组中，单击“页眉”或“页脚”按钮，从下拉列表中选择页眉或页脚样式，整个文档的页眉或页脚都会改变。

2. 删除首页中的页眉或页脚

在“页面布局”选项卡上，单击“页面设置”组中的对话框启动器 🖾，弹出“页面设置”对话框，然后单击“版式”选项卡，如图4-65所示。选中“页眉和页脚”选项组中的“首页不同”复选框，文档的首页中的页眉和页脚即被删除。

3. 对奇偶页使用不同的页眉或页脚

例如，用户可能选择在奇数页上使用文档标题，而在偶数页上使用章节标题。在“页面版式”选项卡上，单击“页面设置”组中的对话框启动器，弹出“页面设置”对话框，然后单击“版式”选项卡，选中“页眉和页脚”选项组中的“奇偶页不同”复选框，即可在偶数页上插入用于偶数页的页眉或页脚，在奇数页上插入用于奇数页的页眉或页脚。

4. 更改页眉或页脚的内容

在“插入”选项卡上的“页眉和页脚”组中，单击“页眉”或“页脚”。通过选择文本并进行修订，或使用浮动工具栏上的选项来设置文本的格式，来更改页眉或页脚。例如，可以更改字体、应用加粗格式或应用不同的字体颜色。

在页面视图中，可以在页眉页脚与文档文本之间快速切换。只要双击灰色的页眉页脚或灰显的文本即可。

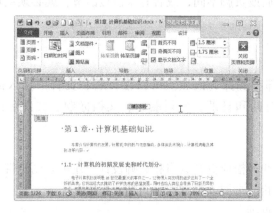

图 4-64　插入页眉　　　　　　　　　　　图 4-65　"版式"选项卡

5. 更改或删除页眉中的框线

页眉中的线段属于段落框线，可用更改段落框线的方法来设置。双击页眉区域。进入页眉和页脚视图。在"开始"选项卡上，单击"样式"组中的对话框启动器 。显示"样式"窗格，如图 4-66 所示。在"样式"窗格中，单击"页眉"后的箭头 打开列表，选择列表中的"修改"选项，弹出"修改样式"对话框。

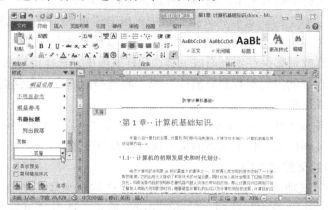

图 4-66　显示"样式"窗格

单击"格式"按钮，从下拉列表中选择"边框"选项，如图 4-67 所示。弹出"边框和底纹"对话框，如图 4-68 所示。在"边框和底纹"对话框中，如果要删除页眉线，在"设置"下单击"无"按钮。如果要更改页眉线的类型，在"样式"下选中一种线型，并选择线的"颜色"和"宽度"，在"预览"窗口选择应用边框的位置，例如下边框，"应用于"下拉列表的默认设置为"段落"。

最后单击"确定"按钮，双击页眉页脚以外的区域。更改页眉线后的页面如图 4-69所示。

图 4-67 "修改样式"对话框的"格式"列表　　图 4-68 "边框和底纹"对话框的"边框"选项卡

图 4-69 更改页眉线后的页面

6. 删除页眉或页脚

单击文档中的任何位置。在"插入"选项卡上的"页眉和页脚"组中,单击"页眉"或"页脚"按钮。从下拉列表中选择"删除页眉"或"删除页脚"选项。页眉或页脚即被从整个文档中删除。

4.5.7 分栏

Word 默认文档采用单列一栏排版,可以改为两栏或多栏。如果对全部文档分栏,插入点可位于文档中的任何位置;如果要部分段落分栏,则要先选定这些段落。在"页面布局"选项卡上的"页面设置"组中,单击"分栏"按钮从下拉列表中选择"一栏""两栏""三栏""偏左"或"偏右"选项。如果选择"更多分栏"选项,则弹出"分栏"对话框,如图 4-70 所示。在"预设"选项组选定分栏,或者在"栏数"文本框中输入分栏数,在"宽度和间距"选项组中设置"宽度"和"间距"。

如果需要各栏之间的分隔线,选中"分隔线"复选框。

在"应用于"下拉列表中选择应用范围,可以是

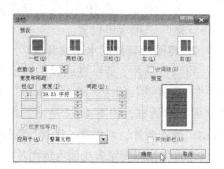

图 4-70 "分栏"对话框

"整篇文档""插入点之后"或"所选文字"。

如果选择"插入点之后"或"所选文字"选项，单击"确定"按钮后会自动加上分节符。

4.5.8 使用水印或背景标记文档

水印是出现在文档文本后面的文本或图片，水印通常用于增加趣味或标识文档状态，可以在页面视图和全屏阅读视图下或在打印的文档中看见水印。

如果使用图片，可以淡化或冲蚀它以免影响文档文本。如果使用文本，可以从内置短语中选择，也可以键入自己的文本。

背景或页面颜色主要用在 Web 浏览器中，可为联机查看创建更有趣味的背景。也可以在 Web 版式和大多数其他视图中显示背景，草稿视图和大纲视图除外。

用户可以为背景应用渐变、图案、图片、纯色或纹理。渐变、图案、图片和纹理将进行平铺或重复以填充页面。将文档保存为网页时，纹理和渐变被保存为文件，图案被保存为 GIF 文件。

1. 添加水印或背景

可以执行下列操作之一。

（1）在文档中添加文字水印

水印只能在页面视图、阅读版式视图或打印的页面中显示。

可以从水印文本库中插入预先设计好的水印，或插入一个带自定义文本的水印。在"页面布局"选项卡上的"页面背景"组中，单击"水印"按钮，如图 4-71 所示。

 或

图 4-71 "页面布局"选项卡
上的"页面背景"组

从下拉列表中，执行下列操作之一：

- 选择水印库中的一个预先设计好的水印，例如"机密"或"紧急"。
- 选择"自定义水印"选项，弹出"水印"对话框，如图 4-72 所示，单击"文字水印"单选按钮，然后选择或输入所需的文本。也可以设置文本的格式。

若要查看水印在打印页面上的显示效果，应使用页面视图。

（2）在网页或联机文档中添加背景颜色或纹理

在"页面布局"选项卡上的"页面背景"组中，单击"页面颜色"按钮，从下拉列表中，执行下列任一操作：

- 在"主题颜色"或"标准色"下方单击所需颜色。
- 单击"填充效果"更改或添加特殊效果，弹出"填充效果"对话框，如图 4-73 所示为"渐变"选项卡，先选择所需颜色再应用渐变或图案。也可以在"纹理"或"图案"选项卡中设置。

2. 将图片转换成水印或背景

可以将图片、剪贴画或照片转换成水印来标记或装饰文档。在"页面布局"选项卡上的"页面背景"组中，单击"水印"按钮。从下拉列表中，单击"自定义水印"按钮，显示"水印"对话框，如图 4-72 所示。单击"图片水印"单选钮，然后单击"选择图片"按钮，显示"插入图片"对话框。选择所需图片，然后单击"插入"命令。在"缩放"复选框中选择一个百分比以特定大小插入该图片。选择"冲蚀"复选框淡化图片以免影响文本。

选中的图片将作为水印应用于整篇文档。

图 4-72 "水印"对话框　　　　　　　　图 4-73 "渐变"选项卡

如果希望使用对象（例如形状）作为水印，可以手动将其复制粘贴或插入到文档中。不能使用"水印"对话框来控制这些对象的设置。

3. 将水印仅添加到选定页中

要将水印仅添加到选定页中，必须将文档分成若干个节。例如，如果只想对文档的目录应用水印，那么必须创建三个节：封面节、目录节以及由文档其余文本构成的节。在文档中插入的封面有独立的页眉，因此并不需要为封面创建单独的节。

1）在草稿视图中，将要为其添加水印的页面两边的分页符替换成分节符。方法为：在"页面布局"选项卡上的"页面设置"组中，单击"分隔符"按钮，然后从弹出的下拉菜单中单击"分节符"下方的"下一页"按钮。

2）切换到页面视图，在要显示水印的页面上双击文档页眉区域，此操作将打开页眉。Word 将水印置于页眉中，但水印并不显示在页眉中。

3）在标题栏上的"页眉和页脚工具"下的"设计"选项卡的"导航"组中单击"链接到前一条页眉"按钮，此操作可使页眉不再互相链接，如图 4-74 所示。

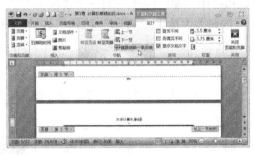

图 4-74 "页眉和页脚工具"下的"设计"选项卡的"导航"组

4）在不希望显示水印的第一页（例如文档文本的第一页）上的文档页眉区域中双击，然后重复步骤 3）。

5）单击希望显示水印的页，在"页面布局"选项卡的"页面背景"组中，单击"水印"按钮并选择所需的水印。

4. 更改水印或背景

（1）更改水印

在"页面布局"选项卡上的"页面背景"组中，单击"水印"按钮。弹出的下拉列表中可执行下列操作：

- 从水印库中选择另一个预先设计好的水印，比如"机密"或"紧急"。
- 若要更改图片，单击"水印"按钮，然后单击"选择图片"按钮。
- 若要更改图片设置，单击"水印"按钮，然后选择或清除"图片水印"选项。
- 若要更改文本，单击"水印"按钮，然后选择一个不同的内置短语或输入自己的短语。
- 若要更改文本设置，单击"水印"按钮，然后选择或清除"文字水印"下方相应的选项。

（2）更改文档背景

用户可以使用不同的颜色、纹理或图片来代替颜色，或更改图案和渐变的设置。在"页面布局"选项卡上的"页面背景"组中，单击"页面颜色"按钮。从弹出的下拉列表中执行下列操作之一：

- 在"主题颜色"选项或"标准颜色"选项下方单击所需的新颜色。
- 单击"填充效果"按钮以此更改或添加特殊效果，例如渐变、纹理或图案。先选择所需颜色再应用渐变或图案。

5. 删除水印或背景

（1）删除水印

在"页面布局"选项卡上的"页面背景"组中，单击"水印"按钮。从弹出的下拉列表中，选择"删除水印"命令。

（2）删除背景

在"页面布局"选项卡上的"页面背景"组中，单击"页面颜色"按钮。从弹出的下拉列表中，选择"无颜色"命令。

4.6 打印文档

在 Word 2010 中，预览和打印功能已经统一到一个选项卡上。

单击"文件"选项卡，在列表中单击"打印"按钮。在"打印"选项卡上，默认打印机的属性显示在第一部分，文档的预览显示在第二部分，用户可以按不同比例预览文档如图 4–75 所示。

图 4–75 "打印"选项卡

如果需要返回到文档并进行更改，则可单击"开始"选项卡。

在快捷菜单的中部，用户可以对打印选项进行设置。"份数"选项框中可输入需打印的份数。也可以指定要打印的页（打印所有页、打印当前页、打印自定义范围），同时设置单面打印、双面打印等，如果打印非连续页，需要输入页码，并以逗号相隔。对于某个范围的连续页码，可以输入该范围的起始页码和终止页码，并以连字符（减号）相连。例如，若要打印第1、2、3、5、8页，可键入"1-3，5，8"。

如果打印机的属性以及文档均符合要求，可选择"打印"命令。

若要更改打印机的属性，请在打印机名称下单击"打印机属性"按钮，从弹出的快捷菜单中选择要更改的选项。

4.7　表格

表格由行和列的单元格组成，用户可以在单元格中填写文字、插入图片以及另外一个表格。同时，可以采用自动制表或手工制表，还可以将已有文本转换为表格。

4.7.1　插入表格

在Word 2010中，可以通过以下三种方式来插入表格：
- 从预先设好格式的表格模板库中选择。
- 在"表格"选项卡中设置指定的行数和列数。
- 在"插入表格"对话框选择相应的命令。

1. 使用表格模板

可以使用表格模板插入一组预先设好格式的表格。表格模板包含示例数据，可以帮助用户预览添加数据时表格的外观。在要插入表格的位置单击。在"插入"选项卡的"表格"组中，单击"表格"按钮，在弹出的下拉列表上，将光标指向"快速表格"，再单击需要的模板，如图4-76所示。插入的表格会出现在插入点处，同时显示"表格工具设计"选项卡，如图4-77所示。用户可设置新数据替换模板中的数据。

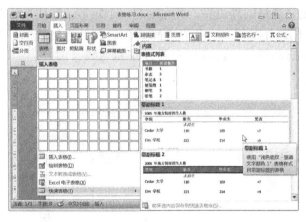

图4-76　使用表格模板插入表格

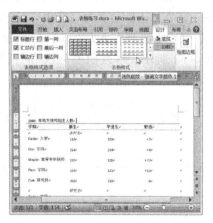

图7-77　插入的表格

2. 使用"表格"菜单

在要插入表格的位置单击。在"插入"选项卡的"表格"组中，单击"表格"按钮，在下拉菜单"插入表格"选项下，按住左键并拖动以选择需要的行数和列数，如图4-78所示。松开左键后，表格被插入。用户可以在"表格工具设计"选项卡中修改表格。

3. 使用"插入表格"对话框

用户在将表格插入文档之前，使用"插入表格"命令选择表格尺寸和格式。在要插入表格的位置单击。在"插入"选项卡上的"表格"组中，单击"表格"按钮，从下拉菜单中选择"插入表格"命令，弹出"插入表格"对话框，如图 4-79 所示。在"表格尺寸"下，输入列数和行数。在"'自动调整'操作"下，调整表格尺寸。单击"确定"按钮，完成操作。

图 4-78 使用"表格"菜单插入表格

图 4-79 "插入表格"对话框

4.7.2 绘制表格

1. 绘制表格

使用"绘制表格"工具可方便地画出各种非标准的复杂表格。例如，绘制包含不同高度的单元格的表格或每行的列数不同的表格。首先在要创建表格的位置单击，然后在"插入"选项卡上的"表格"组中，单击"表格"按钮。从弹出的下拉菜单中选择"绘制表格"命令，指针会变为铅笔状。若要定义表格的外边界，可先绘制一个矩形。按住鼠标左键，从左上方到右下方拖动鼠标绘制表格的外框线。松开左键得到绘制的表格外框，如图 4-80 所示。继续绘制列线和行线可拖动鼠标，在表格内画行线和列线（   、   、   、   ），如图 4-81 所示。

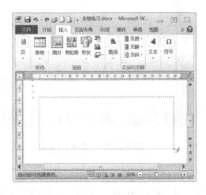

图 4-80 绘制表格外框

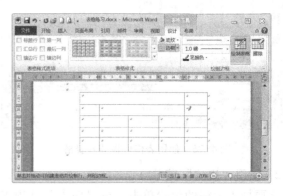

图 4-81 绘制列线和行线

要擦除一条线或多条线，可在标题栏的"表格工具"的"设计"选项卡的"绘制边框"组中，选择"擦除"命令，指针会变为橡皮状，单击要擦除的线条即可。若要擦除整个表格，方法与删除表格类似。

如果要继续绘制列线和行线，单击"绘制表格"。指针会变为铅笔状。

表格绘制完以后，在单元格内单击，可输入文字或插入图形。

2. 在单元格中绘制斜线

根据国外大多数地区的使用习惯和国内制表的趋势，在 Word 2010 中取消了以前版本中绘制斜线表头的功能。若有需要，用户仍可通过绘制表格的方式绘制斜线。在单元格中绘制斜线有两种方法：

- 单击"绘制表格"按钮，指针会变为铅笔状。按单元格对角方向拖动鼠标画出对角斜线。
- 单击要绘制斜线的单元格。单击"边框"后的箭头，在列表中单击"斜下框斜线"按钮或"斜上框斜线"按钮，如图 4-82 所示。或者，右击单元格，单击浮动工具栏中的"边框"后的箭头。也可从弹出的快捷菜单中单击"边框和底纹"按钮，弹出"边框和底纹"对话框，在"应用于"选项中单击"单元格"按钮，单击斜线按钮，如图 4-83 所示。

图 4-82　绘制斜线单元格　　　　　　图 4-83　"边框"选项卡

单元格中可通过输入或者插入文本框，来放置多行文字。

3. 表格中插入内容

表格建立后，可以插入文本、图片和另外的表格。每一个单元格都是一个独立编辑的单元，每个单元格都有自己的段落标记，如果要分段落，可以按〈Enter〉键，则单元格的高度会增高。当在单元格中输入的内容到达单元格的右边线时，单元格的宽度可能会自动加宽，以适应内容。输入文本后的表格如图 4-84 所示。

如果不希望自动调整表格，可把插入点放置到表格中的任何单元格内，在标题栏的"表格工具"下，单击"布局"选项卡。在"表"组中，单击"属性"按钮，再从弹出的"表格属性"对话框中选择"表格"选项卡，单击"选项"按钮，弹出"表格选项"对话框。如图 4-85 所示，取消"自动重调尺寸以适应内容"复选框的选择。单击"确定"按钮后，单元格的宽度将固定，当内容占满单元格后单元格高度自动增高，内容自动转到下一行。

用户可以在单元格内单击来设置插入点，也可以按〈Tab〉键把插入点放置到下一个单元格；按组合键〈Shift + Tab〉把插入点移回前一个单元格；按〈↑〉、〈↓〉键把插入点上、下移动一行。

图 4-84 输入文本后的表格

图 4-85 "表格选项"对话框

4. 文本和表格相互转换

（1）将文本转换成表格

有些文本具有明显的行列特征，例如使用制表符、逗号、空格等分隔的文本，用户可以把这类文本自动转换为表格中的内容。文本中插入分隔符（例如逗号或制表符），以标明将文本分成列的位置。使用段落标记表示要开始新行的位置。例如，在某一行上有两个单词的列表中，在第一个单词后面插入逗号或制表符，以创建一个两列的表格。

1）选定要转换的文本。如图 4-86 所示的是以逗号（必须为半角字符）分隔的文本。在"插入"选项卡上的"表格"组中，单击"表格"按钮，在下拉列表中单击"文本转换成表格"按钮，弹出"将文字转换成表格"对话框，如图 4-87 所示。

图 4-86 选定要转换的文本

图 4-87 "将文字转换成表格"对话框

2）在"文本转换成表格"对话框的"文字分隔位置"选项中，单击要在文本中使用的分隔符对应的选项。

3）在"列数"框中选择列数。如果未显示设置的列数，则可能是文本中的一行或多行缺少分隔符。选择需要的任何其他选项。单击"确定"按钮。文本转换成的表格如图 4-88 所示。

（2）将表格转换成文本

选择要转换成段落的行或表格。在标题栏的"表格工具"下的"布局"选项卡中的"数据"组中，单击"转换为文本"按钮，弹出"表格转换成文本"对话框，如图 4-89 所示。在"文字分隔位置"组下，单击要用于代替列边界的分隔符对应的选项。表格各行用段落标记分隔，最后单击"确定"按钮。

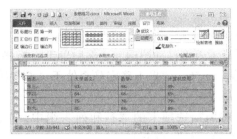

图 4-88　文本转换成的表格　　　　　图 4-89　"表格转换成文本"对话框

5. 将表格置于其他表格内

包含在其他表格内的表格被称为嵌套表格，常用于网页设计中。

用户可以在单元格内单击，使用任意的表格插入方法来插入或嵌套表格，或者可以在需要嵌套表格的位置绘制表格。还能将现有表格复制粘贴到其他表格中。

4.7.3　选定和删除表格

通过上面方法建立的表格往往还需要作修改、调整、修饰等工作。因此，必须先选定表格中需要修改的部分，才能对其操作。根据表格中的对象不同，选定的方法也不同。

1. 用鼠标选定单元格、行、列或表格

用鼠标选定单元格、行、列或表格，见表 4-4。

表 4-4　用鼠标选定单元格、行、列或表格

要　选　择	执　　行
一个单元格	指针移动到单元格左侧边框的右侧，当指针变为 ▉ 时单击变为 ▉
一行	指针移动到表格的左边框外侧，当鼠标指针变为 ▉ 时，单击该行左侧 ▉
一列	指针移动到该列顶端，当鼠标指针变为 ▉ 时，单击该列顶端的边框 ▉
连续的单元格、行或列	拖动鼠标划过所需的单元格、行或列
不连续的单元格、行或列	单击所需的第一个单元格、行或列，按住〈Ctrl〉，然后单击所需的下一个单元格、行或列
整张表格	在页面视图中，将指针停留在表格上，直至显示表格移动控点 ⊞，然后单击单击该表格左上角的控制点标记 ⊞
取消选定	单击选定以外的位置
取消选定表格	单击表格以外的位置

2. 用键盘选定单元格、行或列

用键盘选定单元格、行或列，见表 4-5。

表 4-5　用键盘选定单元格、行或列

要　选　择	执　　行
插入点所在的单元格	按组合键〈Shift + End〉
插入点所在的相邻单元格	按组合键〈Shift + ↑〉、〈↓〉、〈←〉、〈→〉
下一单元格中的文字	按〈Tab〉键
前一单元格中的文字	按〈Shift + Tab〉键
取消选定	按任何〈↑〉、〈↓〉、〈←〉、〈→〉键

3. 删除整个表格

用户可以一次性且同时删除整个表格及其内容。删除整个表格有两种方法：

- 在页面视图中，把指针停留在表格上，直至显示表格移动图柄⊞，然后单击表格移动图柄⊞。按〈Backspace〉键，删除整个表格。注释，如果不确定是否处于页面视图，请单击窗口底部的"页面视图"按钮 ▭▭▭ ▭ ☰ 110% 。
- 单击表格。在标题栏的"表格工具"下"布局"选项卡的"行和列"组中，单击"删除"按钮，从弹出的下拉列表中选择"删除表格"命令。

4. 删除表格的内容

用户可以删除某单元格、某行、某列或整个表格的内容。删除后，文档中将保留表格的行和列。

1）在表格中，选择要清除的内容。

- 整张表格。在页面视图中，将指针停留在表格上，直至显示表格移动图柄⊞，然后单击表格移动图柄⊞。
- 一行或多行。单击相应行的左侧 ⫞▭▭▭ 。
- 一列或多列。单击相应列的顶部网格线或边框 ▮ 。
- 一个单元格。单击该单元格的左边缘 ▮ 。

2）按〈Delete〉键。

4.7.4 设置表格格式

表格创建完后，Word 2010 还提供了多种设置表格格式的方法。用户可以使用"表格样式"中的命令完成对表格格式的设置。还可以通过拆分或合并单元格、添加或删除列或行或添加边框来为表格创建自定义外观。对于一个长表格，可以在该表格所显示的每个页面上重复该表格的标题。还可以指定让表格如何以及在何处分页。

1. 使用"表样式"设置整个表格的格式

创建表格后，可以通过"表样式"设置整个表格的格式。在要设置格式的表格内单击。在标题栏的"表格工具"下，单击"设计"选项卡。在显示的"表格样式"组中，指针停留在每个表格样式上时即可以预览表格的外观。要查看更多样式，单击"其他"箭头 ▾ ，如图 4-90 所示。单击样式可将其应用到表格。在"表格样式选项"组中，选中或清除每个表格元素旁边的复选框，以应用或删除选中的样式。

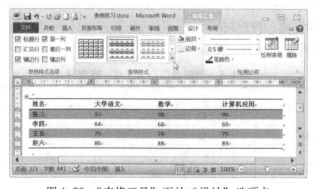

图 4-90 "表格工具"下的"设计"选项卡

2. 添加或删除边框

用户可以添加或删除边框，将表格设置为所需的格式。

（1）添加表格边框

首先选定表格。在"表格工具"工具栏下，单击"布局"选项卡，如图 4-91 所示。在"表"组中单击"选择"按钮，从弹出的下拉列表中选择"选择表格"命令。然后单击"设计"选项卡，如图 4-91 所示。

图 4-91　"表格工具"下的"布局"选项卡

在"设计"选项卡的"表格样式"组中，单击"边框"按钮 边框▼ 后的箭头 ▼，从弹出的下拉列表中，执行下列操作之一：

- 单击预定义边框集之一。
- 单击"边框和底纹"按钮，从弹出的"边框和底纹"对话框中单击"边框"选项卡，然后选择需要的选项。

（2）删除整个表格的表格边框

首先选定表格。在页面视图中，把指针停留在表格上，直至显示表格移动图柄 ⊞，然后单击表格移动图柄 ⊞。在标题栏的"表格工具"下，单击"设计"选项卡。在"表格样式"组中，单击"边框"按钮 边框▼ 后的箭头 ▼，再选择"无框线"命令。

（3）给指定的单元格添加表格边框

选择单元格，包括结束单元格标记。如果看不到标记，可在"开始"选项卡"段落"组中，单击"显示/隐藏"按钮 ⊹。在标题栏的"表格工具"下，单击"设计"选项卡。在"表格样式"组中，单击"边框"按钮 边框▼ 后的箭头 ▼，从弹出的列表中单击要添加的边框。

（4）删除指定单元格的表格边框

选择单元格，包括结束单元格标记 ▦▦。在标题栏的"表格工具"下，单击"设计"选项卡。在"表格样式"组中，单击"边框"按钮 边框▼ 后的箭头 ▼，从列表中选择"无边框"命令。

3. 修改底色

表格默认为无底色，用户可以为全部表格或个别单元格添加或修改底纹颜色。在表格中选定要修改底色的单元格，或者整个表格。在标题栏的"表格工具"下，单击"设计"选项卡。在"表格样式"组中，单击"底纹颜色"按钮 ▣底纹▼ 后的箭头 ▼，从列表中选择需要的颜色。

4. 修改底纹

选择所需要的单元格或整个表格。在"表格工具"下，单击"设计"选项卡。在"表样式"组中，单击"边框"按钮 边框▼ 后的箭头 ▼，从列表中单击"边框和底纹"按钮。弹出"边框和底纹"对话框，然后单击"底纹"选项卡，如图 4-92 所示。单击"填充""样式""颜色"选项后的箭头，从列表中选择选项。在"应用于"选项列表中，选取"单元格"或"表格"。如果要取消底纹，选择"无颜色"。

用户也可以选中表格，右击该表格，从弹出的快捷菜单中选择"边框和底纹"命令。

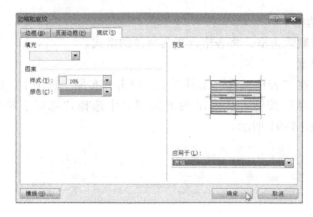

图 4-92 "边框和底纹"对话框的"底纹"选项卡

5. 插入行、列

在要添加行或列的任意一侧单元格内单击。在标题栏的"表格工具"下，单击"布局"选项卡，如图 4-91 所示。执行下列操作之一：

- 在单元格上方添加一行，在"行和列"组中，单击"在上方插入"按钮。
- 在单元格下方添加一行，在"行和列"组中，单击"在下方插入"按钮。
- 在单元格左侧添加一列，在"行和列"组中，单击"在左侧插入"按钮。
- 在单元格右侧添加一列，在"行和列"组中，单击"在右侧插入"按钮。

也可以右击该单元格，从快捷菜单中选择命令。

如果要在表格末尾快速添加一行，则可把插入点放置到表格右下角的单元格中，按〈Tab〉键。或者，把插入点放置到表格最后一行的右端框线外的换段符前┒，按〈Enter〉键，在表格最后一行后添加一空白行。

6. 插入单元格

在要插入单元格处的右侧或上方的单元格内单击。在标题栏的"表格工具"下的"布局"选项卡上，单击"行和列"组上的对话框启动器按钮 ⬚。弹出"插入单元格"对话框，如图 4-93 所示。单击下列选项之一。

图 4-93 "插入单元格"对话框

- 活动单元格右移：插入单元格，并将该行中所有其他的单元格右移。该选项可能会导致该行的单元格比其他行的多。
- 活动单元格下移：插入单元格，并将该列中剩余的现有单元格每个下移一行。该表格底部会添加一个新行以包含最后一个现有单元格。
- 整行插入：在单击的单元格上方插入一行。
- 整列插入：在单击的单元格右侧插入一列。

7. 删除单元格、行或列

选中要删除的单元格、行或列。在标题栏的"表格工具"下，单击"布局"选项卡。在"行和列"组中，单击"删除"按钮，从弹出下拉列表中，根据需要，选择"删除单元格"、"删除行"或"删除列"命令。

8. 合并或拆分单元格

（1）合并单元格

用户可以将同一行、列中的两个或多个单元格合并为一个单元格。例如，在水平方向上合并多个单元格，从而创建横跨多个列的表格标题。选中要合并的多个单元格，在标题栏的"表格工具"下，"布局"选项卡上的"合并"组中，选择"合并单元格"命令。

（2）拆分单元格

在单个单元格内单击，或选中要拆分的多个单元格。在标题栏的"表格工具""布局"选项卡上的"合并"组中，选择"拆分单元格"命令。弹出"拆分单元格"对话框，如图4-94所示，输入要将单元格拆分成的列数或行数。

9. 拆分表格

用户可以把一个表格拆分成两个表格，或者在一个表格前插入一空行。如果要把一个表格按行拆分成两个表格，则可将插入点置于该行中的任意单元格中。如果要在一个表格前插入一空行，则可将插入点放置于第一行。在标题栏的"表格工具""布局"选项卡上的"合并"组中，单击"拆分表格"按钮。

图4-94　"拆分单元格"对话框

10. 在页面中重复表格标题

对于跨页的长表格，表格会在出现分页符的地方分页。此时，用户可以对表格进行调整，以便表格的标题可以在每个页面中重复。重复的表格标题只在页面视图下和打印文档时可见。

单击表格的第一行（标题行），把插入点放置到标题行的任意单元格中。在标题栏的"表格工具"下的"布局"选项卡上的"数据"组中，单击"重复标题行"按钮。Word 会自动在每个由自动分页符生成的新页面上重复表格标题。如果在表格中插入手动分页符，则Word 不会重复标题。

11. 控制表格分页的位置

处理跨页的表格时，默认情况下，如果分页符出现在一个很大的行内，Word 允许分页符将该行分成两页。用户则可以对表格做出相应调整，以确保在表格跨越多页时，信息可以按照所需要的形式显示。

（1）防止表格跨页断行

在表格内单击。在标题栏的"表格工具"下，单击"布局"选项卡。在"表"组中，单击"属性"按钮，从弹出的"表格属性"对话框中单击"行"选项卡，如图4-95 所示，清除"允许跨页断行"复选框。

（2）强制表格在特定行跨页断行

单击要在下一页中显示的行，按〈Ctrl +Enter〉键。

4.7.5　调整表格的列宽和行高

图4-95　"表格属性"对话框的"行"选项卡

用户自动创建表格时，Word 2010 会将表宽设置为页宽，列宽设置为等宽，行高设定为等高。根据需要，可以对其进行调整。

1. 调整列宽

调整列宽的方法为：将指针停留在需更改其宽度的列的边框上，直至指针变为↔。按住左键并拖动边框，调整到所需的列宽，如图4-96 所示。

在调整列宽时，如果只拖动鼠标，则整个表格宽度不变，表格线相邻两列宽度改变；如果先按下〈Shift〉键不放，将鼠标定位到表格线并拖动鼠标，则当前列宽度改变，其他列宽均不变，整个表格宽度也改变；如果先按住〈Ctrl〉键，将鼠标定位到表格线并拖动鼠标，则表格线左侧各列宽不变，右侧各列按比例改变，整个表格宽度不变。

用户也可以在"表格属性"对话框中通过设置改变列宽。把插入点放置到表格中的需要调整列宽的单元格内，在标题栏的"表格工具"下，单击"布局"选项卡。在"表"组中，单击"属性"按钮，会弹出"表格属性"对话框的"列"选项卡，如图 4-97 所示。选中"指定宽度"复选框，在其后的列表框中指定列宽单位和宽度值。度量单位是"百分比"指的是本列占整个表宽的百分比。单击"前一列"、"后一列"可继续调整其他列。

图 4-96　调整列宽　　　　　图 4-97　"表格属性"对话框的"列"选项卡

2. 调整行高

调整行高的方法为：把指针停留在要调整高度的行的边框上，直至指针变为 ÷。按住左键并拖动边框。用户也可以在"表格属性"对话框的"行"选项卡中通过设置改变行高。

3. 平均分布行或列

在表格内单击，在标题栏的"表格工具"下，单击"布局"选项卡。在"单元格大小"组中，单击"分布行" 或"分布列" 按钮。

4. 调整整个表格尺寸

如果需要调整表格的大小，可按下面的方法操作：将指针置于表格上，直到表格尺寸控点出现在表格的右下角。将指针停留在表格尺寸控点上，使其出现一个双向箭头。按住左键将表格的边框拖动到所需尺寸。

5. 自动调整表格

在表格内单击，在标题栏的"表格工具"下，单击"布局"选项卡。在"单元格大小"组中，单击"自动调整"按钮。从下拉列表中选择相应的命令（根据内容自动调整表格、根据窗口自动调整表格、固定列宽）。

4.7.6　设置对齐方式

1. 表格中单元格内容的对齐方式

Word 2010 默认情况下，表格中的文字与单元格左上角对齐，用户可以根据需要改变单元格中文字的对齐方式。设置非表格中的文本的方法类似设置表格中的文本，如设置字体、对齐方式（如单击"开始"选项卡上"段落"组中的按钮）。有些特殊对齐方式，则需要使用表格专用的对齐方式。

把插入点放置到需改变文字对齐方式的单元格中。在标题栏的"表格工具"下，单击"布局"选项卡。在"对齐方式"组中，单击所对齐方式相对应的按钮，如图4-98a所示。对齐方式包括：靠上两段对齐、靠上居中对齐、靠上右对齐、中部两端对齐、水平居中、中部右对齐、靠下两端对齐、靠下居中对齐、靠下右对齐，如图4-98b所示。

a)

b)

图4-98　单元格内容的对齐方式

a)"对齐方式"组　b）不同对齐方式的文字效果

用户也可以右击选中的行、列或单元格，从弹出的快捷菜单中选择"单元格对齐方式"组中子菜单的任意一种对其方式。

2. 表格在页面中的对齐方式

用户可以设置表格在页面中是独占多行还是周围文字环绕表格等方式。在表格内单击。在标题栏的"表格工具"下，单击"布局"选项卡。在"表"组中，单击"属性"按钮，从弹出的"表格属性"对话框中单击"表格"选项卡，如图4-99所示。在"对齐方式"组中设置表格在页面行中的位置是"左对齐"（默认）、"居中"还是"右对齐"。在"文字环绕"中设置表格是"无"（默认，即独占多行）还是"环绕"。

图4-99　"表格属性"对话框的
"表格"选项卡

4.7.7　表格内数据的排序与计算

用户还可对表格中数值数据进行一些简单的排序和公式计算。

1. 表格内容的排序

（1）对表格中的单列排序

选择要进行排序的列，如图4-100所示。在标题栏的"表格工具"下"布局"选项卡上的"数据"组中，单击"排序"按钮，如图4-101所示。弹出"排序"对话框，如图4-102所示。"主要关键字"选项组中自动显示为选定的列。在"列表"选项组下，选择"有标题行"或"无标题行"两个单选按钮。单击"升序"或"降序"单选按钮。

单击"选项"按钮，从弹出的"排序选项"对话框中单击"仅对列排序"，如图4-103所示，选择"确定"命令。该列将按要求排序，如图4-104所示。从排序结果可以看出，只有选中的列进行了排序。所以，这种单列排序方法不适合有行、列关系的表格。

图 4-100　选定一列　　　图 4-101　"数据"组　　　图 4-102　"排序"对话框

图 4-103　"排序选项"对话框　　　　图 4-104　排序后的列

（2）对表格内容排序

在页面视图中，将指针移到表格上，直至出现表格移动控点⊞。单击表格移动控点⊞，选择要进行排序的表格，如图 4-105 所示。在标题栏的"表格工具"下"布局"选项卡上的"数据"选项组中，单击"排序"按钮。

从弹出的"排序"对话框中选择所需的选项。例如，如果按姓名笔画升序排序，则可在"主要关键字"组下选择"姓名"选项，在"类型"值中选"笔画"、"升序"选项，如图 4-106 所示。选择"确定"命令。完成后，表格内容将按要求排序，如图 4-107 所示。

图 4-105　选中表格　　　　图 4-106　"排序"对话框　　　　图 4-107　对表格内容排序

（3）按表格列中的多个单词或字段排序

要对包含多个单词的列内容对表格中的数据进行排序，首先必须使用字符分隔数据（包括标题行中的数据）。例如，如果列中的单元格同时包含姓和名，则可以使用逗号分隔姓名。具体步骤如下。

1）选择要进行排序的列。

2）在标题栏的"表格工具"下的"布局"选项卡上的"数据"组中，单击"排序"按钮。

3）弹出"排序"对话框，在"列表"组下，单击"有标题行"或"无标题行"单选按钮。

4）单击"选项"按钮。

5）弹出"排序选项"对话框，在"分隔符"组下，单击用于分隔要进行排序的单词或字段的字符的类型，再单击"确定"按钮。

6）在"主要关键字"组的"使用"列表中，选择要用做主要关键字的单词或字段。

7）在"次要关键字"列表中，输入包含用作次要关键字的数据的列，然后在"使用"列表中，选择要用作次要关键字的单词或字段。如果要将其他列用作关键字，则可在"第三关键字"列表中重复该步骤。

8）单击"确定"按钮，回到"排序"对话框中。

9）单击"升序"或"降序"单选按钮。

10）单击"确定"按钮。

2. 计算

1）单击要放置计算结果的单元格。单击平均成绩右方的单元格，如图4-108所示。

2）在标题栏的"表格工具"下"布局"选项卡上的"数据"组中，单击"公式"按钮 *fx*公式。

3）弹出"公式"对话框，如果选定的单元格位于一列数值的下方，则在"公式"文本框中显示"＝SUM（ABOVE）"，表示对上方的数值求和（见图4-109）；如果选定的单元格位于一行数值的右侧，则在"公式"文本框中显示"＝SUM（LEFT）"，表示对左侧的数值求和。

姓名	大学语文	数学	计算机应用	总分
王五	75	78	79	
李四	64	68	69	
张三	93	98	99	
赵六	86	88	89	
平均分数				

图4-108　计算前的表格　　　　　　　　图4-109　"公式"对话框

4）在"数字格式"列表框中选定"0.00"，因保留一位小数，可改为"0.0"，如图4-108所示。因要计算平均值，可选择"粘贴函数"列表中的"AVERAGE"命令，"AVERAGE"则会出现在"公式"选项框中。把"公式"选项框中的公式修改为"＝AVERAGE（ABOVE）"。

5）单击"确定"按钮，计算结果出现在该单元格中，如图4-110所示。用同样方法计算其他数值，如图4-111所示。

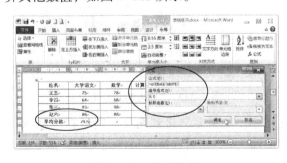

图4-110　计算数据

姓名	大学语文	数学	计算机应用	总分
王五	75	78	79	232
李四	64	68	69	201
张三	93	98	99	290
赵六	86	88	89	263
平均分数	79.5	83.0	84.0	246.5

图4-111　计算后的表格

4.7.8　移动或复制表格

1. 拖动表格到新的位置

在页面视图中，将指针停放在表格上，直至出现表格移动控点⊞。将指针停放在表格移动控点上方，当指针变为四向箭头时单击表格移动控点⊞。按住左键将表格拖动到新的位置。

2. 复制粘贴表格到新的位置

用户可以复制或剪切该表格，将表格粘贴到新的位置。复制表格时，将保留原表格。剪切表格时，将删除原表格。

在页面视图中，将指针停放在表格上，直至出现表格移动控点⊞。单击表格移动控点来选择表格。执行下列操作之一：

- 复制表格，按〈Ctrl + C〉。
- 剪切表格，按〈Ctrl + X〉。

将插入点置于要放置新表格的位置，按〈Ctrl + V〉将表格粘贴到新的位置。

4.8 图片或剪贴画

图片包括位图、扫描的图片和照片以及剪贴画等。位图图片的扩展名为 bmp、png、jpg 或 gif。用户可以将多种来源（包括从剪贴画网站下载、从网页上复制或从图片文件插入）的图片和剪贴画插入或复制到文档中。还可以更改文档中图片或剪贴画与文本的位置。在 Word 2010 中，用户可以实现图文混排，设计制作图文并茂的版面。

4.8.1 插入图片或剪贴画

1. 插入来自文件的图片

在文档中要插入图片的位置单击。在"插入"选项卡上的"插图"组中，单击"图片"按钮，如图 4-112 所示。弹出"插入图片"对话框，如图 4-113 所示。找到要插入的图片并双击图片。此时图片将被插入。

图 4-112 "插入"选项卡上的"插图"组　　　　图 4-113 "插入图片"对话框

默认情况下，Word 2010 会将图片嵌入文档中。如果要链接到图片，则可在"插入图片"对话框中，单击"插入"按钮 旁边的箭头，然后选择"链接到文件"命令。

2. 插入剪贴画

剪贴画是现有的图片，经常以位图或绘图图形的组合的形式出现。在"插入"选项卡上的"插图"组中，单击"剪贴画"按钮，会弹出"剪贴画"任务窗格。

在"剪贴画"任务窗格的"搜索文字"文本框中，输入剪贴画相关的单词或词组（例如，如图 4-114 所示中的"植物"），或输入剪贴画文件的全部或部分文件名。

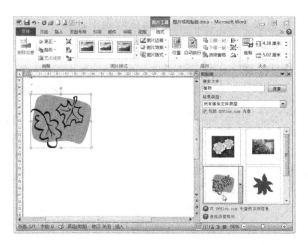

图 4-114 "剪贴画"任务窗格中"搜索文字"文本框

如果要修改搜索范围，则执行下列两项操作或其中之一：

● 将搜索范围扩展为包括 Web 上的剪贴画，需选中"包括 Office. com 内容"复选框。

● 将搜索结果限制于特定媒体类型，单击"结果类型"选项框中的箭头，并选中"插图"、"照片"、"视频"或"音频"复选框。

单击"搜索"按钮。在结果列表中，单击剪贴画将其插入。

3. 插入包含网页超链接的图片

打开 Word 文档。在网页上，右击要插入的图片，从弹出的快捷菜单中然后单击"复制"按钮。在 Word 文档中，右击要插入图片的位置，从弹出的快捷菜单中选择"粘贴"按钮。

4. 插入来自网页的图片

打开 Word 文档，将要插入的图片从网页拖动到 Word 文档中。确保所选图片不是到其他网页的链接。如果拖动的是带有链接的图片，则会插入链接地址，而不是图片。

5. 选中图片

单击文档中的图片，图片边框会出现 8 个尺寸控点，表示该图形已被选中，同时将出现"图片工具"选项卡。利用图片的尺寸控点和"图片工具"选项卡，可以设置图片的格式。

4.8.2　更改图片的环绕方式

插入到 Word 2010 中的图片有两种方式：嵌入型和浮动型。嵌入型图片在 Word 文档中，其性质与文字相同，是随行或段落排版的。嵌入式图片保持其相对于文本部分的位置，默认情况下以嵌入式图片的形式插入图片。浮动型图片是插入绘图层的图形，可在页面上任意放置，使其位于文字或其他对象的上方或下方。浮动式图片保持其相对于页面的位置，并随分布在其周围的文字在该位置浮动。如果要确保图片和引用的文字（例如，图片上方的说明）联系在一起，可以嵌入式图片方式放置图片。

如果图片不在绘图画布上，则选择图片。反之，则选择画布。在标题栏的"图片工具"下的"格式"选项卡上的"排列"组中，单击"位置"按钮，弹出选项列表，如图 4-115 所示。

执行下列操作之一：

● 若要将嵌入式图片更改为浮动式图片，则在列表中选择任一"文字环绕"页面位置选项。

- 若要将浮动式图片更改为嵌入式图片，则在列表中选择"嵌入文本行中"。
- 单击"其他布局选项"按钮，将弹出"布局"对话框的"文字环绕"选项卡，如图4-116所示。选择所需要的环绕方式。

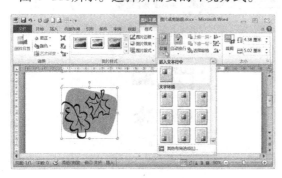

图4-115 "格式"选项卡上的"位置"组　　　　图4-116 "文字环绕"选项卡

4.8.3 调整图片大小和旋转图片

插入到 Word 文档中的图片，用户可以在文档中调整它。

1. 调整图片大小

（1）粗略调整

单击文档中的图片。将指针置于其中的一个控点上，直至鼠标指针变为 ↕、↔、↖ 或 ↗，如图4-117所示。如果要按比例缩放图片，则按住左键拖动图片四个角上的控制点；如果要改变高度或宽度，则同样拖动上、下或左、右边的控制点。待图片大小合适后，松开左键。

（2）精确调整

双击文档中的图片。在标题栏的"图片工具"下"格式"选项卡上的"大小"组中，单击"高度"按钮 高度 或"宽度"按钮 宽度 调整图片的大小。或者，单击"大小"组的对话框启动器 。或者右击图片，从弹出的快捷菜单中单击"大小和位置"按钮，将弹出"设置图片格式"对话框的"大小"选项卡，如图4-118所示。选择"锁定纵横比"命令可保持图片不变形，调整"缩放"下的"高度"或"宽度"微调框，可以精确缩放图片。单击"重置"按钮则图片复原。

图4-117 拖动控制点　　　　图4-118 "设置图片格式"对话框的"大小"选项卡

2. 旋转图片

单击选中文档中的图片，图片边框出现8个尺寸控点和一个绿色的旋转柄。将指针放到绿色的旋转柄上，鼠标指针变为✥，如图4-119a所示。按住左键，鼠标指针变为🔄，拖动鼠标旋转图片，如图4-119b所示。旋转合适后，松开左键，如图4-119c所示。

a)

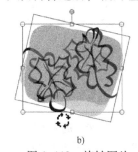
b)

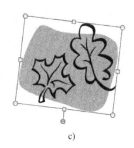
c)

图4-119　旋转图片

a）准备旋转　b）旋转中　c）旋转完成

3. 复制或删除图片

单击图片，执行下列操作之一：

- 复制图片，按〈Ctrl + C〉组合键，或者单击"开始"选项卡上"剪贴板"组中的"复制"按钮 📋复制。
- 剪切图片，按〈Ctrl + X〉组合键，或者单击"开始"选项卡上"剪贴板"组中的"剪切"按钮 ✂剪切。
- 删除图片，按〈Delete〉键。

将插入点置于要放置图片的位置。按〈Ctrl + V〉，或者单击"开始"选项卡上"剪贴板"组中的"粘贴"按钮 📋。

4.8.4　裁剪图片

1. 裁剪图片的边缘

裁剪操作是通过减少垂直或水平边缘来删除或屏蔽不希望显示的图片区域。

1）双击要裁剪的图片，如图4-120a。

2）在标题栏的"图片工具"下的"格式"选项卡的"大小"组中，单击"裁剪"按钮，指针变为✂。

3）将裁剪指针✂置于裁剪控点上，指针将变为├、┬、┴或┤，执行下列操作之一：

- 如果要裁剪某一侧，则按住左键，将该侧的中心裁剪控点向里拖动，如图4-120b所示。
- 如果要同时均匀地裁剪两侧，按住〈Ctrl〉键的同时将任一侧的中心裁剪控点向里拖动。
- 如果要同时均匀地裁剪全部四侧，按住〈Ctrl〉键的同时将一个角部裁剪控点向里拖动。
- 如果要向外裁剪（或在图片周围添加页边距，请将裁剪控点拖离图片中心。

4）若要放置裁剪，请移动裁剪区域（通过拖动裁剪方框的边缘）或图片。

5）完成后按〈Esc〉键，或再次单击"裁剪"按钮上部如图4-120c。

若要将图片裁剪为精确尺寸，请右击该图片，然后在弹出的快捷菜单中选择"设置图片格式"命令。弹出"设置图片格式"对话框，在"裁剪"选项卡上的"图片位置"的"宽度"和"高度"微调框中输入所需数值，如图4-121所示。

2. 裁剪为特定形状

快速更改图片形状的方法是将其裁剪为特定形状。在剪裁为特定形状时，Word 2010会自动修整图片用以填充形状的几何图形，但同时会保持图片的比例不变。

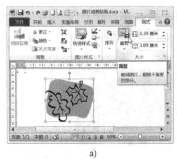

a)

b)

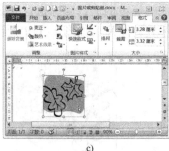

c)

图 4-120　裁剪图片

a）选定图片　b）裁剪图片　c）完成裁剪

双击要裁剪为特定形状的一张或多张图片（"嵌入式"图片不能同时选中多张）。如果要裁剪多个图片，则必须将其裁剪为同一形状。如要裁剪为不同形状，则只可分别裁剪图片。

在标题栏的"图片工具"下"格式"选项卡上的"大小"组中，单击"裁剪"按钮下的箭头。在弹出的列表中单击"裁剪为形状"按钮，然后选择要裁剪成的形状。

3. 裁剪为通用纵横比

用户可以将图片裁剪为通用的照片或纵横比，使其轻松适合图片框。通过这种方法还可以在裁剪图片时查看图片比例。双击要裁剪为通用纵横

图 4-121　"裁剪"窗格

比的图片，在标题栏的"图片工具"下"格式"选项卡上的"大小"组中，单击"裁剪"按钮下的箭头。在弹出的列表中指向"纵横比"，然后选择所需的比例。完成后按〈Esc〉键。

4. 通过裁剪来适应或填充形状

如果要删除图片的某个部分，但仍想尽可能用图片来填充形状，则应选择"填充"命令。选择此选项时，可能不会显示图片的某些边缘，但可以保留原始图片的纵横比（纵横比即图片宽度与高度之比。重新调整图片尺寸时，该比值可保持不变。）；如果要使整个图片都适合形状，则应选择"适合"命令。将保留原始图片的纵横比。

双击图片，在标题栏的"图片工具"下"格式"选项卡上的"大小"组中，单击"裁剪"按钮下的箭头。在弹出的下拉列表中选择"填充"或"适合"命令。完成后按〈Esc〉键。

5. 删除图片的裁剪区域

即使裁剪图片中的某部分，即裁剪部分仍将作为图片文件的一部分保留。删除图片文件中的裁剪部分不仅可以减少文件大小，还有助于防止其他人查看已删除的图片部分。注意，此操作不可撤销。因此，仅当确定全部裁剪和更改后，才可执行此操作。

双击要丢弃不需要信息的一张或多张图片。在标题栏的"图片工具"下的"格式"选项卡上，单击"调整"组中的"压缩图片"按钮，弹出"压缩图片"对话框，如图 4-122 所示。在"压缩选项"对话框下，选中"删除图片的裁

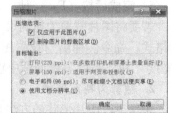

图 4-122　"压缩图片"对话框

剪区域"复选框。如果仅删除文件中选定图片的裁剪部分，则选中"仅应用于此图片"复选框。

6. 关闭图片压缩功能

为了保证最佳图片质量，可以将文件中的所有图片关闭压缩。但是，当文件大小没有上限时，关闭压缩会导致文件过大。单击"文件"选项卡下的"选项"，然后单击"高级"按钮。在弹出的对话框的"图像大小和质量"选项旁边，选择要关闭其图片压缩的文件。在"图像大小和质量"选项下，选中"不压缩文件中的图像"复选框。注意，此设置仅适用于当前文件或在列表中选定的文件中的图片。

4.8.5 修饰图片

用户可以通过添加阴影、发光、映像、柔化边缘、凹凸和三维旋转等效果来增强图片的视觉效果。也可以在图片中添加艺术效果或更改图片的亮度、对比度或模糊度。

注意，*有些修饰图片的操作需要把文档保存为 docx 格式，而不能保存为以前的文件格式 doc，以确保所添加的修饰效果都可显示。*

1. 添加图片预设样式

双击图片，图片边框会出现 8 个尺寸控点，标题栏上会出现"图片工具"。在"图片工具"下"格式"选项卡上的"图片样式"组中，单击"图片样式"后的"其他"按钮 ，从列表中选择需要的预设样式，如图 4-123 所示。可以将鼠标指针移至任一效果上，并使用"实时预览"功能查看应用该效果后的图片外观，然后再选择所需的效果。

图 4-123　图片样式

2. 给图片添加边框

给图片添加边框的操作为：单击要添加边框的图片。在标题栏的"图片工具"下"格式"选项卡的"图片样式"组中，单击"图片边框"按钮，从弹出的下拉列表中分别选择"颜色""粗细"和"虚线"。

3. 更改图片的亮度、对比度

用户可以调整图片的相对光亮度（亮度）、图片最暗区域与最亮区域间的对比度。双击要调整的图片。在标题栏的"图片工具"下"格式"选项卡上的"调整"组中，单击"更正"按钮 ，如图 4-124 所示。

图 4-124　"图片工具"下"格式"选项卡上的"调整"组

打开"更正"列表，在"亮度和对比度"组下，单击所需的缩略图。

若要微调亮度值，在"更正"列表底部单击"图片修正选项"，弹出"设置图片格式"对话框的"图片更正"窗格，如图 4-125 所示。在"亮度和对比度"组下，移动"亮度""对比度"滑块，或在滑块旁边的框中输入一个数值。

4. 重设图片

如果想重新设置图片的格式，可单击所选定的图片。在标题栏的"图片工具"下的"格式"选项卡的"调整"组中，选择"重设图片"命令，将取消对图片所作的设置。

5. 添加或更改图片效果

双击要添加效果的图片。若要将一种效果添加到多张图片中，可单击第一张图片，然后按住〈Ctrl〉键并单击其他图片（必须是浮动图片）。在 Word 2010 中，必须把图片复制到一张绘图画布上（添加或更改效果后，可以将图片复制粘贴回文档中的原始位置）。

图 4-125　"图片更正"窗格

在标题栏的"图片工具"下"格式"选项卡上的"图片样式"组中，单击"图片效果"按钮 。打开列表，执行其中的一项或多项操作。

6. 消除图片背景

用户可以消除图片背景，或消除杂乱的细节，以强调或突出图片主题。可以使用自动背景消除功能，也可以使用一些线条画出图片背景保留区域。

单击图片，在标题栏的"图片工具"下"格式"选项卡上的"背景"组中，单击"背景消除"按钮。单击点线框线条上的一个控制点（句柄），然后按住左键拖动线条，使之框住希望保留的图片部分，并将大部分消除的区域排除在外。大多数情况下，不需要执行任何附加操作，而只需不断尝试点线框线条的位置和大小，就可以获得满意的效果。

如有必要，请执行下列一项或两项操作。

- 若要指示不希望自动消除的图片部分，可单击"用线条绘制出要保留的区域"。
- 若要指示除了自动标记要消除的图片部分外，其他部分还要消除，可单击"标记要消除的区域"。

提示，如果对线条标出的要保留或删除的区域不满意，想要更改它，可单击"删除标记"按钮，然后单击线条进行更改。

选择"关闭"组中的"关闭并保留更改"命令。消除图片背景的操作过程如图 4-126 所示。

注意，若要取消自动背景消除，请选择"关闭"组中的"关闭并放弃更改"命令。

图 4-126　消除图片背景

4.9 插入艺术字

艺术字是添加到文档中的装饰性文本，是由用户创建的、带有预设效果的文字对象。

1. 插入艺术字

在文档中要插入艺术字的位置单击。在"插入"选项卡上的"文本"组中，单击"艺术字"按钮，如图 4-127 所示。从弹出的下拉列表中单击任一艺术字样式，然后应用到艺术字框中的文字上，如图 4-128 所示。

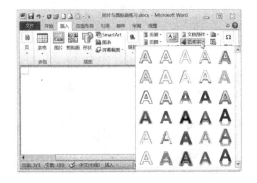
图 4-127　艺术字列表的艺术字样式

图 4-128　应用到艺术字框中的文字

对于艺术字框中的文字，用户可以重新设置字体格式、外观等，如图 4-129 所示。

图 4-129　重新设置艺术字格式

2. 更改艺术字

双击要更改的艺术字文本边框。在标题栏的"绘图工具"下"格式"选项卡上，单击任一选项按钮。例如，通过单击"文本"组中的"文字方向"按钮为文本选择新方向，同时也会更改艺术字文本的方向。还可以在"开始"选项卡的"字体"组中更改字体、字号、字形、颜色等。

4.10 插入文本框

文本框是一种可移动、可调大小的放置文字或图形的容器。文本框可以像图形一样放置在页面中的任何位置，可以设置样式、边框、阴影等格式。文本框主要用于设计复杂版面。使用文本框，可以在一页上放置多个文字块，或使文字不同的方向排列。

1. 绘制文本框

在"插入"选项卡上的"文本"组中，单击"文本框"按钮，弹出文本框列表。单击列表下部的"绘制文本框""绘制竖排文本框"按钮，如图4-130所示。指针变为十，在文档中需要插入文本框的位置单击或按住左键拖动所需大小的文本框。

如果要向文本框中添加文本，则可单击文本框，然后输入或粘贴其他处的文本，如图4-131所示。

图4-130　文本框列表　　　　　　　　图4-131　在文本框中添加内容

若要设置文本框中文本的格式，请选择文本，然后使用"开始"选项卡上"字体"组中的格式设置选项。

若要确定文本框的位置，请单击该文本框，直至指针变为十，再按住左键将文本框拖到新位置。

如果绘制了多个文本框，则可将各个文本框链接在一起，以便文本框能够互相联系。单击其中一个文本框，然后在标题栏的"文本框工具"下"格式"选项卡上的"文本"组中选择"创建链接"命令。

2. 插入内置文本框

内置文本框是Word 2010预设样式的一组文本框模板，使用时只需把文本框中的示例文字替换为所需文字即可。在文档中，在要放置文本框的位置单击。在"插入"选项卡上的"文本"组中，单击"文本框"按钮，弹出内置的文本框列表，如图4-132所示。要查看更多的文本框模板，可拖动列表右侧的滚动条。在列表中，单击需要的文本框模板，则该内置文本框将插入到文档中，如图4-133所示。在文本框中，可删除不需要的示例文字，输入或粘贴新的内容（包括文字、图片等），设置文字的格式。还可更改文本框的大小、在页面中的位置，设置文本框的格式。

3. 更改文本框的边框

用户还可以更改或删除文本框的边框的颜色、粗细或样式。同时，也可以删除整个边框，把文本框作为特殊的图片，像图片一样来操作，例如选定、移动、调整大小、设置或取消边框、填充等等。若要更改文本框或形状的边框，操作步骤为：双击或单击要更改的文本框的边框。如果要更改多个文本框，请单击第一个文本框的边框，然后按住〈Ctrl〉键，同时单击其他文本框的边框。在标题栏的"绘图工具"下"格式"选项卡上的"形状样式"组中，执行下列操作。

图 4-132　文本框列表

图 4-133　插入到文档中的内置文本框

- 若要更改边框的颜色，单击"形状填充"按钮，然后在列表中选择所需的颜色。
- 若要更改边框的粗细，单击"形状轮廓"按钮，然后选择所需的线条粗细。
- 若要更改边框的效果，单击"形状效果"按钮，然后选择所需的效果。
- 若要删除边框，单击"形状轮廓"按钮，然后选择"无轮廓"命令。

4. 复制文本框

单击要复制的文本框的边框。在"开始"选项卡上的"剪贴板"组中，选择"复制"命令。

用户需确保指针不在文本框内部，而是在文本框的边框上。如果指针不在边框上，则会复制文本框内的文本，而不会复制文本框。在"开始"选项卡上的"剪贴板"组中，选择"粘贴"命令。

5. 删除文本框

单击要删除的文本框的边框，然后按〈Delete〉键。确保指针不在文本框内部，而是在文本框的边框上。如果指针不在边框上，则会删除文本框内的文本，而不会删除文本框。

4.11　添加形状

Office 中的形状是一些已预设的矢量图形对象，包括线条、基本几何形状、箭头、公式形状、流程图形状、星、旗帜和标注等。

4.11.1　插入形状

1. 向文档中添加形状

在文档中要创建形状的位置单击。在"插入"选项卡上的"插图"组中，单击"形状"按钮，如图 4-134 所示。弹出的形状列表中提供了 6 种类型形状：线条、基本形状、箭头总汇、流程图、标注和星与旗帜。选择所需形状，接着单击文档中的任意位置，按住左键拖动以放置形状，如图 4-135 所示。如果要创建规范的正方形或圆形（或限制其他形状的尺寸），则在拖动的同时按住〈Shift〉键。

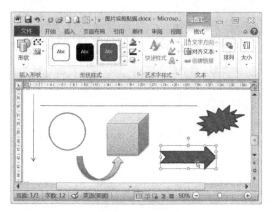

图 4-134 "插入"选项卡上的"插图"组　　　　　　图 4-135 添加形状

2. 调整形状的大小

要调整形状的大小，单击该形状，然后按住左键拖动它的尺寸控点，可以更改对象的大小。

3. 移动形状

选定要移动的形状，将其拖到新的位置。如果要限制形状只能横向或纵向移动，则需先按住〈Shift〉键再拖动形状。也可以选定形状后，按住〈Alt〉键，随意拖动形状来移动。

选中形状后，按键盘上的〈→〉、〈←〉、〈↑〉、〈↓〉键也能使其移动。如果要随意移动形状，则要先按住〈Ctrl〉键，再按键盘上的〈→〉、〈←〉、〈↑〉、〈↓〉键。

4. 重调形状

选中形状后，如果形状中包含黄色的调整控点 ◇，则表示可重调该形状。如果则只能调整形状的大小。将指针置于黄色的调整控点上，指针将变为 ▷，如图 4-136 所示。按住左键，然后拖动控点以重调形状。

5. 向形状添加文字

右击要向其添加文字的形状，从弹出的快捷菜单中选择"添加文字"命令。插入点出现在形状中，然后输入文字，如图 4-137 所示。

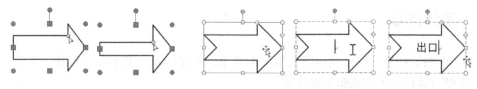

图 4-136 重调形状　　　　　　图 4-137 向形状添加文字

添加的文字将成为形状的一部分，如果旋转或翻转形状，文字也会随之旋转或翻转。

同时，也可以为形状中的文字添加项目符号或列表。右击选定的文字，在弹出的快捷菜单上，选择"项目符号"或"编号"命令。

4.11.2　形状的排列、组合

1. 翻转对象

双击要翻转的形状、图片、剪贴画或艺术字。在标题栏的"绘图工具"下"格式"选项卡上的"排列"组中，单击"旋转"按钮 ![旋转] 或 ![] 后的箭头。然后从弹出的列表中选择"向右转转 90°""向左旋转 90°""垂直旋转"或"水平旋转"命令。

2. 叠放对象

单击图形，如果看不到叠层的某个对象，可以按〈Tab〉键向前循环变换（或按〈Shift +Tab〉组合键向后循环）对象，直到选定的对象。在标题栏的"绘图工具"下，在"格式"选项卡上的"排列"组中，单击"上移一层" ![上移一层] 或"下移一层" ![下移一层] 按钮后的箭头。然后从弹出的列表中选择"置于顶层""置于底层""上移一层"或者"下移一层"命令。或者右击对象，指向弹出的快捷菜单中的"叠放次序"选项，再选择子菜单中的项目。

3. 组合对象

组合对象是将多个对象组合在一起，以便将它们作为一个对象来进行移动、缩放等。先按住〈Shift〉键，单击需组合的各个对象。右击图形，指向弹出的快捷菜单中的"组合"选项，单击子菜单中的"组合"按钮 ![组合]，如图 4-138 所示。或者在"绘图工具"下的"格式"选项卡上的"排列"组中，单击"组合"按钮。

取消对象组合方式的方法为：右击对象，指向弹出的快捷菜单中的"组合"选项，选择子菜单中的"取消组合"命令。

4. 插入绘图画布

如果要插入一组形状，最好把形状放到绘图画布上。首先插入绘图画布，在"插入"选项卡上的"插图"组中，单击"形状"按钮，从弹出的下拉列表中选择"新建绘图画布"命令。画布将出现在文档中，如图 4-139 所示。

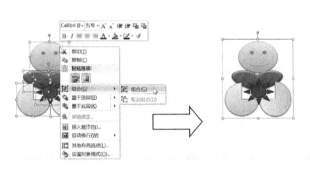

图 4-138　组合图形对象前后

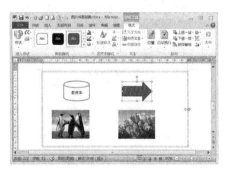

图 4-139　插入画布

在标题栏的"绘图工具"下的"格式"选项卡上，单击"插入形状"组中的"其他"按钮旁的小箭头 ![]。在弹出的下拉列表中单击所需形状，在画布中按住左键拖动以放置形状。

4.12　标题样式和目录

在编辑长文档（如书稿、报告、论文）时，除了需输入大量文字外，还要设置大量标题、正文的格式，例如相同标题级别的"节"都采用相同的字体、字号、对齐方式等格式。使用样式可一次性设置这些格式。用户可以一边输入文字，一边使用样式来快速排版。如果修改了某个样式，则会使整篇文档中所有应用这个样式的段落自动更改格式。使用样式，还便于文档的分层查看和目录的生成。

4.12.1 样式

样式是指设置某一段落或文字的一组参数，包括字体、字号、颜色、对齐方式、间距等格式。把一组格式命名为一个样式后，就可以将它应用于文档中的段落或文字中。也可以使用内置样式或自定义样式。

1. 应用标题样式

标题样式是应用于标题的格式设置。Word 有 9 个不同的内置样式（标题 1～标题 9）。

（1）通过"快速样式"库应用样式

Word 2010 预设了一些样式，如正文、标题 1、标题 2 等，用户可以利用这些样式格式化段落。

如果要应用整个段落的样式，则在段落中的任何位置单击；如果仅对文本应用样式，则选中要应用样式的文本。在"开始"选项卡上的"样式"组中，单击"快速样式"库中所需的标题样式，例如"标题 1"。可继续单击"其他"按钮 库展开"快速样式"库。将指针放在要预览的样式上，可以预览所选的文本应用了特定样式后的外观，如图 4-140 所示。

（2）通过"样式"任务窗格应用样式

选择要应用样式的标题、段落或文字。在"开始"选项卡上，单击"样式"组的对话框启动器 按钮，弹出"样式"任务窗格。如图 4-141 所示，其中列出了当前文档的样式。选中"样式"任务窗口下部的"显示预览"。选择"样式"任务窗格中的样式名称，例如"标题 2"。

图 4-140 通过"快速样式"库应用样式

图 4-141 通过"样式"任务窗格应用样式

2. 修改样式

"快速样式"库中的样式，无法满足用户的各种要求，因此都要修改样式的格式。

（1）通过"快速样式"库修改样式

1）首先选择要修改样式的标题、段落或文本，应用该样式。例如，修改正文段落。

2）修改应用该样式后的标题、段落或文本。用户可以更改字体、字号、段落缩进、间距等。例如，把第一段正文"本章介绍计算机的发展 ... 等内容"的字体格式和段落格式改为：中文宋体，英文 Times New Roman 字体，两端对齐，单倍行距，首行缩进 2 字符。

3）把修改后的格式更新到样式库中。在"开始"选项卡上的"样式"组中，右击自定义的标题样式，然后选择"更新正文以匹配所选内容"命令，如图4-142所示。更新正文后，所有段落正文都将自动更新。

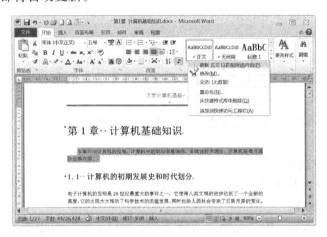

图4-142　通过"快速样式"库修改正文样式

用同样方法，可修改"标题1"的"第1章　计算机基础知识"的样式。例如，把"第1章　计算机基础知识"的字体格式和段落格式改为：幼圆、小二、加粗、居中，段前32磅、段后16.5磅，首行缩进0厘米。

（2）通过"样式"任务窗格修改样式

首先选择要修改样式的标题、段落或文本。应用该样式。在"开始"选项卡上，单击"样式"组的对话框启动器按钮，弹出"样式"任务窗格。单击"样式"任务窗格中的样式名称，例如"标题2"。修改应用该样式后的标题，如更改字体、字号、段落缩进、间距等。把修改后的格式更新到样式库中。在"样式"任务窗格中，单击要修改样式右端的箭头，从列表中单击"更新XXX以匹配所选内容"，如图4-143所示。也可以单击"修改"按钮，则会弹出"修改样式"对话框，如图4-144所示。根据需要修改选项，单击"格式"按钮，从列表中分别选择"字体"、"段落"等选项，分别修改。

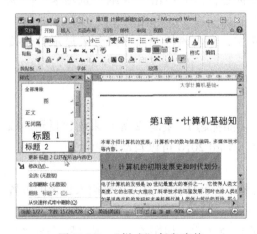

图4-143　"样式"任务窗格

图4-144　"修改样式"对话框

4.12.2　在大纲视图中查看文档组织

大纲视图是一种以缩进文档标题的形式来代表标题在文档结构中级别的页面浏览方式。在大纲视图中，用户可以方便地查看文档结构、编辑长文档。

1. 切换到大纲视图

单击状态栏上的"大纲视图"按钮，或者单击"视图"选项卡上"文档视图"组中的"大纲视图"按钮，可把编辑窗口切换为大纲视图的所有级别显示方式，如图4-145所示。

如果要切换回页面视图或其他视图，单击状态栏上的"页面视图"按钮或其他视图按钮。

2. 在大纲视图中查看文档

大纲视图可以清晰地显示出文档的层次结构，使用其功能区的"大纲"选项卡，可以设置文档的显示层次级别。

- 要显示某一级标题，在"大纲"选项卡上"大纲工具"组中点击"显示级别"右侧的下拉箭头，从弹出的列表中选择级别。如图4-146所示显示的是4级标题。

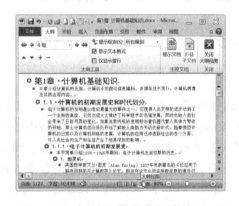 

图4-145　大纲视图的所有级别显示方式　　　　　图4-146　显示4级标题

- 要折叠某一标题下的子标题或正文，单击该标题，然后单击"大纲"选项卡上"大纲工具"组中的"展开"或"折叠"按钮，如图4-145和图4-146所示。
- 要展开或折叠某一标题下的全部子标题和正文，双击该标题前面的分级显示符号按钮，如图4-145和图4-146所示。

4.12.3　创建目录

可通过对要包括在目录中的文本应用标题样式（如标题1、标题2等）来创建目录。以这种方式创建目录，如果在文档中对其进行了更改，Word 2010可以自动更新目录。

1. 从库中创建目录

使用标题样式标记目录项之后，就可以生成目录了。具体操作为：在要插入目录的位置单击，通常在文档的开始处。在"引用"选项卡上的"目录"组中，单击"目录"按钮，弹出目录列表，如图4-147所示。然后选择所需的目录样式。如图4-148所示是单击"自动目录1"选项后生成的目录。

图 4-147　目录列表

图 4-148　"自动目录 1"样式的目录

2. 创建自定义目录

1）在要插入目录的位置单击。

2）在"引用"选项卡上的"目录"组中，单击"目录"按钮，然后从弹出的列表中单击"插入目录"按钮。

3）弹出"目录"对话框，如图 4-149 所示。在"目录"对话框中，执行下列任一操作：

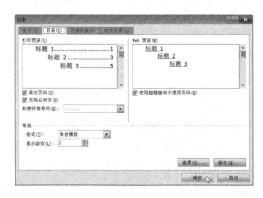

图 4-149　"目录"对话框

- 如果要更改在目录中显示的标题级别数目，则可在"常规"下的"显示级别"旁边的框中输入所需的数目。
- 如果要更改目录的整体外观，则可单击"格式"列表中的其他格式。还可以在"打印预览"和"Web 预览"区域中预览目录外观。
- 如果要更改输入文本和页码间显示的行的类型，则可单击在"制表符前导符"列表中的选项。
- 如果要更改在目录中显示标题级别的方式，则可单击"修改"按钮。在弹出的"样式"对话框中，单击要更改的级别，然后再次单击"修改"按钮。在"修改样式"对话框中，用户可以更改字体、字号和缩进量。

4）若要在目录中使用自定义样式，则可单击"选项"按钮，然后执行下列操作：

a. 在"有效样式"下，查找应用于文档中的标题的样式。

b. 在样式名旁边的"目录级别"下，键入 1~9 中的一个数字，表示希望标题样式代表的级别。如果希望仅使用自定义样式，则删除内置样式的目录级别数字，如"标题1"。

c. 对每个要包括在目录中的标题样式重复步骤一和步骤二。

d. 选择"确定"命令。

5）选择适合文档类型的目录：

- 打印文档：如果要创建将打印的文档，那么在创建目录时，应使每个目录项列出标题和标题所在页面的页码，便于用户翻阅。
- 联机文档：对于要在 Word 中联机阅读的文档的情况，用户可以将目录中各项的格式设置为超链接，以便可以通过单击目录中的某项转到对应的标题。

6）单击"确定"按钮。

3. 更新目录

如果添加或删除了文档中的标题或其他目录项，则可以快速更新目录。在"引用"选项卡上的"目录"组中，单击"更新表格"按钮。弹出"更新目录"对话框，如图 4-150 所示，选中"只更新页码"或"更新整个目录"单选按钮。

图 4-150 "更新目录"对话框

4. 删除目录

在"引用"选项卡上的"目录"组中，单击"目录"按钮，然后选择"删除目录"命令。如果本项不能使用，可选中生成的目录，按〈Delete〉键。

4.13 批注和修订

批注和修订是 Word 2010 的审阅功能。

批注是作者或审阅者为文档添加的注释或批注。当文档审阅者只评论文档，而不是直接修改文档时就可以使用批注。批注使用独立的批注框来注释或注解文档，因而其并不影响文档的内容。Word 2010 会为每个批注自动赋予不重复的编号和名称。

修订是显示文档中所做的诸如删除、插入或其他编辑更改的位置的标记，可直接修改文档。修订用标记反映多位审阅者对文档所做的修改，这样原作者可以复审这些修改并做出相应修订。

4.13.1 使用批注

批注是作者或审阅者为文档添加的注释或批注。批注框出现在文档的页边距处。

1. 插入批注

在文档中插入文字批注可按如下方法：

1）单击要插入批注的位置或者选定要插入批注引用的文本，或单击文本的末尾处。

2）在"审阅"选项卡上的"批注"组中，单击"新建批注"按钮，如图 4-151 所示。

3）在文档窗口右侧出现的批注框中输入批注文字。用户可以对批注文字格式化。

如果要切换到文档窗口中，可直接在文档窗口中单击。

4）重复步骤 1）~3），插入多个批注。

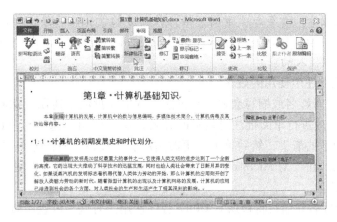

图 4-151　新建批注

2. 删除批注

如果不希望在审阅文档时显示批注，则必须通过删除文档中的批注来清除它们。

- 删除单个批注，可右击该批注，然后从弹出的快捷菜单中选择"删除批注"命令。或者单击选中要删除的批注后，在"审阅"选项卡上的"批注"组中，选择"删除"命令。

- 删除文档中的所有批注，可在"审阅"选项卡上的"批注"组中，单击"删除"按钮后的箭头，然后选择"删除文档中的所有批注"命令。

3. 删除特定审阅者的批注

1）在"审阅"选项卡上的"跟踪"组中，单击"显示标记"按钮后的箭头，如图 4-152 所示。

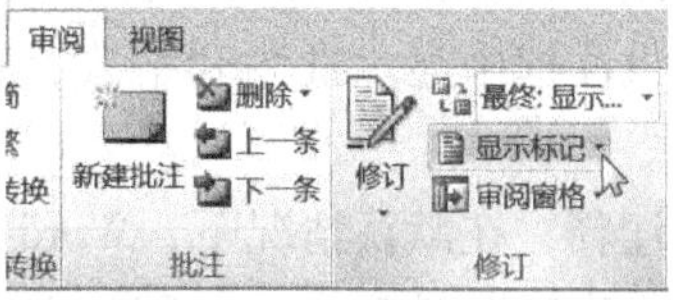

2）如果清除所有审阅者的批注，则将指针指向"审阅者"选项，然后取消"所有审阅者"复选框的选择。

图 4-152　单击"显示标记"后的箭头

3）再次单击"显示标记"按钮旁的箭头，指向"审阅者"，然后取消要删除其批注的审阅者姓名前的复选框的选择。

4）在"批注"组中，单击"删除"按钮下的箭头，然后选择"删除所有的显示批注"命令。

注释，此过程会删除选择的审阅者的所有批注，包括整篇文档中的批注。

提示，也可通过使用审阅窗格审阅和删除批注。要显示或隐藏审阅窗格，请选择"修订"组中的"审阅窗格"命令。如果要将审阅窗格移动到屏幕底部，则单击"审阅窗格"按钮旁的箭头，然后选择"水平审阅窗格"命令。

4. 更改批注

如果批注在屏幕上不可见，请单击"审阅"选项卡上"修订"组中的"显示标记"按钮。

单击要编辑的批注框的内部，进行所需的更改。

注意：如果批注框处于隐藏状态或只显示部分批注，可以在审阅窗格中更改批注。要显示审阅窗格，请单击"修订"组中的"审阅窗格"；要使审阅窗格在屏幕底部水平显示而不是在屏幕侧边垂直显示，请单击"审阅窗格"按钮旁的箭头，从弹出的列表中选择"水平审阅窗格"命令。要响应批注，请单击其批注框，然后单击"批注"组中的"新建批注"按钮。在新批注框中键入响应。

5. 添加或更改批注中使用的姓名

Word 2010 审阅者姓名或缩写会显示在批注气球中（批注不使用气球时，显示在方括号中）。用户也可以更改进行审阅批注时显示的姓名。在"审阅"选项卡上的"修订"组中，单击"修订"按钮下的箭头，然后单击"更改用户名"按钮，将会弹出"Word 选项"对话框的"常用"选项。在"对 Microsoft Office 进行个性化设置"组下，更改要在自己的批注中使用的姓名或缩写。

注释：输入的姓名和缩写将被所有 Office 程序使用。对这些设置所做的任何更改都会影响其他 Office 程序。

更改要在批注中使用的姓名或缩写，只会影响更改后所做的批注，不会更新前文档中已有的批注。

6. 查看批注

用户也可从视图中隐藏批注。若要了解文档中是否仍有批注，则单击"审阅"选项卡上"修订"组中的"显示标记"按钮。

4.13.2 在编辑文档时进行修订

用户在编辑文档时，可以轻松地做出修订和批注并查看它们。Word 2010 默认情况下，仅在批注框中显示批注和格式，可以设置在批注框中显示修订，或者以嵌入方式显示所有修订。

注释，在默认情况下，Word 2010 会显示修订和批注。"显示标记的最终状态"是"显示以供审阅"选项卡中的默认选项。

1. 在编辑时进行修订（打开修订）

在打开修订功能的情况下，可以查看在文档中所做的所有更改。也可以跟踪每个插入、删除、移动、格式更改或批注操作，以便在以后审阅所有这些更改。

打开要修订的文档。在"审阅"选项卡上的"跟踪"组中，单击"修订"按钮，如图 4-153 所示。通过插入、删除、移动或格式化文本或图形等操作进行所需的修订。同时，也可以添加批注。

图 4-153 "审阅"选项卡上的"修订"组中的"修订"

注释，如果使用修订，则将文档另存为网页（htm 或 html）格式，修订也会出现在网页上。

如果"修订"命令不可用，可能必须关闭文档保护功能。在"审阅"选项卡上的"保护"组中，单击"限制编辑"按钮，然后选择"保护文档"任务窗格底部的"停止保护"命令（可能需要知道文档密码）。

2. 把修订指示器添加到状态栏

若要向状态栏添加修订指示器，则右击状态栏，从弹出的快捷菜单中选择"修订"命令。单击状态栏上的"修订"按钮 页面: 1/3　字数: 1,608　英语(美国)　修订: 打开　插入 可以打开或关闭修订功能。

3. 关闭修订

当关闭修订时，用户可以修订文档而不会对更改的内容做出标记。

在"审阅"选项卡上的"修订"组中，单击"修订"按钮。如果已经把修订按钮添加到状态栏上，则单击"修订"按钮，使其关闭。

注意：关闭修订功能不会删除任何已被跟踪的更改。要取消修订功能，请确保所有修订内容都已显示。在取消前，对文档中的每个修订使用"接受"或"拒绝"命令。

4. 更改标记显示方式

执行下列任意操作：

● 更改用来标记修订文本和图形的颜色和其他格式，方法是单击"修订"按钮下的箭头，然后选择"修订选项"命令。

注意：尽管无法对不同审阅者做出的更改指定其特定颜色，但每个审阅者的更改在文档中都会以不同的颜色出现，以便区分不同的审阅者。

● 以内嵌方式查看所有修订内容（包括删除内容），而不是在文档页边距中出现的批注框中查看。若要显示嵌入式修订，可在"修订"组中单击"批注框"按钮，然后选择"以嵌入方式显示所有修订"命令。

● 要突出显示所有批注框所在的页边距区域，请单击选择"显示标记"按钮下的"标记区域突出显示"命令。

4.13.3　审阅文档中的修订和批注

用户可以跟踪每个插入、删除、移动、格式更改或批注操作，以便在以后审阅所有这些更改。

单击"审阅窗格"按钮可显示文档中当前出现的所有更改、更改的总数以及每类更改的数目。

当审阅修订和批注时，可以接受或拒绝每一项更改。在接受或拒绝文档中的所有修订和批注之前，即使是发送或显示文档中的隐藏更改，审阅者也能够看到。

1. 审阅修订摘要

"审阅窗格"是一个方便实用的工具，借助它可以确认是否已经从文档中删除了所有修订，使这些修订不会让其他人阅览到。"审阅窗格"顶部的摘要部分显示了文档中仍然存在的可见修订和批注的确切数目。通过"审阅窗格"显示的列表，还可以读取在批注气泡中容纳不下的长批注。在"审阅"选项卡上的"修订"组中单击"审阅窗格"按钮，在屏幕侧边查看摘要，如图 4-154 所示。若要在屏幕底部而不是侧边查看摘要，请单击"审阅窗格"旁的箭头，然后单击"水平审阅窗格"按钮。

若要查看每类更改的数目，则单击"显示详细汇总"按钮。

注意："审阅窗格"与文档或批注气泡不同，它不是修改文档的最佳工具。这种情况下应在文档中进行所有编辑修改，而不是在"审阅窗格"中删除文本、批注或进行其他修改。

这些修改随后将显示在"审阅窗格"中。

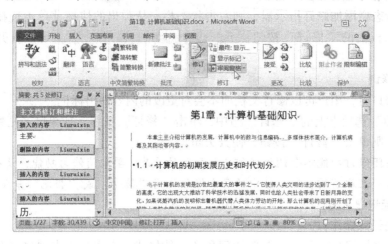

图 4-154 "审阅"窗格

2. 按顺序审阅每一项修订和批注

1）在"审阅"选项卡上的"更改"组中，单击"下一条"或"上一条"。执行下列操作之一：

- 在"更改"组中，单击"接受"按钮。
- 在"更改"组中，单击"拒绝"按钮。
- 在"批注"组中，单击"删除"按钮。

2）接受或拒绝更改并删除批注，直到文档中不再有修订和批注。

为了确保所有的修订被接受或拒绝以及所有的批注被删除，请在"审阅"选项卡的"修订"组中单击"审阅窗格"。"审阅窗格"顶部的摘要部分显示了文档中仍然存在的修订和批注的确切数目。

3. 一次接受或拒绝所有更改

在"审阅"选项卡上的"更改"组中，单击"下一条"按钮或"上一条"按钮。单击"接受"下方的箭头，然后选择"接受对文档的所有修订"命令。或者单击"拒绝"下方的箭头，然后选择"拒绝对文档的所有修订"命令。

4. 按编辑类型或特定审阅者审阅更改

在"审阅"选项卡上的"修订"组中，单击"显示标记"旁边的箭头。执行下列操作之一：

- 清除除了要审阅的更改类型的复选框以外的所有复选框。
- 指针指向"审阅者"按钮，找到要审阅其做出的更改的审阅者，清除除了这些审阅者名称旁边的复选框以外的所有复选框。若要选择或清除列表中所有审阅者的复选框，则单击"所有审阅者"选项，如图 4-155 所示。

在"审阅"选项卡上的"更改"组中，单击"下一条"或"上一条"按钮。执行下列操作之一：

- 在"更改"组中，单击"接受"按钮。
- 在"更改"组中，单击"拒绝"按钮。

图 4-155 "审阅者"选项

4.14 检查拼写和语法错误

在文档中会看到在某些单词或短语的下方标有红色、蓝色或绿色的波浪线，这是由 Word 2010 提供的"拼写和语法"检查工具。它会根据 Word 2010 的内置字典标示出的含有拼写或语法错误的单词或短语。其中红色或蓝色波浪线表示单词或短语含有拼写错误，而绿色下画线表示语法错误，当然这种错误仅仅是一种修改建议。用户可以在 Word 文档中使用"拼写和语法"检查工具检查 Word 文档中的拼写和语法错误。操作步骤如下：

1）打开 Word 文档窗口，如果看到该 Word 文档中包含有红色、蓝色或绿色的波浪线，说明文档中存在拼写或语法错误。单击"审阅"选项卡，在"校对"组中单击"拼写和语法"按钮，如图 4-156 所示。

2）弹出"拼写和语法"对话框，如图 4-157 所示。保证"检查语法"复选框的选中状态。在错误提示的文本框中将以红色、绿色或蓝色字体标示出存在拼写或语法错误的单词或短语，如图 4-157 所示。确认它们是否确实存在拼写或语法错误，如果确实存在，再在文本框中进行更改，然后单击"更改"按钮。如果标示出的单词或短语没有错误，可以单击"忽略一次"或"全部忽略"按钮，即忽略关于此单词或词组的修改建议。也可以单击"词典"按钮将标示出的单词或词组加入到 Word 2010 内置的词典中。

图 4-156 "审阅"选项卡的"校对"组

图 4-157 "拼写和语法"对话框

3）完成拼写和语法检查，在"拼写和语法"对话框中单击"关闭"或"取消"按钮。

注意：Word 提供的语法检查并不总是对的，仅可作为一种参考。

4.15 插入公式

Word 2010 采用新的公式编辑工具，所以有些公式编辑工具在兼容模式下将被禁用，只有在 Word 2010 模式下才能使用。

1. 插入常用的或预先设好格式的公式

在"插入"选项卡上的"符号"组中，单击"公式"按钮旁边的箭头 ，弹出下拉列表，如图 4-158 所示。要查看更多的内置公式列表，可拖动列表右侧的滚动条。

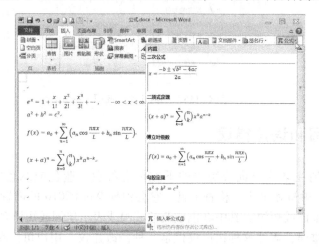

图 4-158　公式列表

在列表中，单击所需的公式，该公式即被插入到文档中。

如果要修改公式，在该公式中要修改的位置单击，输入新内容，按〈Delete〉键删除原有内容。

2. 插入新公式

如果内置公式不能满足要求，则可自己新建公式。在输入公式时，Word 2010 可以将该公式自动转换为具有专业格式的公式。在"插入"选项卡上的"符号"组中，单击"公式"按钮旁边的箭头，然后从下拉列表中选择"插入新公式"命令。文档中显示"在此处键入公式"公式编辑框，并出现公式编辑工具栏，如图 4-159 所示。然后即可在公式编辑框中输入公式。

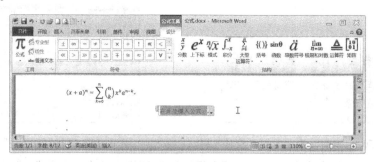

图 4-159　键入公式

（1）插入数学符号

在"公式工具"下的"设计"选项卡上，单击"符号"组的"其他"按钮。弹出符号列表，单击符号集名称右侧的下拉箭头，展开符号集列表，如图 4-160 所示。然后单击要插入的符号。

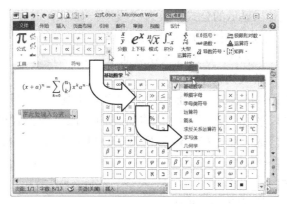

图 4-160　插入符号

Office 2010 提供了 8 类符号集。

- 基本数学符号：常用的数学符号。
- 希腊字母：希腊字母表中的小写字母、希腊字母表中的大写字母。
- 字母类符号：类似于字母的符号。
- 运算符：常用二元运算符、常用关系运算符、基本 N 元运算符、高级二元运算符、高级关系运算符。
- 箭头：表示方向的符号。
- 求反关系符：表示求反关系的符号。
- 脚本：数学脚本字体、数学花体字体、数学双线字体。
- 几何图形：常用的几何符号。

（2）插入常用数学结构

在"公式工具"下"设计"选项卡上的"结构"组中，单击所需的结构类型（如分数、根式、积分等），然后选择所需的结构，如图 4-161 所示。如果结构包含占位符，则在占位符内单击，然后输入所需的数字或符号。公式占位符是公式中的小虚框。

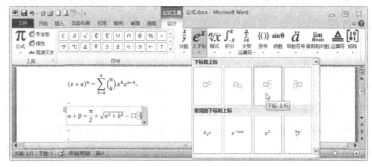

图 4-161　插入常用数学结构

（3）设置公式选项

单击公式框右侧的下拉箭头，弹出如图 4-162 所示的下拉列表，其中列出了对公式进行设置的选项。选项包括。

- 另存为新公式：把当前公式保存到公式库列表中。
- 专业型：把"线性"显示的公式转换为"专业型"显示。

图 4-162　公式下拉列表选项

- 线性：把"专业型"显示的公式转换为"线性"显示。
- 更改为"内嵌"：把公式更改为内嵌对象方式。
- 两端对齐：利用其子菜单，设置公式在页面中的对齐方式。

3. 将公式添加到常用公式列表中

在文档中，选择要添加的公式。在标题栏的"公式工具"下"设计"选项卡上的"工具"组中，单击"公式"按钮，然后单击"将所选内容保存到公式库"。在"新建构建基块"对话框中，输入公式的名称。在"库"列表中，单击"公式"按钮。选择所需的其他选项。

4. 更改编写的公式

单击要编辑的公式，进行所需的更改。

5. 删除公式

单击公式框左上角的"选取"按钮，选中公式。按〈Delete〉键。

4.16 习题

一、选择题

1. 当前编辑的 Word 文件名为"报告"，修改后另存为"总结"，则（　　）。

 A. "报告"是当前文档   B. "总结"是当前文档

 C. "报告"和"总结"都被打开   D. "报告"改为临时文件

2. Word 中当用户在输入文字时，在（　　）模式下，随着输入新的文字，后面原有的文字将会被覆盖。

 A. 插入   B. 改写   C. 自动更正   D. 断字

3. 在 Word 中，段落标记是在文本输入时按下（　　）键形成的。

 A. 〈Shift〉   B. 〈Enter〉   C. 〈Alt〉   D. 〈Esc〉

4. 在 Word 文档中，每个段落都有自己的段落标记，段落标记的位置在（　　）。

 A. 段落的首部   B. 段落的结尾部

 C. 段落的中间位置   D. 段落中，但用户找不到

5. 在 Word 的编辑状态下，进行"粘贴"操作的组合键是（　　）。

 A. 〈Ctrl + X〉   B. 〈Ctrl + C〉   C. 〈Ctrl + V〉   D. 〈Ctrl + A〉

6. 在 Word 中，当前插入点在表格某行的最后一个单元格内，按〈Enter〉键后（　　）。

 A. 插入点所在的行增高   B. 插入点所在的列加宽

 C. 在插入点下一行增加一行   D. 将插入点移到下一个单元格

7. Word 中左右页边距是指（　　）。

 A. 正文到纸的左右两边之间的距离 B. 屏幕上显示的左右两边的距离

 C. 正文和显示屏左右之间的距离 D. 正文和 Word 左右边框之间的距离

8. Word 关于"艺术字"的说法中，正确的是（　　）。

 A. 选中的文本，通过"字体"对话框可直接设置为"艺术字"

 B. 添加"艺术字"需要执行插入"文本框"命令

 C. "艺术字"是被作为图形对象来处理的

D. 设置好的"艺术字"只能改变其大小，其字体、字形不能再被改变

9. 在 Word 中，插入的图片与文字之间的环绕方式不包括（　　）。

    A. 上下型　　　　　B. 左右环绕　　　　　C. 四周型　　　　　D. 紧密型

10. 在 Word 中，要使艺术字和图片叠加，应在艺术字和图片的格式中不能选择（　　）方式。

    A. 四周型　　　　　B. 紧密型　　　　　C. 嵌入型　　　　　D. 穿越型

11. 在 Word 编辑时，文字下面有红色波浪下画线表示（　　）。

    A. 已修改过的文档　　　　　　　　B. 对输入的确认

    C. 可能是拼写错误　　　　　　　　D. 可能的语法错误

二、操作题

1. 试对"网络通信协议"文字进行编辑、排版和保存（文档1.docx），具体要求如下：

（1）将标题段（"网络通信协议"）文字设置为三号、红色、黑体、加粗、居中，字符间距加宽3磅，并添加阴影效果，阴影效果的"预设"值为"内部右上角"。首行缩进0字符。

（2）将正文各段落（"所谓网络……交谈沟通。"）文字设置为5号宋体。设置正文各段落左、右各缩进4字符，首行缩进2字符。

（3）在页面底端（页脚）居中位置插入页码，并设置起始页码为"Ⅲ"。

（4）将文中后4行文字转换为一个4行5列的表格，设置表格居中，表格列宽为4.5厘米、行高为0.7厘米，表格中所有文字"水平居中"。

（5）设置表格外线为1.5磅绿色单实线、内框线为0.5磅绿色单实线。按"平均成绩"列（依据"数字"类型）降序排列表格内容。

网络通信协议

    所谓网络通信协议是指网络中通信的双方进行数据通信所约定的通信规则，如何时开始通信、如何组织通信数据以使通信内容得以识别、如何结束通信等。这如同在国际会议上，必须使用一种与会者都能理解的语言（例如，英语、世界语等），才能进行彼此的交谈沟通。

学生成绩名单

姓名	英语	语文	数学	平均成绩
张甲	69	87	76	
李乙	89	72	90	
王丙	92	89	78	

2. 试对题1. 的"网络通信协议"文字进行编辑、排版和保存（文档2.docx），具体要求如下：

（1）将标题段（"网络通信协议"）文字设置为红色二号黑体、加粗、居中，并添加波浪下画线（"～～"），浅绿色底纹。首行缩进0字符。

（2）设置正文各段落（"所谓网络……交谈沟通。"）文字为5号宋体，1.25倍行距，段后间距0.5行。设置正文各段落首行缩进2字符。

（3）设置页面"纸张"为16开（18.4厘米×26厘米），设置上、下页边距各3厘米。

（4）将文中后4行文字转换为一个4行5列的表格，设置表格居中，表格列宽为5厘

米、行高为0.6厘米，表格中所有文字"水平居中"。

（5）设置表格所有框线为0.75磅红色双窄线；为表格第一行添加"白色、背景1、15%"的灰色底纹；按"姓名"列（依据"拼音"类型）升序排列表格内容。

三、实训题

1. 参考图4-163，设计一张班报。纸张可设置为A3横放。

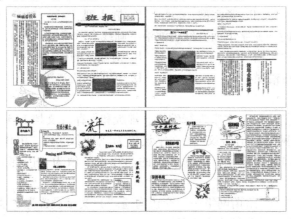

图4-163 班报

2. 按下列要求设置页面和样式。

1）页面要求。A4（21厘米×29.7厘米）纸，其他采用默认设置。

2）正文文字为小四号宋体。

3）页眉和页脚，奇偶页不同。

4）每一章中的标题样式都相同，采用4级标题。各级标题样式要求如下：

- 第1章 XXXX（一级标题，标题1）
- 1.1 XXXX（二级标题，标题2）
- 1.1.1 XXXX（三级标题，标题3）
- 1. XXXX（四级标题，标题4）
- （1）XXXX（正文字体）
- XXXXXXXXXX。（正文字体，后续文字接排）
- ① XXXXXXXXX。（正文字体，后续文字接排）
- 标题1的样式：幼圆二号加粗，居中，段前30磅、段后18磅。首行缩进0字符。
- 标题2的样式：黑体小三加粗，居左，段前6磅、段后6磅，与下段同页，段中不分页，首行缩进0字符。基于正文，后续样式正文。
- 标题3的样式：幼圆四号，加粗，居左，首行缩进0字符，与下段同页。
- 标题4的样式：黑体，英文Franklin Gothic Book字体，四号加粗，首行缩进2字符。
- 正文样式：中文宋体，英文Times New Roman字体，小四号，两端对齐；单倍行距，首行缩进2字符。
- 页码样式：英文Times New Roman字体，五号；底端，外侧。
- 定义和应用标题样式，并生成4级目录。

第 5 章　Excel 2010 电子表格软件的使用

Excel 2010 是 Microsoft Office 2010 办公组件中用于数据处理的一个电子表格软件，它以直观的表格形式、简单的操作方式和友好的操作界面为用户提供了表格设计、数据处理（计算、排序、筛选、统计等）的强大功能。Excel 2010 可看做是一种简单的数据库应用程序。

5.1　Excel 的基本操作

Excel 的基本操作包括启动和退出、理解和正确使用 Excel 的功能选项卡、文件的保存和打开及关于工作簿和工作表的操作等内容。

5.1.1　创建、保存和打开 Excel 文档

1. 启动 Excel

在 Windows 7 环境中可通过如下方式启动 Excel。在 Windows 7 任务栏中单击"开始"按钮 中的"所有程序"组中的 Microsoft Office，再单击 Microsoft Excel 2010。显示如图 5-1 所示的 Excel 应用程序窗口。

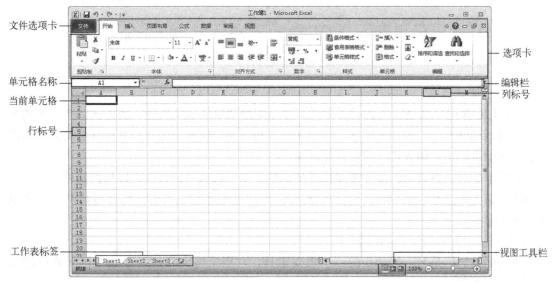

图 5-1　Excel 2010 的窗口组成

通过上述方式打开 Excel 2010 窗口时，系统将自动创建一个新的空白 Excel 文档，用户可以在其中输入数据并使用 Excel 2010 提供的数据处理功能创建电子表格。

2. Excel 2010 的窗口组成

Excel 2010 窗口主要由"快速访问工具栏""标题栏""功能选项卡区""工作表数据

区""工作表标签区""工作表视图工具栏"和"工作表滚动条"等组成。

（1）快速访问工具栏

快速访问工具栏 位于 Excel 2010 窗口的左上角，默认情况下从左至右排列着"保存"、"撤销"、"恢复"三个工具按钮和"自定义快速访问工具栏"的下拉按钮。

单击"保存"按钮 可保存当前正在编辑的文档；单击"撤销"按钮 可撤销最后一次的操作使工作表返回到本次操作前的状态；单击"撤销"按钮 右侧 的标记，可从打开的操作列表中按需要选择撤销前多步操作；单击"恢复"按钮 可取消因单击"撤销"按钮而引起的更改。单击"自定义快速访问工具栏"下拉按钮 ，将打开如图 5-2 所示的"自定义快速访问工具栏"菜单，用户可根据工作习惯将最常用的工具按钮添加到快速访问工具栏中。

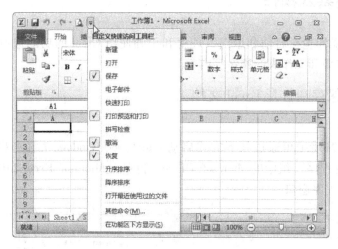

图 5-2　自定义快速访问工具栏

（2）功能选项卡

Excel 2010 用"功能区"代替了早期版本惯用的菜单栏和工具栏。功能区以选项卡的形式位于共用标题栏下方的一个区域。功能区旨在帮助用户快速找到完成某一任务所需的常用命令。各命令以图标的形式呈现在功能区中。

选项卡中包含有常用的命令按钮和各种选项。单击选项卡的名称可以切换选项卡。在某些功能按钮的旁边有一个 ■ 标记，它表示这是一个功能组按钮。单击该按钮时将弹出一个包含有多个命令的下拉菜单。

（3）单元格编辑栏（公式函数栏）

单元格编辑栏是 Excel 2010 的一个重要工具，它用于输入和显示存放在单元格中的数据、公式或函数。

（4）工作表标签滚动条

"工作表标签滚动条" 位于"工作表标签"的左侧。如果当前工作簿中包含有众多工作表，则可通过单击该滚动条中的按钮，实现工作表标签在列表区左右滚动，以便将显示在列表区之外工作表标签显示到列表区域中。"工作表标签滚动条"共包含有四个按钮，分别是"滚动到最左端""向左滚动一个标签""向右滚动一个标签"和"滚动到最右端"。

（5）工作表视图工具栏

"工作表视图工具栏" 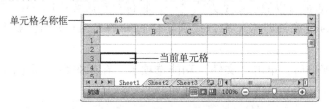中包含了"视图"功能选项卡中最常用的"普通""页面布局"和"分页预览"三种视图（默认为普通视图）。单击工具栏中相应按钮可实现在这些视图间的快速切换。

（6）工作表滚动条

"工作表滚动条"位于"视图工具栏"的上方。用于整个工作表在窗口中的左右移动，以便将处于窗口以外的列显示到窗口中。如果希望某些列不随滚动条改变而改变其可见性，则可设置这些列处于"冻结"状态。

3. 工作簿、工作表和单元格的概念

工作簿：一个 Excel 文档就是一个工作簿。

工作表：工作表是工作簿中包含的"页"，默认情况下一个新建的 Excel 工作簿中包含有三张工作表，系统将其默认命名为"Sheet1""Sheet2"和"Sheet3"。用户通过单击 Excel 窗口左下角相应工作表的标签按钮实现它们之间的切换。

单元格：单元格是组成工作表的最小单位，也就是工作表中的一个"格"。每个单元格都有一个由其列标号和行标号组成的名称。例如，A3 单元格表示位于工作表第一列第三行的单元格。当用户在工作表中单击选中某单元格时，在 Excel 窗口左上方"名称框"中将自动显示出该单元格的名称。如图 5-3 所示的是选中 A3 单元格时名称框中显示的单元格名称。此时，A3 单元格称为"当前单元格"，以加粗边框显示。

图 5-3　单元格名称和当前单元格

需要说明的是：

- Excel 2010 工作表中行标号用连续的数字表示，一个工作表中最多允许有 1 048 576 行。
- Excel 2010 工作表中列标号用 A ~ Z，AA ~ ZZ 等表示，一个工作表中最多允许有 16 384 列。
- 一个 Excel 2010 工作簿中的工作表没有数量限制，仅与当前计算机配置的内存大小有关。
- 一个 Excel 2010 工作簿由若干张工作表组成，每张工作表又由众多单元格组成。单元格是保存数据的最小单位。

4. 保存 Excel 文档

用户在编辑了 Excel 文档后，可以通过如下方法之一对其执行保存操作。

- 单击 Excel 2010 标题栏左上角"快速访问工具栏"中的"保存"按钮，可将当前打开的工作簿按原有名称保存在原来的文件夹中。操作执行后 Excel 2010 窗口不会关闭，用户可继续进行后续编辑操作。这种保存文档的方法通常用于编辑过程中的阶段性保存。

- 如果当前工作簿已被修改，且修改后的内容没有保存。此时，若用户单击 Excel 2010 窗口右上角的"关闭"按钮 ![x] 或选择"文件"功能选项卡中的"退出"命令，将显示如图 5-4 所示的对话框，提示用户是否保存当前文档。
- 在"文件"功能选项卡中单击"另存为"将显示图 5-5 所示的对话框，用户可将当前正在编辑的文档按新的位置和新的名称进行保存。这种保存方法可以使修改后的内容保存到一个新文件中，原文档不会被修改。

图 5-4　退出 Excel 时提示保存文档的对话框　　　　　图 5-5　"另存为"对话框

5. 打开 Excel 文档

已经保存到计算机磁盘中的 Excel 文档，在需要修改或查看其中的内容时，需要重新将其打开到窗口中。通常可以通过以下方法之一，将保存在磁盘中的 Excel 文档打开。

- 在"Windows 资源管理器"中，找到希望打开的 Excel 文档，双击将其加载到 Excel 窗口中。
- 打开 Excel 窗口后，单击"文件"功能选项卡，在如图 5-6 所示的对话框中选择希望打开的 Excel 文档，单击"打开"按钮。

图 5-6　"打开"对话框

5.1.2　工作表的基本操作

在 Excel 中对工作表的操作主要有：向工作簿中添加工作表，重命名工作表，复制、移动和删除工作表以及保护工作表中的数据安全等。

1. 向工作簿中插入工作表

用户若需要使工作簿中包含有更多的工作表，可通过以下方法之一来实现。

- 如图 5-7 所示，右击位于 Excel 窗口左下角的某个工作表标签，在弹出的快捷菜单中选择"插入"命令，显示如图 5-8 所示的对话框。选择"工作表"后单击"确定"按钮即可在当前工作表前方插入一个新的空白工作表。

图 5-7　执行"插入"菜单命令

图 5-8　选择插入对象为工作表

- 向工作簿中添加工作表最简单的方法是，直接单击 Excel 窗口左下角工作表标签列表后面的"插入工作表"按钮，随将直接在当前工作表序列最后插入一张新的空白工作表。
- 如图 5-9 所示，在 Excel 主窗口中单击"开始"功能区选项卡，单击"单元格"，选择"插入"列表下的"插入工作表"命令。

2. 工作表重命名

为了更直观地表现工作表中数据的含义，

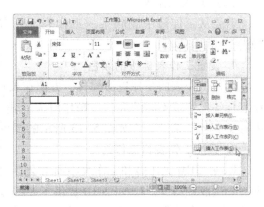

图 5-9　通过单元格操作功能插入工作表

可将其重命名为便于理解的名称，如"工资表"、"物资表"、"职工信息"等。操作时可右击希望更名的工作表标签，在弹出的快捷菜单中选择"重命名"命令，使原工作表名称处于可编辑状态用户在输入新的名称后按〈Enter〉键或单击工作表标签以外的任何地方即可。

3. 移动、复制和删除工作表

工作表的移动是指调整工作表的排列顺序或将工作表整体迁移到一个新的工作簿中。复制工作表指的是建立指定工作表的副本，以便在此数据基础上快速建立一个新的工作表。例如，复制"1 月份工资表"到"2 月份工资表"，通过部分数据的修改可大幅度提高工作效率。

（1）移动或复制工作表

在 Excel 工作簿中移动或复制工作表可通过以下方法之一来实现。

- 在 Excel 窗口左下角右击希望移动或复制的工作表标签，在弹出的快捷菜单中选择"移动和复制"命令，显示图 5-10 所示的"移动或复制工作表"对话框。通过该对话框可以指定将选定的工作表移动或复制到（执行复制操作应选中"建立副本"复选框）当前工作簿的某个工作表之前，也可以在"工作簿"的下拉列表框中选择将选定的工作表移动或复制到"新工作簿"中。

- 如图 5-11 所示，在工作表标签列表区中直接用按住右键并拖动工作表标签到新的位置，可以实现工作表的移动。图中 ▼ 标记指示了工作表的新位置。如图 5-12 所示，若按住〈Ctrl〉键配合上述操作（此时，鼠标指针旁会出现一个"＋"号），可实现工作表的复制。图中 ▼ 标记指示了工作表将要被复制到的位置。

图 5-10　"移动或复制工作表"对话框　　图 5-11　移动工作表　　图 5-12　复制工作表

（2）删除工作表

若要从工作簿中删除某一工作表，可右击该工作表标签，在弹出的快捷菜单中选择"删除"命令即可。

4. 设置工作表标签的颜色

为使工作表的名称更加醒目，方便在长长的列表中快速找到需要的工作表，用户可将工作表标签设置成不同的颜色。操作时需右击工作表名称，在弹出的快捷菜单中选择"工作表标签颜色"命令，在如图 5-13 所示的颜色列表中选择颜色。

5. 保护工作表和工作簿

Excel 2010 工作簿和工作表中通常会存放一些重要的数据，如员工的个人信息、财务数据、学生成绩等等。Excel 2010 提供了一些专用的安全功能来保护这些数据。单击"文件"选项卡→"信息"→"保护工作簿"。如图 5-14 所示可以看到这些功能有"标记为最终状态""用密码进行加密""保护当前工作表""保护工作表结构"和"添加数字签名"五项。其中，最常用的是"用密码进行加密""保护当前工作表"和"保护工作簿结构"。

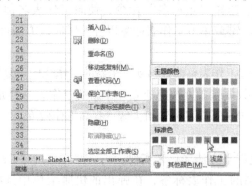

图 5-13　设置工作表标签的颜色　　　　图 5-14　保护工作簿和工作表

（1）用密码进行加密

使用该项功能可对当前工作簿设置打开密码。当用户试图打开该文档时将显示如图 5-15 所示的"加密文档"对话框，用户只有在回答了正确的密码后方可看到文档的内容。

（2）保护当前工作表

在 Excel 2010 窗口中选中需要保护的工作表，在"文件"选项卡中单击"信息"组的"保护工作簿"按钮"保护当前工作表"按钮将弹出如图 5-16 所示"保护工作表"的对话框。通过该对话框可以设置允许用户可以进行的操作及取消工作表保护时使用的密码。

需要撤销对工作表的保护时，可在打开工作簿后单击"审阅"选项卡，单击"撤销工作表保护"，并回答前面设置的保护密码即可撤销保护。

（3）保护工作簿结构

在"文件"选项卡中单击"信息"→"保护工作簿"→"保护当前工作表"，将弹出如图 5-17 所示的"保护结构和窗口"对话框。通过该对话框可以设置是否保护当前工作簿的结构和窗口，设置需要撤销保护时使用的密码。受保护的工作簿允许用户对工作表内的数据进行操作，但不允许插入或删除工作表、移动或复制工作表、重命名工作表、修改工作表标签颜色、隐藏或取消隐藏工作表等操作。

如果在设置保护时选择了"窗口"复选框，则除了上述不允许的操作外，还不允许对工作簿的窗口（注意，不是 Excel 的窗口）大小进行调整。

图 5-15　"加密文档"对话框　　图 5-16　"保护工作表"对话框　　图 5-17　"保护结构和窗口"对话框

（4）隐藏工作簿和工作表

为了避免由于用户的误操作导致数据损失，可以对一些保存有重要数据的工作簿和工作表进行隐藏。

如图 5-18 所示，在 Excel 2010 窗口中单击"视图"选项卡"窗口"组中的"隐藏"按钮可使当前打开的工作簿不可见。需要恢复时可单击"取消隐藏"按钮。

如图 5-19 所示，在 Excel 2010 窗口中右击希望隐藏的工作表，在弹出的快捷菜单中选择"隐藏"命令可使当前工作表不可见。需要恢复时可选择该菜单中的"取消隐藏"命令。

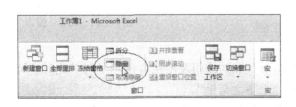

图 5-18　隐藏工作簿　　　　　　　　　　图 5-19　隐藏工作表

5.1.3 使用 Excel 的帮助

Excel 2010 在表格制作、数据分析和数据处理等方面拥有十分强大的功能，它可以帮助用户以相对简单、直观的操作方式达到数据管理的目的。当然，强大的功能也会致使它所涉及的概念众多以及操作方法灵活多变。这对于没有数据库使用基础的初学者而言的确是一个难题。为了使用户更快地掌握 Excel 所涉及的各种概念和操作方法，能在工作过程中随时获取需要的技术支持，Excel 2010 内嵌了一个操作简单、内容丰富的帮助系统。

单击位于 Excel 2010 窗口右上角的"帮助"按钮 或按〈F1〉键，可打开如图 5-20 所示的"Excel 帮助"窗口。

在 Excel 2010 帮助窗口中用户可以通过"目录"或"搜索"两种方式查询需要的帮助信息。

1. 使用"目录"获取帮助

在主窗口的工具栏中单击"显示目录"按钮 或"隐藏目录"按钮 ，打开或关闭显示在窗口左侧的目录窗格。

在目录窗格中，用户可以通过目录逐级查询自己需要的帮助信息。例如，图 5-20 中显示的就是在目录窗格中单击"Excel 2010 入门"选项后，在右窗格中可看到的相关信息。"目录"方式特别适合初步的广泛浏览，以便全面地了解 Excel 2010 的主要功能和概念。

2. 使用"搜索"获取帮助

使用"搜索"功能方式可以根据用户输入的关键词，在众多帮助信息中快速找到与问题相关的帮助信息。

使用时可在搜索栏中输入问题的关键词后，单击"搜索"按钮。如图 5-21 所示的是以"保护工作簿"为关键词得到的搜索结果。

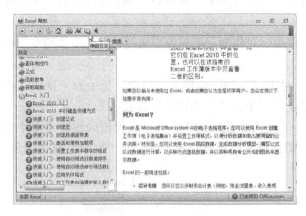

图 5-20 "Excel 的帮助"窗口

图 5-21 使用"搜索"

3. 在操作过程中使用上下文帮助

在操作过程中可能会对某些按钮，菜单命令等的作用及使用方法不了解。此时，可通过如下方法之一获得专门的针对当前问题的"上下文帮助"。

● 将指针指向某选项卡功能区按钮或菜单命令，系统会自动显示关于该按钮或菜单命令的简单说明，按〈F1〉键可得到关于该问题的更多帮助信息。

● 在所有对话框的右上角都有一个"帮助"按钮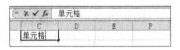，单击该按钮即可打开"Excel 帮助"窗口获得关于当前对话框所涉及问题的帮助信息。

5.2 数据的输入与编辑

"格式化工作表"是指有关数据输入和相关技巧、数据格式设置、表格外观设置和修改等。

5.2.1 向工作表中输入数据

Excel 2010 单元格中可以输入多种类型的数据（如，文本、数字、日期等），掌握不同类型数据的输入技巧是使用 Excel 必不可少的操作基础。

1. 输入文本类型的数据

默认情况下输入到单元格中的文本数据是左对齐的。在选定了目标的单元格中向其中输入文本后按〈Enter〉键确认，并将当前单元格切换到下一行相同列位置。若按〈Tab〉键将切换到同一行右侧单元格。

图 5-22　向单元格中输入文本

如图 5-22 所示，向单元格中输入数据时，当前单元格中会出现插入点光标，输入的数据也会同步显示到单元格编辑框中，并且在编辑框左侧会自动出现用于确认和取消输入的按钮✔和✘。单击"确认"✔按钮确认输入，但不变更当前单元格的内容。单击"取消"按钮✘或按〈Esc〉键，则取消输入到单元格中的内容。

在向单元格中输入数据的过程中，可移动插入点光标到其他位置以方便执行插入字符或按〈Delete〉、〈Backspace〉键删除输入错误的字符。

需要说明的是，单元格在初始状态下有一个默认的宽度，即只能显示一定长度的字符。如果输入的字符数超出了单元格的宽度，仍可继续输入。表面上它会覆盖右侧单元格中的数据，实际上仍属本单元格内容。确定输入后，如果右侧单元格为空，则此单元格中的文本会跨越单元格完整显示，如图 5-23 所示；如果右侧单元格不是空的，则只能显示一部分字符，超出单元格列宽的文本将被截断，但在编辑区中会显示完整的文本，如图 5-24 所示。

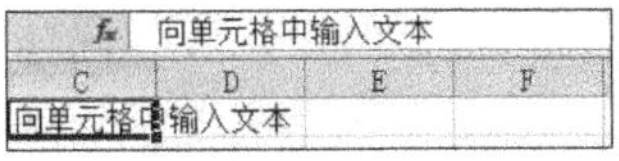

图 5-23　右侧单元格无数据的情况 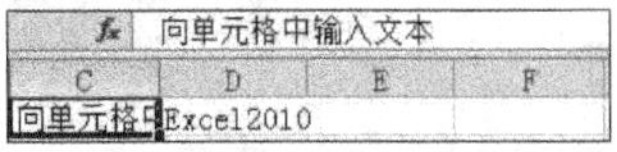　　　　　图 5-24　右侧单元格有数据的情况

2. 在单元格中实现换行

（1）自动换行

在 Excel 2010 默认情况下，单元格中的文本只能显示在同一行中，如果要在一个单元格中显示多行文本，应单击"文件"选项卡的"对齐方式"功能区，再单击"自动换行"按钮。再次单击该按钮可取消自动换行。

（2）强制换行

如果在单元格中按〈Alt + Enter〉组合键，可在光标处实现强制换行。此时，无论输入到单元格中的文本是否够一行，后续文本都将另起一行显示（注意，这些行属同一单元格）。

3. 处理由数字组成的字符串

有时需要把一些数字串当做文本类型数据（如电话号码、邮政编码、身份证号等不参加数学运算的数字串）来处理，以避免因类型理解不正确而导致数据错误。如图 5-25 所示，在输入身份证号码"410202190009281517"时，由于 Excel 将其默认为数值数据进行了处理而出现了输入错误。

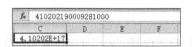 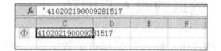

图 5-25　文本按数字处理时出现的问题　　　　图 5-26　使用"'"号使数字串按文本处理

为避免以上情况的发生，需要将这些数字设置为文本格式。设置方法有以下几种。

- 如图 5-26 所示，在数字字符串前添加一个英文的单引号"'"，即可指定后续输入的数字串为文本格式。使用这种方法，在输入文本格式的数字串后，选中单元格在其左侧会出现一个"警告"标记⬦，指针指向该标记时，显示如图 5-27 所示的提示。单击该标记将弹出如图 5-28 所示的处理操作菜单。一般情况下可忽略该标记，继续进行后续操作。

图 5-27　使用"'"后出现的警告提示　　　　图 5-28　警告处理操作菜单中的命令

- 将需要输入数字字符串的单元格、列、行或区域设置为文本格式。首先选中单元格、列、行或区域。如图 5-29 所示，在"开始"选项卡"数字"组中单击下拉列表框右侧的按钮▾，在弹出的列表中选择"文本"。该操作表示在选定的单元格、列、行或区域中输入的任何数据都按文本数据处理，而不必再在每个数据前逐一添加"'"了。

图 5-29　更改选定区域的数据格式　　　　图 5-30　数字宽度超过了单元格宽度

4. 输入数值类型数据

输入的数类型数据，一般按"常规"方式显示，但当输入数值的长度超出单元格宽度时 Excel 自动以科学计数法表示，如输入身份证号码"410202190009281517"时，显示为"4.10202E + 17"，表示 4.10202×10^{17}（Excel 支持的数字精度为 15 位）。

如图 5-30 所示，若数值所占宽度超过了所在单元格的宽度，则数字将以一串"#"代替，从而避免产生阅读错误。拖动单元格右边线调整单元格宽度后，数值方可恢复正常显示。

在单元格中输入正数时，前面的"＋"号可以省略。负数的输入可以用"－"表示，也可以用数字加括号的形式，例如，"－12"可以输入为"（12）"。

Excel 2010 支持用分数形式输入数值，但输入时必须先以零或整数开头，然后按一下空格键，再输入分数。如，"0 1/2"（表示½）、"1 1/2"（表示1½）。

在输入表示货币的数值时，数值前面可以添加 $ 、¥ 等符号具有货币含义的符号，计算时不受影响。若在数值尾部加"％"符号，表示该数除以 100。如，"82％"，在单元格内显示82％，但实际值是 0.82。

在输入纯小数时，可以省略小数点前面的"0"。如，"0.12"可输入".12"。此外，为增强数值的可读性，在输入数值时允许加分节符。如，"1234567"可输入为"1，234，567"。

5. 输入日期/时间类型数据

（1）输入日期数据

输入日期的格式为"年－月－日"或"年/月/日"。如，"2008 年 10 月 2 日"可按以下形式之一输入：2008－10－2，08－10－2，2008/10/2，08/10/2，2/Otc/08，2－Otc－08。若要在单元格中输入当前日期，可按〈Ctrl＋;（分号）〉组合键。

（2）输入时间数据

在单元格中输入时间的格式为："时：分：秒"。如，"9：13：9"。若要输入当前时间，可按〈Ctrl＋Shift＋;（分号）〉组合键。

Excel 2010 默认对时间数据采用 24 小时制。若要输入 12 小时制的时间数据，可在时间数据后按一个空格，然后输入 AM（上午）或 PM（下午）。

如果要在同一单元格中同时输入日期和时间，则应在日期和时间之间用空格分隔。

在单元格中输入日期或时间时，它的显示格式既可以是默认的日期或时间格式，也可以是在输入日期或时间之前应用于该单元格的格式。

Excel 默认的日期或时间格式取决于 Windows 系统中的"日期和时间"设置。如果这些设置发生了更改，则工作簿中所有未设置专用格式的任何现有日期、时间数据的格式也会随之更改。

6. 在多个单元格中输入相同的数据

如果需要在多个单元格中输入相同的数据，其快速输入法为：

首先应按住左键并拖动选择要在其中输入相同数据的多个单元格。如果这些单元格不相邻，可在选择了第一个连续单元格组成的区域后，再按住〈Ctrl〉键拖动鼠标选择其他即可。

在活动单元格中输入数据后按〈Ctrl＋Enter〉键，之前所选的单元格中都将被填充成同样的数据。如果前面选定的单元格中已经有数据，则这些数据将被覆盖。

5.2.2 使用自动填充提高输入效率

为了能高效率的处理一些有规律的数据（相同数据、数据序列、相同的计算公式或函数）录入，Excel 2010 提供了"自动填充"功能以方便用户通过简单拖动动作来实现数据的快速录入。

1. 重复数据的自动完成

Excel 2010 提供的自动完成功能，可以帮助用户实现重复数据的快速录入。如果在单元格中输入的文本字符（不包括数值和日期时间类型数据）的前几个字符与该列上一行中已有的单元格内容相匹配，Excel 会自动输入其余的字符。例如，当前列上一行单元格的内容为"计算机"，当输入"计"后，"算机"会自动出现在单元格中。

要接受建议的内容可按〈Enter〉键。如果不想采用自动提供的字符，可继续输入文本的后续部分。

在"文件"功能选项卡中单击"选项"按钮，在弹出的如图 5-31 所示的对话框中单击"高级"选项，在"编辑选项"组中选中或取消"为单元格值启用记忆式键入"复选框，即可启用或关闭"自动完成"功能。

图 5-31　Excel 2010 的高级选项

2. 相同数据的自动填充

如果需要在相邻的若干个单元格中输入完全相同的文本或数值，可以使用 Excel 2010 提供的自动填充功能。

如图 5-32 所示，某单元格中输入了数据后，将指针移至单元格的右下角的"填充柄"（右下角的黑色点标记）上。当指针变成黑色十字标记 ╋ 时，如图 5-33 所示向上、下、左或右方向按住左键拖动即可完成相同数据的快速输入。如图 5-34 所示的是填充结果。

图 5-32　进入填充状态

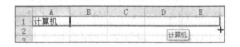

图 5-33　拖动鼠标执行填充

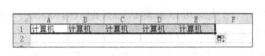

图 5-34　自动填充结果

图 5-35　自动填充选项菜单

自动填充完成后，屏幕上会显示一个"自动填充选项"图标 ▦，单击该图标可弹出如图 5-35 所示的快捷菜单，用户可使用其中提供的命令设置自动填充选项。从菜单中可以看出自动填充不仅可以实现数据的填充也可以实现数据格式的填充，还可在填充数据时忽略数据的格式设置。

注意：对于不同的数据类型，Excel 2010 提供的自动填充选项也是不同的。

3. 数据序列自动填充

在创建表格时，常会遇到需要输入一些按某规律变化的数字序列。如，一月、二月、三月、…；星期一、星期二、…；1、2、3、…，等。使用自动填充功能录入数据序列是十分方便的。

Excel 2010 中已经预定义了一些常用的数据序列，也允许用户按照自己的需要添加新的序列。单击"文件"功能选项卡→"选项"→"高级"，在"常规"选项中选择"编辑自定义列表"命令显示如图 5-36 所示的"自定义序列"对话框。

若需要创建新的数据序列，可在自定义序列
列表中单击"新序列"选项，并在右侧"输入序
列"栏按每行一项的格式逐个输入各序列项。输
入完毕后单击"添加"按钮。

如果希望添加到 Excel 2010 中的数据序列已输
入到了工作表中，可单击对话框中 按钮将对话框
折叠起来，并按住左键拖动选择包含数据序列各
项的一些连续的单元格。返回对话框后单击"导
入"按钮，将其添加到自定义序列列表中。

图 5-36 "自定义序列"对话框

使用已定义的数据序列进行自动填充操作时，可首先输入序列中的一个项（不要求一
定是第一个项）。而后将指针移动到"填充柄"上，当指针变成黑色十字形状时，按住左键
向希望的方向拖动进行填充即可。如图 5-37 所示的是填充数据序列"星期一""星期二"、
……时得到的填充效果。

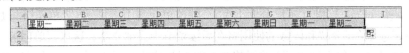

图 5-37 填充数据序列

从图 5-37 中可以看出，填充时系统从用户输入的某个序列项开始，逐个填充后续项。
当填充完序列中的最后一个项时，周而复始，继续填充，直到用户停止拖动为止。如果用户
对自动填充的数据序列不满意，可单击屏幕上出现的"自动填充选项"按钮 ，在弹出的快
捷菜单中通过相关命令进行修改。

例如，如图 5-38 所示的是星期序列填充的选项菜单，如果单击"以工作日填充"单选
按钮，则序列中将不再有"星期六"和"星期日"项。

4. 自学习序列填充

如果在连续的三个单元格中分别输入了"张三"、"李四"和"王五"，再选中三个单
元格执行自动填充操作，Excel 2010 将可以自动将"张三"、"李四"、"王五"填充为一个
数据序列。填充结果如图 5-39 所示。

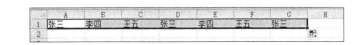

图 5-38 星期序列填充选项菜单　　　　　　图 5-39 自学习序列填充

5. 规律变化的数字序列填充

制作表格时经常会遇到需要输入众多有规律变化的数字序列的情况，Excel 2010 默认能
按等差数列的方式自动填充数字序列。

例如，在工作表中填充行号。如图 5-40 所示，可在第一行输入"1"，第二行输入
"2"。按住左键拖动选中这两个单元格，将指针移动到所选区域右下角的"填充柄"上。

如图 5-41 所示，按住左键向下拖动，Excel 2010 能自动推算出用户希望的数字序列为

"1、2、3、4、……"，并在屏幕上显示出当前的填充数值情况。图5-41中显示的数字"7"表示该位置填充的数字为"7"。如图5-42所示的是释放开左键后得到的填充结果。

由于Excel 2010默认按等差数列方式填充数字序列，则若第一个和第二个数字分别是"1"和"3"，执行自动填充时得到的结果就是"1、3、5、7、…"。

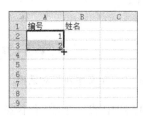
图5-40　进入填充状态

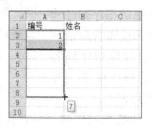
图5-41　填充数字序列

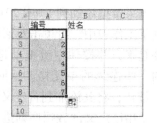
图5-42　填充结果

6. 公式、函数自动填充

设已在工作表中输入了如图5-43所示的一些数据，在E2单元格中输入求和计算公式"= c2 + d2"后按〈Enter〉键（不区分大小写），则该单元格中将显示C2单元格与D2单元格中数据的和"163"。（关于公式和函数的使用将在后续章节中详细介绍，这里简单理解一下即可）

如图5-44所示，单击选择E2单元格，在编辑栏中可以看到计算结果"163"对应的公式"= C2 + D2"。将指针指向填充柄标记，当指针变成黑色十字标记时，按住左键向下拖动到E7单元格，执行计算公式的填充，放开鼠标后得到图5-45所示的填充结果。

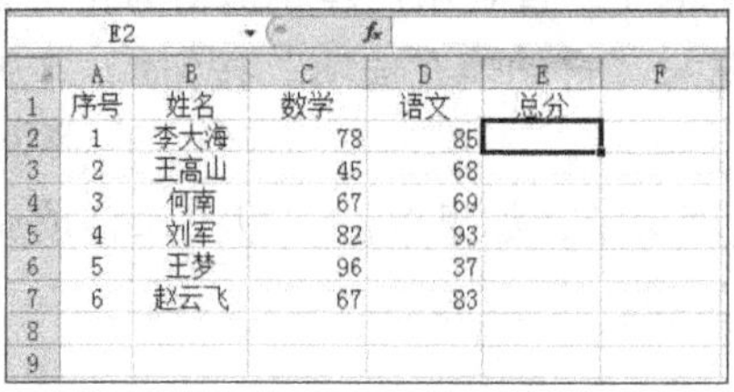

图5-43　原始数据　　　　　　　　图5-44　求和并填充公式

填充完成后，选择不同的单元格会在编辑栏中看到填充进来的不同的公式（如图5-46所示的就是填充到E4单元格中的公式）。这就是公式、函数自动填充的特点，它是一种快速执行相同计算方法的功能。

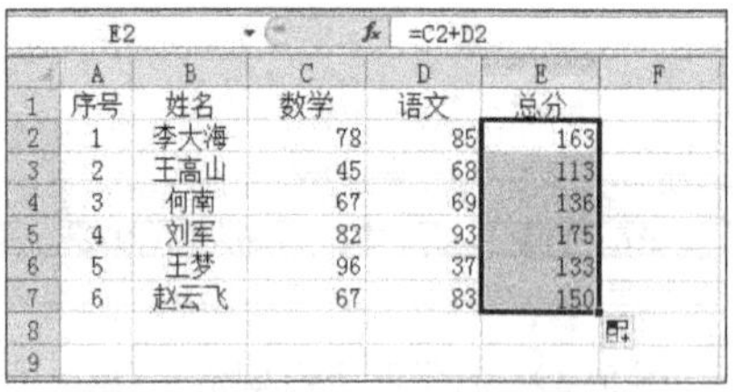

图5-45　公式填充结果 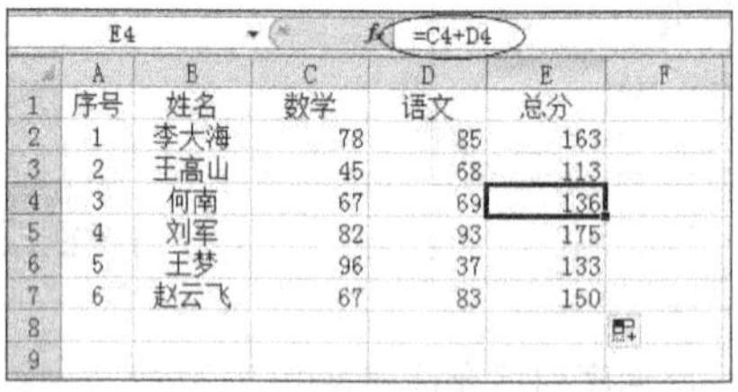　　　　　　图5-46　不同单元格中的公式也不相同

5.2.3　使用批注

为了使工作表中的数据易于理解，Excel 2010允许用户为抽象的数据添加"批注"来说明其含义。批注隶属于单元格，是单元格的附加数据，可以显示或隐藏，修改或删除。

1. 添加批注

向单元格中添加批注可以通过以下方法之一来实现。

- 右击要添加批注的单元格，在弹出的快捷菜单中单击"插入批注"按钮，如图 5-47 所示。在弹出的批注编辑框中输入批注文本后，单击工作表其他位置即可。批注编辑框的第一行由系统按 Office 2010 软件安装时设置的用户名（如本例中的"cuimiao"）自动添加，表示批注的作者。这在一份文档需要多人审阅，区分批注来自何人的情况下是十分有利的。
- 首先选择要插入批注的单元格，按〈Shift + F2〉键或单击"审阅"功能选项卡，在"批注"组中，单击"新建批注"按钮，在弹出的批注编辑框中输入批注文本后，单击工作表其他位置即可。

默认情况下，批注处于自动隐藏状态，包含有批注的单元格右上角会带有一个红色的三角标记。当指针移动到带有这些单元格时，批注信息会自动显示出来，指针离开时批注信息自动隐藏。若要使批注信息总是显示到屏幕上，可以右击包含有批注的单元格。在弹出的快捷菜单中，选择"显示/隐藏批注"命令。若希望将所有单元格中的批注全部显示出现，可在"审阅"选项卡的"批注"组中单击"显示所有批注"按钮，再次单击该按钮可取消批注的显示状态。

如果希望更改批注中显示的用户名称，可单击"文件"选项卡中的"选项"，在显示的对话框中单击"常规"，在"对 Microsoft Office 进行个性化设置"栏中修改即可。

2. 编辑批注

修改添加到单元格中的批注文本，可以通过以下方法之一来实现。
- 右击包含有批注的单元格，在弹出的快捷菜单中选择"编辑批注"命令，弹出编辑框将光标定位到需要修改的地方删除或修改相关文本即可。
- 选择包含有批注的单元格后，单击"审阅"选项卡"批注"组中的"编辑批注"按钮，也可以使批注编辑框显示出来，此后的操作同上。

若要更改批注文本的字体、字号、颜色等，可在批注显示到屏幕上后，右击批注编辑框区域，在弹出的快捷菜单中选择"设置批注格式"命令，弹出如图 5-48 所示的对话框。通过该对话框，用户可以设置批注文本的字体、字形、字号、下画线、颜色、特殊效果等。

图 5-47　为单元格添加批注　　　　　　　　图 5-48　设置批注格式

3. 删除批注

通过以下方法之一可以删除包含在单元格中的批注信息。
- 右击要删除批注的单元格，在弹出的快捷菜单中选择"删除批注"命令即可。
- 选择要删除批注的单元格，在"审阅"选项卡的"批注"组中选择"删除"命令即可。

5.2.4　使用查找和替换

为方便用户在众多数据中快速找到需要的数据，实现数据的批量替换，Excel 2010 提供

"查找和替换"功能。

1. 查找数据

在工作表中单击任意单元格,在"开始"选项卡上的"编辑"组中,单击"查找和选择"按钮,在弹出的快捷菜单中选择"查找"命令,将弹出如图 5-49 所示的"查找和替换"对话框。

在"查找"选项卡的"查找内容"栏中,输入要搜索的关键字(可以是要查找内容的部分或全部)。也可以单击"查找内容"栏右侧的 ▼ 按钮,从弹出的列表中选择一个最近使用过的搜索关键字。

确定了搜索关键字后,可单击"查找全部"或"查找下一个"按钮。"查找全部"表示将所有符合查询条件的数据全部显示到"查找和替换"对话框中。"查找下一个"仅将当前单元格定位到找到的第一个数据处,再次单击该按钮时定位到下一个符合条件的数据处。

如图 5-50 所示的是以"68"为关键字在当前工作表中"查找全部"符合条件的数据所得到的结果。

图 5-49 "查找和替换"对话框

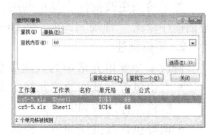

图 5-50 查找全部

2. 使用通配符查找

查找内容栏中输入的关键字可以包含通配符星号" * "或问号"?",星号可代替任意字符串。例如,"s * d"使"sad"和"started"都能符合查找条件。问号可以代替任意的单个字符。例如,"s? t"使"sat"和"set"符合查找条件,但不能使"sweet"符合查找条件。

如果查找的文本中包含有星号、问号或波形符号"~",则需要在查找关键字前面加一个波形符号来说明后面的星号、问号或波形号不是通配符或说明符。例如,要查找包含"?"的数据,应该键入"~?"作为搜索关键字。要查找包含"~"的数据时,应以"~~"为搜索关键字。

3. 高级查找

如图 5-51 所示,在"查找和替换"对话框的"查找"选项卡中单击"选项"按钮,将在对话框中显示出一些关于查找的高级选项。

● "范围"选项:用于指定查找范围。可选项有工作表和工作簿。

● "搜索"选项:要搜索特定行或列中的数据,可在此处选择"按行"或"按列"。

● "查找范围"选项:用于指定要查找的信息具体位置。可选项有公式、值和批注。

选中"区分大小写"复选框,则严格按大小写匹配查找结果;选中"单元格匹配"复选框,则仅查找包含有搜索关键字的所在的单元格;选中"区分全/半角"复选框,则严格按字符的全角、半角不同匹配查找结果。

在 Excel 2010 中除了能按各种选项查找与关键字匹配的数据外,还可以查找具有某种数据格式的数据。在高级查找状态下，单击"格式"按钮，弹出如图5-52所示的"查找格式"对话框中可以指定搜索关键字具有的格式。在此情况下，若未填写搜索关键字，则表示要查找具有指定格式的所有单元格。

图5-51　使用查找选项

图5-52　"查找格式"对话框

4. 批量替换数据

使用 Excel 2010 提供的"替换"功能，可以一次性将工作表或工作簿中所有符合条件的数据替换成新的内容和新的格式。

在查找替换对话框中单击"替换"选项卡，显示如图5-53所示的对话框。在"查找内容"栏输入原数据的内容，在"替换为"栏中输入用于取代原数据的内容。单击"全部替换"按钮，则将当前工作表中所有符合条件的数据替换成新的内容。单击"查找下一个"按钮，则光标将定位在第一个找到的单元格处，待用户确认无误后可单击"替换"按钮执行替换操作，否则继续"查找下一个"。

图5-53　替换对话框

图5-54　使用替换选项

在执行替换操作时 Excel 2010 同样提供了用于高级替换的一些选项。在"查找和替换"对话框中的"替换"选项卡中单击"选项"按钮，显示如图5-54所示的对话框。其中各选项的含义与"查找"选项卡中的相同，这里不再赘述。

5.3　调整工作表的行、列布局

调整工作表的行、列布局指的是工作表中行、列和单元格的添加、删除，工作表行高和列宽的调整以及单元格合并等操作。

5.3.1　添加、删除工作表中的行、列和单元格

1. 在工作表中插入行

向工作表中某行的上方插入一行或多行可以通过以下方法之一来实现。

● 右击工作表中某行的行标号，在弹出的快捷菜单中选择"插入"命令，即可在当前

行的上方插入一个新的空白行。

- 如果希望在工作表中某行的上方一次插入多行，可首先在该行处向下选择与要插入的行数相同的若干行，而后右击这些行的行标号区域，在弹出的快捷菜单中选择"插入"命令即可。

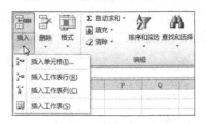

图 5-55 "插入"操作菜单

- 在工作表中单击行标号选择某行，在"开始"选项卡的"单元格"组中，单击 ⊞ 按钮可在当前行上方插入一个新的空白行。单击"插入"按钮，将弹出如图 5-55 所示的下拉菜单，选择"插入工作表行"命令，可在当前行上方插入一个新行。

2. 在工作表中插入列

向工作表某列左侧插入一个新列，可以通过以下方法之一实现。

- 右击工作表中某列的列标号，在弹出的快捷菜单中选择"插入"命令，可在当前列的左侧插入一个新的空白列。
- 如果希望在工作表中某列的左侧一次插入多列，可首先在该列处向右选择与要插入的列数相同的若干列，而后右击这些列的列标号区域，在弹出的快捷菜单中选择"插入"命令即可。
- 在工作表中单击列标号选择某列，在"开始"选项卡的"单元格"组中，单击 ⊞ 图标可在当前列左侧插入一个新的空白列。选择"插入"按钮，在弹出的快捷菜单中，选择"插入工作表列"命令，可在当前列左侧插入一个新列。

3. 在工作表中插入空白单元格

Excel 2010 允许用户在当前单元格的上方或左侧插入空白单元格，同时将同一列中的其他单元格下移或将同一行中的其他单元格右移。操作步骤如下。

1）首先选取要插入新空白单元格的单元格或单元格区域。选取的单元格数量应与要插入的单元格数量相同。例如，要插入五个空白单元格，需要选取五个单元格。

2）在"开始"选项卡上的"单元格"组中，单击"插入"按钮命令，在弹出的快捷菜单中选择"插入单元格"命令。也可以右击所选的单元格或区域，在弹出的快捷菜单中选择"插入"，在如图 5-56 所示的对话框中选择插入方式即可。

4. 删除单元格、行或列

要删除工作表中单元格、行或列可以通过以下方法之一实现。

- 在工作表中选择一个或多个连续排列的单元格，右击，在如图 5-57 所示的对话框中选择指定单元格删除，其他单元格的布局方式后，选择"确定"命令即可。
- 在工作表中选择一个或多个连续排列的单元格，在"开始"选项卡"单元格"组中单击 ⊞ 图标，将删除选定的单元格，且由右侧单元格左移填补留下的空缺。如果此时选择"删除"命令，将弹出如图 5-58 所示的"删除"下拉菜单。通过该菜单可执行删除单元格、行、列或工作表的操作。
- 在工作表中选择了某行、某列、多行或多列后，右击选择区域的行或列标号区，即可直接删除选定的行或列。

  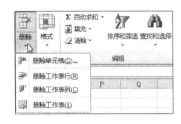

图 5-56　"插入"单元格对话框　　图 5-57　"删除"单元格对话框　　图 5-58　"删除"下拉菜单

5. 复制或移动单元格、行或列

在 Excel 2010 中复制或移动单元格、行或列最简单的操作方法就是直接按住左键并拖动。在选择了单元格、行、列或区域之后，将指针靠近所选范围的边框处，当指针变成双十字箭头样式时，按住左键将其拖动到目标位置即可实现对象的移动。如果在拖动的同时按住〈Ctrl〉键（此时鼠标指针旁会出现一个"＋"标记），可实现对象的复制。

需要说明的是，如果希望将某行（列）移动到某个包含有数据的行（列）前，应首先在目标位置插入一个新的空白行（列）。否则，目标位置的原有数据将会被覆盖。

5.3.2　调整列宽和行高

在 Excel 2010 工作表中，默认列宽为 8.43 个字符，用户可以将列宽指定为 0～255 个字符。如果列宽设置为 0，则隐藏该列。默认行高为 12.75 点（1 点约等于 1/72 英寸），用户则可以将行高指定为 0～409 点。如果将行高设置为 0，则隐藏该行。

1. 快速更改列宽和行高

在 Excel 2010 工作表中更改列宽最快捷的方法是使用鼠标直接拖动列或行的边界线。将鼠标指向列或行的边界线，当鼠标指针变成 ✛ 样式（调整列宽）或 ✚ 样式（调整行高）时，可按下鼠标左键拖动即可实现列宽或行高的调整。

如果选择了多列或多行，拖动区域内任一右侧边界线，可同时调整选中的所有列宽或行高到相同的指定值。

2. 精确设置列宽和行高

如果希望将列宽或行高精确设置成某一数值，可按如下方法进行操作。

右击希望调整列宽或行高的列或行标号，在弹出的快捷菜单中选择"列宽"或"行高"命令，显示如图 5-59 所示的"列宽"对话框或"行高"对话框，在"列宽"或"行高"文本框中输入希望的值，单击"确定"按钮即可。

3. 自动调整列宽和行高

如果双击某列的右侧边界线或某行的下端边界线，则可使列宽或行高自动匹配单元格中的数据宽度或高度。例如，单元格中数值数据超过了单元格宽度时会显示成一串"#"号。此时，双击单元格右侧边线即可自动调整列宽，并以适合数据的完整显示。用户也可在选择了需要自动调整的列或行后，在"开始"选项卡的"单元格"组，单击"格式"，在弹出的快捷菜单中选择"自动调整行高"或"自动调整列宽"命令即可，如图 5-60 所示。

图 5-59　精确调整列宽或行高对话框　　　　　图 5-60　"格式"下拉菜单

5.3.3　合并单元格

当合并两个或多个相邻的水平或垂直单元格时，这些单元格就成为一个跨多列或多行显示的大单元格。其中一个单元格的内容出现在合并的单元格的中心。合并后单元格的名称将使用原始选定区域的左上角单元格的名称。在 Excel 2010 中可以将合并后的单元格重新拆分成原状，但是不能拆分未合并过的单元格。

1. 合并相邻单元格

Excel 2010 提供了"合并后居中"、"跨越合并"和"合并单元格"三种合并操作方式。选择两个或更多要合并的相邻单元格，如图 5-61 所示，可在"文件"选项卡的"对齐方式"组中单击"合并后居中"按钮 合并后居中 ▼ 右侧的 ▼ 标记。在弹出的快捷菜单中选择"合并单元格"或"合并后居中"命令，将得到如图 5-62 所示的合并效果。这种方法常用来进行表格标题行的处理。

图 5-61　选择需要合并的单元格　　　　　图 5-62　合并后的效果

"跨越合并"的作用是将选择区域中的单元格按每行合并成一个单元格。例如，如图 5-63 所示，在工作表中选择了 3 行 2 列共 6 个单元格，执行"跨越合并"后每行 2 个单元格被合并，共得到 3 个合并后的单元格，如图 5-64 所示。

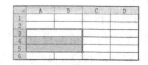

图 5-63　选择合并区域　　　　　图 5-64　执行"跨越合并"的结果

"合并单元格"的作用是将选择区域中所有单元格合并成一个单元格，与"合并后居中"的区别仅在于合并后不会强制文本居中而已。

注意：如果被合并的单元格中已被录入了一些数据，则合并后只能留下所选区域左上角单元格中的数据，其他数据将被删除。

2. 取消合并的单元格

如果希望取消已合并的单元格，可在选择了单元格后，在"文件"选项卡"对齐方式"组中单击"合并后居中"按钮右侧的 ▼ 标记，在弹出的快捷菜单中选择"取消单元格合并"命令。

5.4 设置数据及工作表格式

通过设置数据的格式可以使工作表更加美观，数据更加易于识别。在 Excel 2010 中提供了大量用于设置数据及工作表格式的功能，以满足用户美化工作表外观的需求。

5.4.1 设置数据格式

设置数据格式是指设置单元格或某区域内所有数据的字形、字体、字号、颜色、填充色、边框等。

1. 设置字体

在如图 5-65 所示的"开始"选项卡"字体"组中，提供了常用的文本数据格式设置工具，如字体、字号、增大或减小字号、字形等。

在默认情况下，输入的字体为"宋体"，字形为"常规"，字号为"11"。通过"格式"工具栏和菜单可重新设置字体、字形和字号，还可以添加下画线以及改变字的颜色。设置方法与 Word 2010 相同。

单击字体组右下角的 图标，将弹出如图 5-66 所示的"设置单元格格式"对话框，通过该对话框可以更加详细的设置字体格式。

图 5-65　"字体"组

图 5-66　"设置单元格格式"对话框

2. 更改数据的对齐方式

如图 5-67 所示，在"打开"选项卡的"对齐方式"组中提供了用于设置数据垂直对齐、水平对齐、文字方向、减小或增大缩进量等功能。

其中， 三个工具按钮用于设置单元格或所选区域中数据的垂直对齐方式， 三个工具按钮用于设置数据的水平对齐方式， 两个工具按钮分别用于设置减少或增大数据的缩进量。单击组中 按钮，将弹出如图 5-68 所示的下拉菜单，通过该菜单中提供的命令可实现文字方向的调整。各菜单项左侧图例清楚地表达了该菜单项的含义，这里不再赘述。

图 5-67　"对齐方式"组

图 5-68　设置文字方向

单击"对齐方式"组右下角的 图标，将显示如图5-69所示的"设置单元格格式"对话框的"对齐"选项卡。通过该选项卡内提供的各功能可更加详细的设置单元格或选择区域中数据的对齐方式。

3. 设置数值格式

通过应用不同的数字格式，可以更改数字的外观而不会更改数字本身。所以使用数字格式只会使数值更易于表示，并不影响 Excel 2010 用于执行计算的实际值。

如图5-70所示，"开始"选项卡的"数字"组中提供了一些常用的、用于设置数值格式的工具按钮。

图5-69 "设置单元格格式"对话框的"对齐"选项卡　　图5-70 "开始"选项卡中的"数字"组

Excel 2010 默认对数值应用"常规"格式。如果选择了某个包含有具体数据的单元格后（如，本例的"2010 – 7 – 12"），单击"常规"下拉列表框右侧的 标记，可以看到如图5-71所示的针对该数据的各种格式选项及实际表示形式。

常规：这是输入数字时 Excel 2010 应用的默认数字格式。默认情况下，"常规"格式的数字以输入的方式显示。但是，如果单元格的宽度不够显示整个数字，"常规"格式会用小数点对数字进行四舍五入。此外，使用"常规"格式将对较大的数字使用"科学计数"表示法。

- 数值：用于数字的一般表示。可以指定要使用的小数位数、是否使用千位分隔符以及如何显示负数等。
- 货币：用于一般货币值并显示带有数字的默认货币符号。可以指定要使用的小数位数、是否使用千位分隔符以及如何显示负数。
- 会计专用：也用于货币值，但是它会在一列中对齐货币符号和数字的小数点。

由于本书篇幅所限，其他格式的含义请读者根据图例进行理解，这里不再还一介绍。

在"开始"选项卡的"数字"组下方从左至右各工具按钮依次是"会计数字格式""百分比样式""千位分隔样式""增加小数点位"和"减少小数点位"。"会计数字格式"默认为中文样式，若希望使用其他格式，可单击按钮右侧的 标记，在弹出的快捷菜单中选择"其他会计格式"命令，在如图5-72所示的"设置单元格格式"对话框中进行设置。

5.4.2　使用边框和底纹

在 Excel 2010 工作表中为单元格或区域设置边框线和底纹是修饰、美化工作表，突出表现不同区域的常用处理方法。

1. 设置单元格或区域的背景色

首先选择要设置底纹的单元格或区域，在"开始"选项卡的"字体"组中，单击"填充颜色"按钮，可将当前颜色（"颜料桶"下方显示的颜色）设置为所选单元格或区域的底纹颜色。若希望使用其他颜色，可单击"填充颜色"按钮右侧的▾标记，然后在如图 5-73 所示的调色板上单击所需的颜色即可。如果"主体颜色"和"标准色"中没有合适的颜色，可选择下方"其他颜色"命令，在弹出的如图 5-74 所示的"颜色"对话框中进行选择。

图 5-71　常用数据格式

图 5-72　"设置单元格格式"对话框的"数字"选项卡

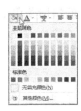

图 5-73　背景色调色板

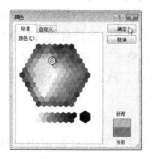

图 5-74　"颜色"对话框

2. 设置填充效果

在 Excel 2010 中除了可以为单元格或区域设置纯色的背景色，还可以将渐变色、图案设置为单元格或区域的背景。

在"开始"选项卡中单击"字体"组右下角的▨按钮，在弹出的"设置单元格格式"对话框中单击"填充"选项卡，如图 5-75 所示，单击"填充效果"按钮，弹出如图 5-76 所示的"填充效果"对话框。通过该对话框可以选择形成渐变色效果的颜色及底纹样式，随后单击"确定"按钮即可将其设置所选单元格或区域的背景。

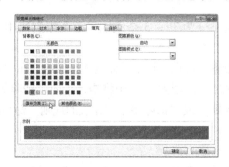

图 5-75　"设置单元格格式"对话框的"填充"选项卡

图 5-76　"填充效果"对话框

3. 使用图案填充单元格

"图案"指的是在某种颜色中掺杂入一些特定的花纹而构成的特殊背景色。如图5-77所示，在"设置单元格格式"对话框的"填充"选项卡中，用户可在"图案颜色"下拉列表框中选择某种颜色后，再在"图案样式"选项下拉列表框中选择"掺杂"方式，设置完毕后单击"确定"按钮。

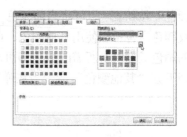

图5-77 设置图案颜色和样式

如果希望删除所选单元格或区域中的背景设置，可在"开始"选项卡"字体"组中，单击"填充颜色"按钮 右侧的 标记，在弹出的快捷菜单中选择"无填充颜色"命令即可。

5.4.3 设置条件格式

条件格式是使数据在满足不同的条件时，Excel 2010可以显示不同的底纹、字体或颜色等数字格式。条件格式基于不同条件来确定单元格的外观。例如，可以将所选区域中所有学生成绩小于60的采用红色字体显示，以便直观的显示出不及格学生的情况。

首先需要在工作表中选择希望设置条件格式的单元格或区域。在"开始"选项卡"样式"组中，单击"条件格式"按钮 ，在弹出的如图5-78所示的快捷菜单中各项的含义如下。

- 突出显示单元格规则：如果单元格中数据满足某条件（大于、小于、介于、等于、……），则将单元格数据和背景设置为指定颜色。

- 项目选取规则：从所有数据中挑选出满足某条件的若干项并显示为指定的前景色和背景色。供选的条件有：值最大的若干项、值最大的百分之若干项、值最小的若干项、值最小的百分之若干项、高于平均值的项、低于平均值的项等。

图5-78 设置条件格式

- 数据条：为单元格中数据添加一个表示大小的数据条。数据条的长短可直观地表示数据的大小。数据条可选为渐变色或实心填充样式。

- 色阶：根据单元格中数据大小为其添加一个不同的背景色，背景色的色阶值可直观的表示数据的大小。例如，选择由绿色到红色的色阶变化，则数值大的设置背景为绿色，随着数值的减小逐步过渡到红色。

- 图标集：将所选区域中单元格的值按大小分为3～5个级别，每个级别使用不同的图标来表示。

如果希望取消单元格或区域中的条件格式设置，可在选择了单元格或区域后，在"开始"选项卡"样式"组中，单击"条件格式"按钮，在弹出的快捷菜单中将指针指向"清除规则"，按实际需要选择子菜单中的"清除所选单元格的规则"或"清除整个工作表的规则"命令即可。

5.4.4 清除单元格中的数据和格式

前面介绍过，选中某单元格后可以向其中输入数值或文本。双击包含有数据的单元格可使插入点光标出现在双击处，方便用户编辑修改数据。选择了包含数据的单元格后按〈Delete〉键或〈Backspace〉键可删除单元格中的数据。

需要注意的是，上述方法删除的只是单元格中的数据及公式和函数（也称为“内容”），其中包含的格式（数据格式、条件格式、边框设置等）、批注等不会被删除。

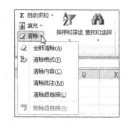

若要在不删除单元格本身的前提下清空单元格，可在“开始”选项卡的“编辑”组中单击“清除”按钮，弹出如图5-79所示的下拉菜单。通过该菜单用户可以选择执行“全部清除”、“清除内容”、“清除格式”、“清除批注”或“清除超链接”命令。

图5-79 “清除”下拉菜单

5.4.5 使用边框

用户可以在单元格或区域周围添加边框。通过使用预定义的边框样式，使用Excel 2010提供的各种边框工具可在单元格或单元格区域的周围快速添加希望的边框样式。

1. 为单元格区域添加边框线

在工作表中选择要添加边框的单元格或区域，在“开始”选项卡“字体”组中，单击“下边框”按钮 可为所选区域添加一个实线下边框线。若要设置其他边框样式可单击其右侧的标记，弹出如图5-80所示的下拉菜单。通过该菜单用户可以任意选择边框样式，也可以自主选择线型和颜色手工绘制边框，或擦出不再需要的边框。

最常用的表格区域边框样式如图5-81所示。表格标题不设置边框，表格内部设置为细实线边框，表格外框设置为粗实线边框。操作时可首先选择表格的数据区，为所选区域应用“所有框线”样式田，而后在不撤销原选区的情况下再次应用“粗匣框线”样式，即可得到图示的边框效果。

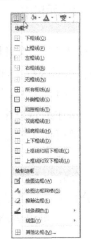

图5-80 设置边框样式下拉菜单

职工基本情况表

姓名	性别	出生日期	基本工资	奖金	扣款	实发工资	电话
张三	男	1980-7-12	3200.00	1600.00	200.15	4599.85	13601006688
李四	女	1980-8-14	2800.00	1200.00	126.86	3873.14	13001215599
王五	女	1982-10-27	2300.00	1000.00	100.00	3200.00	13502103388
赵六	男	1981-2-18	3000.00	1800.00	203.01	4596.99	15803167755

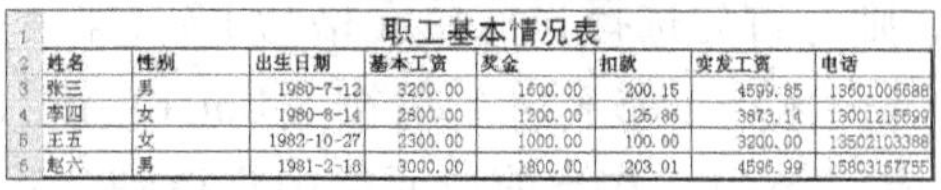

图5-81 设置边框

如果在选择了某单元格区域后，选择“无框线”命令，则区域内所有已设置的边框线将全部被删除。

2. 绘制斜线表头

Excel 2010允许用户通过设置单元格对角线的方法为表格添加斜线表头，以便说明数据区首行和首列中数据的性质。

首先需要在工作表中选择要绘制斜线表头的单元格。右击后在弹出的快捷菜单中选择"设置单元格格式"命令。在弹出的图 5-82 所示的"设置单元格格式"对话框中单击"边框"选项卡，再单击"外边框"选项，然后单击从左上角至右下角的"对角线"按钮 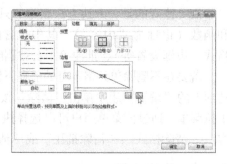。

通过该对话框可以设置线条的样式（实线、虚线、点画线、…等）和线条的颜色。设置完毕后单击"确定"按钮。

图 5-82　通过对角线设置斜线表头

在斜线表头中输入文字时，应注意使用〈Alt + Enter〉组合键将文字书分别写在两行上，并使用添加空格的方法调整文字的显示位置，使之能显示到由斜线分隔开的两个区域中的适当位置。

5.5　使用公式与函数

Excel 2010 中提供了大量用于数据计算的函数，同时还支持用户使用自定义的计算公式，具有十分强大的数据处理功能。这也是 Excel 表格与 Word 表格最主要的区别之一。

5.5.1　使用公式

Excel 2010 的公式由"="开头，由运算符、函数和单元格名称（也称"引用地址"或"地址"）组成。例如，"= A2 + B2"。其中 A2 和 B2 表示两个单元格的名称，"+"表示求和运算符。整个公式表示计算 A2 和 B2 两个单元格的和，并将结果显示到当前单元格中。

1. 公式的输入方法

公式需要在选择了希望显示计算结果的单元格后，手工输入到"编辑框"或当前单元格中。在公式中需要输入单元格名称时，可以手工输入（列标号不区分大小写），也可以通过单击来选择。公式输入完毕后按〈Enter〉键或单击编辑框左侧的"输入"按钮 即可。

操作完成后，在当前单元格中显示的是公式的计算结果，而在编辑框中始终显示着单元格中保存的公式或函数。按〈Ctrl +'（数字 1 左侧的键）〉组合键可使工作表在公式、函数和计算结果两种显示状态间切换。

例如，若计算如图 5-83 所示的"学生成绩表"中的"综合分"（数学占 60%，语文占 40%），则可首先选择当前单元格为 E3（第一个学生的综合分位置），直接在单元格中输入公式"= c3 ∗ . 6 + d3 ∗ . 4"后按〈Enter〉键（小数点前面的"0"可以省略，如"0.6"可以输入成". 6"），在当前单元格中将得到公式的计算结果。

其他学生的综合分计算可使用前面章节介绍过的填充公式来处理，填充后的结果如图 5-84 所示。

2. 公式和数据的修改

如果要修改单元格中的公式，可选择包含有公式的单元格后在编辑框中修改。也可以直接双击该单元格使之进入编辑状态（出现插入点光标），修改完成后按〈Enter〉键或单击"输入"按钮 。

图 5-83　在单元格中输入公式

图 5-84　通过填充计算出所有综合分

完成公式或函数的计算后，若修改了相关的单元格中的数据，则在按下〈Enter〉键确认修改后，自动更新公式或函数所在单元格中的计算结果，无需重新计算。

5.5.2　单元格的引用方式

单元格地址的作用在于它唯一地表示工作簿上的单元格或区域。在公式中引入单元格地址，其目的在于指明所使用的数据存放位置，而不必关心该位置中存放的具体数据是多少。

如果某个单元格中的数据是通过公式或函数计算得到的，那么对该单元格进行移动或复制操作时，就不是一般的操作。当进行公式的移动和复制时，就会这些公式有时会发生变化。Excel 2010 之所以有如此功能是因为单元格的相对引用和绝对引用。因此，在移动或复制时，用户可以根据不同的情况使用不同的单元格引用。

当用户向工作表中插入、删除行或列时，受影响的所有引用都会相应地做出自动调整，不管它们是相对还是绝对引用。

1. 单元格的相对引用

单元格的相对引用是指在引用单元格时直接使用其名称的引用（如 E2、A3 等），这也是 Excel 2010 默认的单元格引用方式。若公式中使用了相对引用方式，则在移动或复制包含公式的单元格时，相对引用的地址和相对目的单元格会自动进行调整。

如图 5-85 所示，前面已经知道单元格 E3 中的公式为 "$= C3 * 0.6 + D3 * 0.4$"，现将其复制到单元格 F4 中后，其中的公式变化为 "$= D4 * 0.6 + E4 * 0.4$"。这是因为目的位置相对源位置发生变化，导致参加运算的对象分别自动做出了相应的调整。

2. 绝对地址引用

绝对引用表示单元格地址不随移动或复制的目的单元格的变化而变化，即表示某一单元格在工作表中的绝对位置。绝对引用地址的表示方法是在行号和列标前加一个 $ 符号。如图 5-86 所示，把前面学生成绩表 E3 单元格中的公式改为 "$= \$C\$3 * 0.6 + \$D\$3 * 0.4$"，然后将公式复制到 F6 单元格，则复制后的公式没有发生任何变化。

图 5-85　相对引用示例　　　　　　　　　　图 5-86　绝对引用示例

3. 混合引用

如果单元格引用地址一部分为绝对引用，另一部分为相对引用，例如 $A1 或 A$1，则这类地址称为混合引用地址。如果 "$" 符号在行号前，则表明该行位置是绝对不变的，而列位置仍随目的位置的变化做相应变化。反之，如果"$"符号在列名前，则表明该列位置是绝对不变的，而行位置随目的位置的变化做相应变化。

4. 引用其他工作表中的单元格

Excel 2010 允许用户在公式或函数中引用同一工作簿中其他工作表中的单元格，此时，单元格地址的一般书写形式为：

工作表名！单元格地址

例如，"= D6 + E6 – Sheet3！F6"。公式表示计算当前工作表中 D6、E6 之和，再减去工作表 Sheet3 中 F6 单元格中的值，并将计算结果显示到当前单元格中。

5.5.3 自动求和

求和计算是一种常用的公式计算，为了减少用户在执行求和计算时的公式输入量，Excel 2010提供了一个专门用于"求和"的按钮Σ，使用该按钮可以对选定的单元格中的数据进行自动求和。

1. 使用自动求和按钮

使用自动求和功能，需要首先将希望存放计算结果的单元格设置为当前单元格。单击"开始"选项卡"编辑"组中"自动求和"按钮Σ。如图 5–87 所示，系统会根据当前工作表中数据的分布情况，自动给出一个推荐的求和区域（虚线框内的区域），并向计算结果存放的单元格中粘贴一个 SUM 函数。如，本例中的"SUM（C3：D3）"，即表示将 C3 到 D3 组成的连续单元格范围中的数值之和写入当前单元格。

如果系统默认的求和数据区域不正确，可在工作表中按住左键拖动重新选择以修改公式。编辑栏中会同步显示修改后的 SUM 函数内容。确认求和区域选择正确后，按〈Enter〉键或单击编辑框左侧的"输入"按钮✔完成自动求和操作。

图 5–87　系统自动选择的求和区域

图 5–88　自动求和菜单

除了求和外，Excel 还将一些常用的计算命令存放在"开始"选项卡的"编辑"组中。单击"自动求和"按钮右侧的标记，打开如图 5–88 所示的下拉菜单，可以实现平均值、计数、最大值、最小值等常用计算。这些计算每个都对应一个 Excel 2010 函数，它们的详细使用方法将在后续章节中介绍。

2. 多区域求和

如果参与求和的单元格并不连续，可按如下方法实现自动求和。

首先仍然是需要确定存放求和结果的单元格，而后单击"自动求和"按钮Σ，拖动鼠标选择第一个包含有求和数据且连续的单元格区域。按下〈Ctrl〉键后拖动选择第二个包含有求和数据且连续的单元格区域，直至所有数据均被选择。最后按〈Enter〉键或单击编辑框左侧的"输入"按钮✔完成自动求和操作。

此时，编辑框内的 SUM 函数格式类似于"= SUM（C5：C6，D7：D8）"样式。其中"C5：

C6"和"D7:D8"是两个连续的单元格区域，但这两个区域是不连续的，因此区域间需要使用逗号","来分隔。例如，"= SUM（A1:D3,F6:G7）"表示将左上角为 A1，右下角为 D3 区域中所有单元格和左上角为 F6，右下角为 G7 区域中所有单元格中的数据求和，并将计算结果写入当前单元格。

5.5.4 使用函数

函数实际上是一种预先定义好的内置的公式。Excel 2010 共提供了 13 类函数，每个类别中又包含了若干个函数。前面提到的 SUM 函数就是"常用函数"类中的一员。使用函数能省去输入公式的麻烦，提高效率。Excel 2010 为用户提供了大量功能强大的函数，由于篇幅所限这里只能对一些最常用的函数进行简要介绍。

1. 向单元格中插入函数

可以使用直接输入的方法向单元格中插入函数，这与前面介绍过的使用公式的方法相同。用户只需在单元格中输入"="的函数名称及所需参数，最后按〈Enter〉键即可。

由于 Excel 2010 中包含众多功能各异的函数，为了便于用户的记忆和使用，系统提供了一个专用的函数插入工具 *f*。该工具位于编辑框的左侧，单击"插入函数"按钮将弹出如图 5-89 所示的"插入函数"对话框。

图 5-89 "插入函数"对话框　　　　图 5-90 设置函数参数对话框

通过该对话框用户可以搜索或按分类查找到需要的函数。当用户在"选择函数"下拉列表中选择了某函数时，"选择函数"栏的下方将显示该函数的功能及使用方法说明（"SUM"为函数名，"number1，number2，…"为函数"参数"）。单击"确定"按钮后显示如图 5-90 所示的对话框，单击参数选择栏右侧的 按钮，可将函数参数对话框折叠起来，以方便用户通过拖动来选择包含有参与计算数据的单元格区域。选择完毕后单击折叠框右侧的 按钮，返回"函数参数"对话框。参数选择完毕后，单击"确定"按钮完成插入函数操作，目标单元格中将显示计算结果。

这里以 SUM 函数为例说明了向单元格中插入函数的操作方法。在使用其他函数时操作方法大同小异，使用时应注意对话框中显示的函数和参数使用说明。必要时可单击对话框左下角"有关该函数的帮助"链接，从 Excel 帮助中获取操作支持。

注意：*在使用函数时所用到的所有符号都是英文符号，在函数表达式中不能识别中文标点。*

2. 常用函数介绍

- SUM（区域1，区域2，…）：计算若干个区域中包含的所有单元格中值的和。区域1、区域2 等参数可以是数值，也可以是单元格或区域的引用，参数最多为 30 个。
- AVERAGE（区域1，区域2，…）：计算若干个区域中包含的所有单元格中值的平均值。
- MAX（区域1，区域2，…）：求若干个区域中包含的所有单元格中值的最大值。

- MIN（区域1，区域2，…）：求若干个区域中包含的所有单元格中值的最小值。
- COUNT（区域1，区域2，…）：统计若干个区域中包含数字的单元格个数。
- ROUND（单元格，小数点位数）：按指定的小数点位数对单元格中数值进行四舍五入后的数值。
- IF（P，T，F）：判断条件P是否满足。如果P为真，则取T表达式的值，否则取F表达式的值。例如，"=IF(Sheet2!A1="教授",600,300)"表示判断工作表Sheet2中A1单元格中的数据是否为"教授"。若是，则在当前单元格中输入600，否则，输入300。

IF函数支持嵌套使用。例如，"=IF(A1="教授",600,IF(A1="副教授",400,300))"表示首先判断A1单元格中的数据是否为"教授"。若是，则在当前单元格中输入600。否则，再判断A1单元格中的数据是否为"副教授"。若是，输入400。否则，输入300。其中第二个IF函数"IF(A1="副教授",400,300)"被用作A1单元格中数据不等于"副教授"时的返回值。

思考：若将IF函数用于津贴发放计算，且规定"教授，600；副教授，400；讲师，300；助教，200"，员工的职称数据保存在A4单元格中，应如何书写IF函数的表达式。

- INT（单元格）：将单元格中的数值向下取整为最接近的整数。例如，"=INT（2.8）"得到的结果为"2"；"=INT（-2.8）"得到的结果为"-3"。
- ABS（单元格）：求单元格中数据的绝对值。

3. 错误信息说明

如果输入的公式或函数无法正确地得到计算结果，Excel 2010将会在单元格中显示一个表示错误类型的错误值。例如，#####、#DIV/0!、#N/A. #NAME?、#NULL!、#NUM!、#REF!和#VALUE! 等等。

以下是常见错误值表示的错误原因和相应的解决方法。

- #####错误：当某列不足够宽而无法在单元格中显示所有字符时，或者单元格包含负的日期或时间值时，Excel将显示此错误。例如，用过去的日期减去将来的日期的公式（如=06/15/2008-07/01/2008）将得到负的日期值。
- #DIV/0! 错误：当一个数除以零或不包含任何值的单元格时，Excel将显示此错误值。
- #N/A 错误：当某个值不可用于函数或公式时，Excel将显示此错误值。
- #NAME? 错误：当Excel无法识别公式中的文本时，将显示此错误。例如，区域名称或函数名称可能出现了拼写错误。
- #NULL! 错误：当指定两个不相交的区域的交集时，Excel将显示此错误。交集运算符是分隔公式中的引用的空格字符。例如，区域A1：A2和C3：C5不相交，因此，输入公式=SUM（A1：A2 C3：C5）将返回#NULL! 错误值。
- #NUM! 错误：当公式或函数包含无效数值时，Excel将显示此错误值。
- #REF! 错误：当单元格引用无效时，Excel将显示此错误值。例如，用户可能删除了其他公式所引用的单元格，或者可能将已移动的单元格粘贴到其他公式所引用的单元格上。
- #VALUE! 错误：如果公式所包含的单元格具有不同的数据类型，则Excel将显示此错误值。如果"智能标记"功能处于打开状态，则将鼠标指针移动到智能标记上时，屏幕提示会显示"公式中所用的某个值是错误的数据类型"。通常，通过对公式进行较少更改即可修复这些问题。

5.6 数据管理与分析

前面介绍过 Excel 2010 具有强大的数据管理、分析与处理功能，可以将其看作是一个简易的数据库管理系统。也可以将每个 Excel 工作簿看成是一个"数据库"，每张工作表看成是一个"数据表"（也称为"数据清单"）；将工作表中的每一行看成是一条"记录"，工作表中每一列看成是一个"字段"。Excel 完全符合由各字段组成一条记录，各记录组成数据表，各数据表组成数据库的数据组织形式。

5.6.1 数据排序

数据排序是数据管理与分析中一个重要的手段，通过数据排序可以了解数据的变化规律及某一数据在数据序列中所处的位置。Excel 2010 具有单条件排序和多条件排序的两种排序方法。

1. 单条件排序

所谓"单条件排序"是指将工作表中各行依据某列值的大小，按升序或降序重新排列。例如，对学生成绩表进行按总分进行的降序排序。

执行单条件排序最简单的方法是选择排序依据列中的任一单元格为当前单元格，而后单击列标号选择排序依据列。在"数据"选项卡的"排序与筛选"组中单击"降序"按钮↓或"升序"按钮↑即可实现数据排序。如图 5-91 所示将显示"排序提醒"对话框。若选择"扩展选定区域"，可将所选区域扩展到周边包含数据的所有列。否则，只有选定列参加排序，其他各列数据保持原位不动，这有可能导致数据错行而引发错误。

2. 多条件排序

所谓"多条件排序"是指将工作表中的各行按用户设定的条件进行排序。例如，要求按员工综合考核的降序排序，综合考核相同的则按销售业绩降序排序，销售业绩又相同则按请假天数的升序排序（请假天数多者排名靠后），前面三个条件都相同则按自然顺序排序。

图 5-91　排序提醒对话框

图 5-92　"排序"对话框

执行多条件排序时应选择工作表数据区中的任一单元格。单击在"数据"选项卡的"排序与筛选"组中"排序"图标，显示如图 5-92所示的对话框。其中，主要和次要关键字取自表格的列标题名称（如成绩表中的"总分""数学""语文"、…）。"排序依据"的可选项有"数值""单元格颜色""字体颜色"和"单元格图标"四种，表示按单元格中何种信息排序。"次序"的可选项有"降序""升序"和"自定义序列"（教授、副教授、讲师、助教等）三种。

图 5-93　排序选项对话框

默认情况下，对话框中仅显示一行"主要关键字"。"添加条件"按钮可向对话框中添加一行"次要关键字"。单击"删除条件"按钮可从对话框中移除当前条件行。单击"复制条件"按钮可将当前条件行复制成一个新的"次要关键字行"。 按钮可调整条件行的排列顺序。单击"选项"按钮将显示如图 5-93 所示的对话框，通过该对话框可选择排序方向和排序方法。选择对话框中"数据包含标题"复选框，则系统自动将首行认定为列标题行不参加排序。

需要说明的是，如果排序关键字是中文，则按汉语拼音执行排序。排序时首先比较第一个字母，若相同再比较第二个字母，以此类推。

5.6.2 数据筛选

数据筛选是指从工作表包含的众多行中挑选出符合某种条件的一些行的操作方法，其实际上是一种"数据查询"操作。Excel 2010 支持对工作表进行"自动筛选"和"高级筛选"两种操作。

1. 自动筛选

单击数据区中任一单元格，在"数据"选项卡"排序和筛选"组中单击"筛选"按钮 ，系统将自动在工作表中各列标题右侧添加一个 标记，单击某列的 标记将弹出如图 5-94 所示的操作菜单，通过该菜单用户可以执行基于当前列的排序和数字筛选操作。用鼠标指向菜单中"数字筛选"项，在弹出的子菜单中包含了一些用于指定筛选条件的命令，这些命令的右侧多数都带有一个"…"标记，表示执行该命令将显示一个对话框。如图 5-95 所示的执行"小于"命令后显示的对话框，图中设置的筛选方式表示筛选出学生成绩表中总分小于 140 或者总分大于等于 150 的所有行（记录）。单击"确定"按钮后，工作表中所有不符合条件的行将被隐藏。

图 5-94　自动筛选操作菜单　　　　图 5-95　自定义自动筛选方式

自动筛选可以重复使用，即可以在前一个筛选结果中再次执行新条件的筛选。例如，希望筛选出学生成绩表中数学和语文成绩都大于 80 的行，可首先筛选出数学大于 80 的行，然后再在筛选结果中筛选出语文大于 80 的行。

再次单击"排序和筛选"组中"筛选"按钮 ，可取消系统在当前工作表中设置的筛选状态，将工作表恢复到原始状态。

2. 高级筛选

与自动筛选不同，执行高级筛选操作时需要在工作表中建立一个单独的条件区域，并在其中键入高级筛选条件。Excel 2010 将"高级筛选"对话框中的单独条件区域用作成高级条件的源。

执行"高级筛选"时，首先需要将当前单元格设置到工作表的数据区中，单击"数据"选项卡中"排序与筛选"组中的"高级"按钮 ，将弹出如图 5-96 所示的对话框。

在"方式"单选按钮组中用户可以选择是要将筛选结果放置在原有区域还是将其放置在其他位置。若选择其他位置则"复制到"栏可用，单击其右侧的折叠对话框按钮，在工作表中单击希望显示到的位置的左上角单元格即可。

"列表区域"指的是工作表中的数据区（包括列标题栏）。"条件区域"指的是独立于数据区的，用户输入筛选条件的区域，如图5-97所示。条件区域可以放置在独立于列表区域的任何地方，只要不与列表区重叠即可。

图5-96 高级筛选对话框

图5-97 列表区域和条件区域

如果单击"高级"按钮时，已将当前单元格设置到列表区域中任一单元格，则系统会自动推荐一个用闪烁的虚线框起来的列表区域。接受则可继续操作，否则可重新"拖"出一个正确的列表区域。列表区域的地址引用会显示到"列表区域"栏中。

单击"条件区域"栏右侧的折叠对话框按钮，从对话框返回到工作表，按住左键拖动选择"条件区域"后单击展开对话框按钮，将条件区地址引用添加到对话框中。注意，选择条件区域时应同时选择"列标题"（如本例中的"性别""身高"等）和"条件"（"男"、"＞＝1.75"等）。

图5-98 高级筛选结果

条件区域中，写在相同行中的条件是需要同时满足的，写在相同列中的条件满足其一即。如图5-97所示条件区域中输入的条件表示要筛选出"身高＞＝1.75，并且体重＞＝70的男生"或"身高＞＝1.65，并且体重＜55的女生"，筛选结果如图5-98所示。

5.6.3 合并计算与分类汇总

合并计算和分类汇总都是用来对一张或多张工作表中的数据进行统计的操作。

1. 合并计算

若要汇总和报告多个单独工作表中数据的结果，可以将每个工作表中的数据合并到一个工作表（或主工作表）中。所合并的工作表可以与主工作表位于同一工作簿中，也可以位于其他工作簿中。如果在一个工作表中对数据进行合并计算，则可以更加轻松地对数据进行定期或不定期的更新和汇总。

例如，如果有一个用于每个地区办事处开支数据的工作表，则可使用合并计算将这些开支数据合并到公司的总开支工作表中。

在Excel 2010中实现合并计算的方法主要有以下两种。

- 按位置进行合并计算：该方法适用于当多个源区域中的数据按照相同的顺序排列并使用相同的行和列标签时。例如，各办事处的开支工作表使用了相同的模板。
- 按分类进行合并计算：该方法适用于当多个源区域中的数据以不同的方式排列，但却使用相同的行或列标签时。例如，每个月生成布局相同的一系列库存工作表，但每个工作表包含不同的项目或不同数量的项目。

（1）按位置进行合并计算

本节通过一个实例介绍"按位置进行合并计算"的操作方法。

设，某工厂有三个车间。工厂每季度建立一个包含有"生产总值"和"合格率"的统计表，并单独保存在一个 Excel 工作簿中。四个 Excel 文件的名称分别为"1 季度 . xlsx、2 季度 . xlsx、3 季度 . xlsx 和 4 季度 . xlsx"，文件内容如图 5-99 所示。

图 5-99　四个 Excel 文件中的内容

如图 5-99 所示，所有工作表都是按相同的格式编排的，因此可以使用"按位置方式"进行合并计算。在 Excel 2010 中创建一个名为"全年汇总 . xlsx"的 Excel 文件，其格式编排与各季度统计表格式相同，如图 5-100 所示。选择汇总表中 B2 单元格（要填写汇总数据的第一个单元格）为当前单元格，单击"数据"选项卡"数据工具"组中的"合并计算"按钮，显示如图 5-101 所示的"合并计算"对话框。

图 5-100　全年汇总表

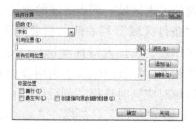

图 5-101　"合并计算"对话框

在"函数"下拉列表框中列出了支持合并计算的所有函数类型（求和、计数、平均值、最大值、最小值、…等）。本例选择了默认值"求和"，表示将各车间各季度生产总值求和，得到全年各车间生产总值的统计结果。

单击"引用位置"栏右侧的折叠对话框按钮，如图 5-102 所示，在已事先打开的"1 季度 . xlsx"中选择一季度各车间的生产总值为数据区，选择完毕后单击展开对话框按钮，对话框如图 5-103 所示。重复上述操作，直至将各季度生产总值数据都添加到"所有引用位置"栏中，如图 5-104 所示。最后单击"确定"按钮得到如图 5-105 所示的合并计算结果。

图 5-102　选择"第一季度"各车间"生产总值"数据

图 5-103　将一季度数据添加到所有引用位置栏

本例中原始数据区是通过拖动的方法进行选择的，这要求相关 Excel 工作簿文件必须处于打开状态。若，包含有原始数据的工作簿文件没有打开，可直接在"引用位置"栏中手工输入位置区域。如，本例中需要输入"［1 季度 . xlsx］Sheet1！$D $3：$D $5"后单击

226

"添加"按钮，输入"［2季度.xlsx］Sheet1！$D $3：$D $5"后再次单击"添加"按钮，……，直至所有原始数据区均被添加到"所有引用位置"栏，最后单击"确定"按钮完成操作。

图 5-104　将各季度数据添加到所有引用位置栏　　图 5-105　合并计算结果

引用位置在手工输入时应注意其格式为：

　　　　［工作簿文件名］工作表名！数据区的绝对地址

（2）按分类进行合并计算

本节通过一个实例介绍"按分类进行合并计算"的操作方法。

设，某商店下设有三个门市部，每个门市部每天上报一个保存有当日营业数据的流水账的（按时间顺序记录发生的业务）工作簿。三个 Excel 文件名分别为"No1.xlsx""No2.xlsx"和"No3.xlsx"，文件内容如图 5-106 所示。

图 5-106　各门市部销售账内容

如图 5-106 所示，各销售账的列标题排列是统一的，但各门市部的销售业务内容却是散乱的。因此，只能选择按分类进行合并计算，即各门市部销售的各类商品按"品名"汇总，得到该商品的销售数量和销售总金额。

在 Excel 2010 中创建一个名为"销售账.xlsx"的工作簿。在 Sheet1 工作表中录入汇总表的标题栏和列名称栏。将当前单元格设置为数据区的第一个单元格。单击"数据"选项卡"数据工具"组中的"合并计算"按钮 ，显示"合并计算"对话框。与前面介绍过的方法相同，在选择了"函数"和位于三个工作簿中的"引用位置"后，注意在"标签位置"栏中选择"最左列"，这也是"按分类合并计算"与"按位置合并计算"最关键的不同点。

如图 5-107 所示，选择"标签位置"为"最左列"，表示按显示在最左列的"品名"相同。将三个数据区中的记录进行合并，并计算出相同品名的数量和及金额的和。合并计算结果如图 5-108 所示。本例中选择的"引用位置"为各工作表的品名、数量和金额三列数据（不要选列标题栏）。应用的"函数"为"求和"，表示按品名相同分别计算数量和金额的和。

2. 分类汇总

分类汇总就是将进行的数据分类统计。例如，在工作表中分别统计出所有男生和女生的总成绩的平均值。其中男生或女生就是"类"，而总成绩的平均值就是需要进行汇总的字段。进行分类汇总时，首先需要对工作表中数据按"类"进行排序，且只能对包含数值的字段进行汇总，如求和、平均值、最大或最小值等。

图 5-107　设置合并计算选项　　　　　　　图 5-108　合并计算结果

下面以如图 5-109 所示的"课程安排表"为例介绍在 Excel 2010 中使用"分类汇总"的操作方法。本例要求通过"分类汇总"统计出各门课程的总人数和总课时数。

执行分类汇总前，首先需要对工作表按"课程名称"列（类）进行排序。由于分类汇总仅要求所有同"类"数据行能连续，所以在排序时执行升序或降序均可。将当前单元格定位到"课程名称"列，单击"数据"选项卡"排序和筛选"组中"升序"按钮↓↑，完成对工作表的排序。

单击"数据"选项卡"分组显示"组中"分类汇总"按钮，显示如图 5-110 所示的对话框。按本例的要求，应从"分类字段"下拉列表框中选择"课程名称"作为分类依据。"汇总方式"应选择"求和"。在"选定汇总项"列表中选择"人数"和"课时"复选框。

在对话框中系统还为用户提供了"替换当前分类汇总""分组数据分页"和"汇总数据显示在数据下方"三个选项，一般取默认值即可。设置完毕后，单击"确定"按钮得到如图 5-111 所示的分类汇总结果。

图 5-109　原始数据　　图 5-110　"分类汇总"对话框　　图 5-111　分类汇总结果

如图 5-111 所示，操作执行完毕后系统自动在每类数据下面插入了一个包含有指定汇总项数据的行，并在工作表最后插入了一个"总计"行。单击汇总行最左边的"−"标记，可折叠工作表中详细数据并仅显示汇总行。单击汇总行最左边的"＋"标记可使折叠的工作表恢复成展开状态。单击"分类汇总"对话框中"全部删除"按钮可取消已完成的分类汇总（撤销插入的汇总行，使工作表恢复原状）。

5.6.4　使用数据透视表和切片器

数据透视表是一种可以快速汇总大量数据的交互式方法。使用数据透视表可以深入分析数值数据，帮助用户理解这些数据所表达的深层次的问题。也可以将数据透视表看成是一种动态的工作表，它提供了一种以不同角度查看数据的简便方法。

数据透视图是数据透视表的一种直观表示方法，它以图表的方法直观地表示出数据透视表所要表达的信息。

1. 创建数据透视表

本节以一个销售业绩表为例介绍数据透视表的创建及使用方法。设，某公司下设有三个健身俱乐部。如图 5-112 所示的是各俱乐部在不同季度中不同健身项目的销售情况。

若要以此数据清单创建数据透视表，可在"插入"选项卡"表格"组中单击"插入数据透视表"按钮，显示如图 5-113 所示的对话框。创建数据透视表所需的数据源可以是 Excel 工作表或工作表中的一个区域，也可以是来自外部的数据连接。本例选择当前工作表中的一个区域。

图 5-112 源数据清单　　　　　图 5-113 "创建数据透视表"对话框

单击对话框中"表/区域"栏右侧的折叠对话框中的按钮，在工作表中选择包括列标题栏在内的数据区域（A2：D9）后，单击展开对话框按钮，返回"创建数据透视表"对话框。在"选择放置数据透视表的位置"选项栏中可以选择将数据透视表放置在新工作表中，也可选择将其放置在当前工作表的指定位置上。设置完毕后，单击"确定"按钮。

在工作表中显示出如图 5-114 所示的数据透视表的占位区，以及如图 5-115 所示的数据透视表字段列表对话框。本例中将"部门"字段拖放到了"报表筛选"栏，"季度"字段拖放到了列标签栏，项目字段拖放到了"行标签"栏，"销售额"按求和项形式拖放到了"Σ 数值"栏。拖放完成后，在数据透视表占位区将显示如图 5-116 所示的数据透视表。

图 5-114 数据透视表占位区　　　图 5-115 数据透视表字段列表　　　图 5-116 在占位区生成的透视表

作为报表筛选项的"部门"字段，可以通过单击其右侧的 按钮，从弹出的列表中选择某一部门或全部。

如图 5-117 所示的是选择"第二健身"时数据透视表的情况。列标签控制着数据透视表中显示哪些列，如图 5-118 所示的是仅显示四季度时的数据透视表情况。行标签控制着数据透视表中显示哪些行，如图 5-119 所示的是仅显示"网球"时的情况。从下面三个图中可以看出，处于筛选状态的栏其右侧原来的▼按钮将自动变成▼样式，只有再次选择了"全部"后方可恢复原状。

图 5-117　筛选部门　　　图 5-118　筛选季度　　　图 5-119　筛选项目

2. 使用数据透表切片器

数据透视表"切片器"是 Excel 2010 提供的一个新功能，通过切片器可以实现快速变换数据透视表中所含数据的筛选。

在数据透视表创建完毕后，将当前单元格设置在数据透视表中任一位置后，在功能标签列表区将自动显示如图 5-120 所示的"数据透视表工具"选项卡。在"排序和筛选"组中单击"插入切片器"按钮，显示如图 5-121 所示的"插入切片器"对话框。在对话框中选择希望创建的切片器名称（如，本例的"部门"）后单击"确定"按钮，将显示如图 5-122 所示的切片器。单击切片器中某部门名称，相当于前面介绍过的在"部门"项中筛选出指定部门的数据。

若需要在数据透视表中恢复显示"全部"，则可按住〈Ctrl〉键，逐个单击选择所有部门条目即可。

图 5-120　"数据透视表工具"的"选项"组　　　图 5-121　"插入切片器"对话框

图 5-122　通过切片器快速变换数据透视表中的数据

5.7　使用图表

Excel 2010 提供了 11 种标准图表和多种自定义图表，通过创建图表可以使工作表中的数据能以更加直观的形式表示出数据变化趋势及各类数据之间的关系。

5.7.1　创建图表

在 Excel 2010 中创建了如图 5-123 所示的工作表，下面通过使用工作表中现有数据创建二维柱形图表为例介绍创建图表的一般操作方法。本例要求使用"城市"为水平轴，以综合评价指数为竖直轴，图表中包含每个城市的"日常用品"、"食品"和"服装"指数，且图表中能使用"图例"表示上述 3 个指数。图表设计完毕后应具有如图 5-124 所示的样式。

从图表中可以看出本例将工作表中各城市的"日常用品""食品"和"服装"三列数据以柱状簇形图的形式表示。通过图表直观地呈现了不同类别、不同城市数据之间的差异。

图 5-123　工作表中的数据

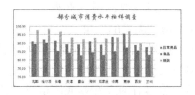

图 5-124　设计完成的二维柱形图表

在 Excel 2010 的"插入"选项卡"图表"组中可以看到众多图表类型。如，"柱形图""折线图""饼图""条形图""面积图""散点图"等。单击这些图标，又会显示出一些子类型列表。本例按要求，单击"柱形图"按钮 ■ 后，在弹出的各类柱形图样式列表中选择了"二维柱形图"中的第一个样式"簇状柱形图" ■。选择完毕后，系统在当前单元格位置插入了一个空白图表，同时自动进入如图 5-125 所示的簇状柱形图的"设计"选项卡。

图 5-125　"图表工具"中的"设计"选项卡

在"设计"选项卡中用户可以进行"更改图表类型"、将当前设计"另存为模板""选择数据"等操作，也可在该选项卡中选择希望的图表布局和图表样式。本例选择"图表样式"中的"样式 2"。图表样式选择后，由于尚未选择希望图表表现的数据源，因此系统只能向工作表中插入一个空白的图表占位区（一个空白图表）。

图 5-126　"选择数据源"对话框

图 5-127　"轴标签"对话框

单击"数据"组中"选择数据"按钮 ■，在如图 5-126 所示的"选择数据源"对话框中单击"图表数据区域"栏右侧的折叠对话框按钮 ■，在工作表中首先选择"日常用品"列的数据（包括列标题单元格）■，而后按住〈Ctrl〉键，追加选择"食品"和"服装"两列数据（包括列标题单元格）。单击展开对话框按钮 ■ 返回，在对话框中可以看到所选数据区域所对应的地址引用。

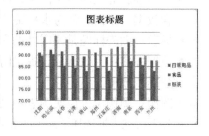

图 5-128　没有经过修改的图表外观

数据区选择完毕后，系统会自动将所选数据区的各列标题添加到"图例项"中，并设置"水平（分类）轴标签"的序列为默认的"1、2、3、…、等"，若需要修改可单击"水平（分类）轴标签"栏中的"编辑"按钮，显示如图5-127所示的"轴标签"对话框。单击其中折叠对话框按钮，在工作表中选择"城市"一列数据（不包括列标题单元格）后单击展开对话框的按钮返回"轴标签"，单击"确定"按钮返回"选择数据源"。确认所有选择设置完毕且在图表占位区形成的图表预览也符合要求后，单击"选择数据源"对话框中的"确定"按钮结束图表创建操作。如图5-128所示的是没有经过修改的图表外观。

按住左键拖动图表的四角或四边的中点位置，可以调整图表大小。图表大小发生变化时，水平轴的文字排列方向或竖直轴数据刻度的间隔也会自动调整以适应图表的宽度和高度。

图表中图表标题、图例均是独立的文本对象，用户可以将其拖动到新的位置，重新设计图表的布局。需要对图表标题或图例进行修改时，可以右击标题或图例区域，在弹出快捷菜单中选择"编辑文字"、设置"字体"等命令来实现设置标题或图例的格式和内容。

本例中通过单击图表标题区进入标题编辑状态后（出现插入点光标），更改了标题文字。通过标题区右键菜单中的"字体"命令，在显示的对话框中设置了标题文字的字体为华文行楷、红色及20磅大小的字号。

5.7.2 修改图表格式和数据

图表设置完成后，用户仍可以通过Excel 2010提供的各种工具对组成图表的各元素（标题、图例、水平轴、垂直轴、图标区、绘图区、网格线等）或数据进行修改。

1. 设置图表元素格式

在图表中右击某个图表元素，将弹出类似于如图5-129所示的（不同图表所包含的图标元素不一定相同），用于修改当前元素格式的快捷菜单和一个用于设置常用格式的工具栏。单击工具栏中"图表元素"下拉列表框右侧的标记，可看到当前图表中所包含的所有元素。

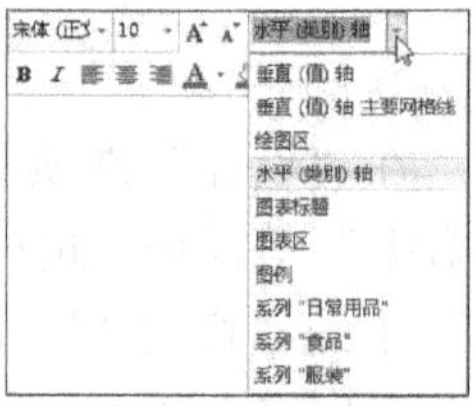

图5-129 快速设置元素常用格式

Excel 2010图表中主要元素及说明如下。

- 图表区：整个图表及其全部元素。
- 绘图区：在二维图表中，是指通过轴来指界定的区域，包括
  所有数据系列。在三维图表中，同样是指通过轴来界定的区域，包括所有数据系列、分类名、刻度线标志和坐标轴标题。
- 数据系列：在图表中绘制的相关数据点，这些数据源自数据表的行或列。
- 坐标轴：界定图表绘图区的线条，用作度量的参照框架。Y轴通常为垂直坐标轴并包含数据。X轴通常为水平轴并包含分类。
- 标题：图表标题是说明性的文本，可以自动与坐标轴对齐或在图表顶部居中。
- 数据标签：为数据标记提供附加信息的标签，数据标签代表源于数据表单元格的单个数据点或值。
- 图例：图例用于说明图表中某种颜色或图案所代表的数据系列或分类。

通过下拉列表框选择了某个图表元素后，可使用工具栏中提供的各种常用工具按钮对其格式进行设置。如，设置字体、字号，使用粗体、斜体，设置文字对齐方式，设置文字颜色等。

如果希望对图表元素进行更为详细的设置，可单击选择图表中的某元素，在"图表工具"中单击"布局"或"格式"选项卡，显示如图5-130和图5-131所示的选项卡内容。

图 5-130 "图表工具"中"布局"选项卡

图 5-131 "图表工具"中"格式"选项卡

除了使用"图表工具"选项卡中提供的各种功能来设置各图表元素外,还可以在图表中直接双击某图表元素,通过显示的设置对话框对其格式进行设置。如图 5-132 所示的就是分别双击"图表标题"和"坐标轴"后显示出来的格式设置对话框。

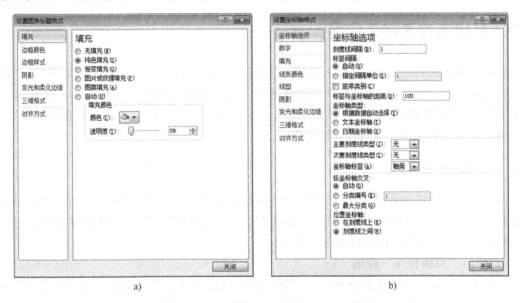

a)   b)

图 5-132　图表标题和图表坐标轴设置对话框

a)"设置图表标题格式"对话框　b)"设置坐标轴格式"对话框

2. 修改图表数据

当图表建立好之后,有时需要修改图表的源数据(增加数据系列或数据点)。在 Excel 2010 中,图表源数据与图表之间存在着链接关系。因此,修改了工作表中的数据后,不必重新创建图表,且图表会随之调整以反映源数据的变化。

如果向数据源中添加了一些行,由于数据源区域在设计图表时已明确,所以新行添加后图表不会自动更新来表现这些新行。这里仍以前面创建的"部分城市消费水平抽样调查"图表为例说明如何向已创建完毕的图表中添加新的数据行。

1）在工作表中添加新行及各单元格中的数据。本例向数据区中添加了"重庆"市的各项"指数"值。

2）在图表中单击选择某一数据（如，"日常用品"系列）。如图5-133所示，表示水平轴数据区和日常用品数据区的彩色框线，将指针分别移至这两框线的右下角，当指针变成双向斜箭头样式时，向下拖动使框线扩充到新的数据行。重复上述操作，再将"食品"和"服装"的数据区框线扩充到新的数据行。操作完成后，"重庆"市的相关数据将添加到已设计完成的图表中，如图5-134所示。

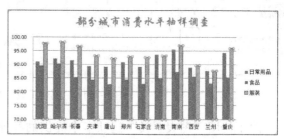

图5-133 扩充数据区到新行　　　　　　图5-134 修改数据区后的图表

5.8 打印工作表或工作簿

Excel 2010提供了强大的工作表或工作簿的打印功能。用户可以通过"页面布局"视图和"页面布局"选项卡，查看和调整页面布局情况，设置页边距、纸张方向、纸张大小、打印区域、添加分隔符等。在"文件"选项卡的"打印"组中可以查看打印预览效果，设置需要的打印页码范围，执行打印输出等。

5.8.1 设置页面布局

在打印工作表之前需对工作表的格式和页面布局进行调整，或者采取必要的措施以避免常见的打印问题。在Excel 2010中用户可以通过"页面布局"选项卡中提供的功能或进入"页面布局"视图完成工作表打印前的准备。

1. 使用"页面布局"视图

如图5-135所示，Excel 2010提供的"页面布局"视图类似于Word的"页面视图"，在该视图中系统以"所见即所得"的方式显示工作表及打印页面之间的关系（页边距、页眉/页脚、数据区在页面中的位置等）。在打印工作表之前，可以在"页面布局"视图中快速对其进行微调，方便地更改数据的布局和格式。单击状态栏右面的"页面布局"按钮 ，可切换到"页面布局"视图。若要切换回"普通"视图，单击状态栏上的"普通"视图按钮 。

2. 使用"页面布局"选项卡

单击功能选项卡列表中的"页面布局"选项卡，如图5-136所示的是该选项卡内的各功能按钮。其中与"打印"功能选项关系最为密切的是"页面设置"组中提供的各种功能。

（1）设置打印页边距

在"页面布局"选项卡中单击"页面设置"组中的"页边距"按钮 ，在弹出的快捷菜单中列出了系统推荐的"上次的自定义设置""普通""宽""窄"四种模式,而且给出了每种模式下的上、下、左、右、页眉、页脚的具体设置值。若上述四种模式均不符合用户的需求,可单击菜单中"自定义边距",弹出如图5-137所示的"页面设置"对话框的"页边距"选项卡,以便根据实际需要设置页边距。

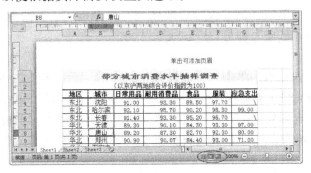

图5-135 "页面布局"视图

图5-136 "页面布局"选项卡

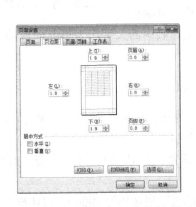

图5-137 "页面设置"对话框的
"页边距"选项卡

图5-138 "页面设置"对话框的
"页面"选项卡

(2)设置打印纸张及方向

在"页面布局"选项卡中单击"页面设置"组中的"纸张方向"按钮，在弹出的下拉菜单中用户可以选择"纵向"或"横向"的打印纸张。

(3)设置打印纸张大小

在"页面布局"选项卡中单击"页面设置"组中的"纸张大小"按钮，弹出的下拉菜单中系统列出了一些常用的纸张类型(如A3、A4、B4、B5等)供用户选择。若没有希望使用的纸张类型,可单击菜单中"其他纸张类型",显示如图5-138所示的"页面设置"

对话框的"页面"选项卡，以便根据实际需要的纸张类型。

（4）设置打印区域

Excel 2010 允许用户将工作表的一部分或某个图表设置为单独的打印区域。选择了希望打印的区域或图表后，在"页面布局"选项卡中单击"页面设置"组中的"打印区域"按钮，在弹出的丁拉菜单中选择"设置打印区域"命令即可。若要取消打印区域的设置，单击菜单中"取消打印区域"即可。

（5）设置分隔符

在"页面布局"选项卡中单击"页面设置"组中的"分隔符"按钮，在弹出的下拉菜单中可以向当前单元格上方处添加一个"分页符"，使分页符以后的内容自动打印到下一页。将当前单元格选定到分页符下方的任一单元格，选择菜单中"删除分页符"命令可取消已设置的分页。选择菜单中"重设所有分页符"命令，可使工作表恢复到初始状态（不再包含任何分页符）。

（6）设置打印背景图片和页面标题

Excel 2010 允许用户为工作表设置图片背景和"页面标题"。在"页面布局"选项卡中单击"页面设置"组中的"背景"按钮，显示"工作表背景"对话框，通过该对话框用户可选择一幅合适的图片作为工作表的背景。需要说明的是，插入到工作表中的背景图片只能显示，不能打印。若需要将其作为打印对象，需要将图片插入到页眉或页脚区域中。

图 5-139　设置打印标题

在"页面布局"选项卡中单击"页面设置"组中的"打印标题"按钮，显示如图 5-139 所示的"页面设置"对话框的"工作表"选项卡，在"打印标题"栏中可以选择工作表中的文字作为每页都自动出现的打印标题（顶端标题和左端标题）。

5.8.2　打印输出工作表、工作簿或选定的区域

在 Excel 2010"文件"选项卡中单击"打印"按钮，将弹出如图 5-140 所示的界面。通过该界面用户可以完成打印工作的最后一些选项设置。

在"打印"栏中可以设置本次需要打印的文件份数（默认为 1 份）。单击"打印"按钮可以将文档发送至打印机打印输出。

如果计算机链接有多台打印机，则还可以在"打印机"栏选择使用哪一台打印机打印文档。

在"设置"栏中可以执行以下一些设置：

1）设置本次打印的是"活动工作表"、"整个工作簿"还是"选定的打印区域"。

2）设置打印的页码范围是从第多少页到第多少页。

3）设置打印纸张的方向是"纵向"还是"横向"。

4）设置使用何种打印纸（默认为 A4 打印纸）。

5）设置使用页边距的状态为"普通""宽""窄"还是使用"上一个自定义边距设置"。

6）设置打印时是否对工作表执行缩放操作。可选项有："无缩放""将工作表调整到一页""将所有列调整到一页""将所有行调整到一页"或显示"页面设置"对话框，帮助用户在"页面"选项卡中使用自定义的缩放比例。

此外，在打印预览区的右下角有"显示边距"和"缩放到页面"两个按钮。单击"显示边距"按钮，可以将页边距指示线显示到屏幕上，使用户可以通过拖动这些指示线来改变页边距的设置值。选择"缩放到页面"命令，可以将所有打印内容缩放到一页之中。

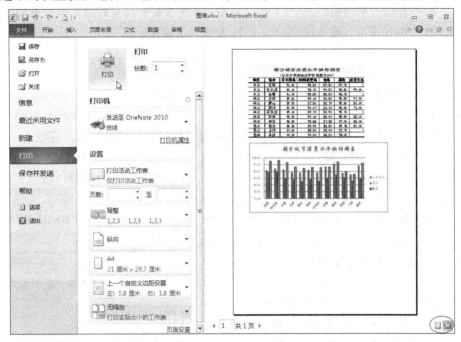

图 5-140 "文件"选项卡中的"打印"选项

5.9 习题

一、选择题

1. Excel 2010 电子表格系统不具有（   ）功能。

    A. 数据库管理   B. 自动编写摘要   C. 图表   D. 绘图

2. 当启动 Excel 2010 后，系统将自动打开一个名为（   ）的工作簿。

    A. 文档 1   B. Sheet1   C. Book1   D. EXCEL1

3. 在 Excel 2010 中，一个新建的工作簿中默认包含有（   ）工作表。

    A. 1 个   B. 10 个   C. 3 个   D. 5 个

4. 在 Excel 2010 中工作表能包含的列数最多为（   ）。

    A. 255   B. 256   C. 1024   D. 16384

5. 在 Excel 工作表中，若要同时选择多个不相邻的单元格区域，可以在选择第一个区域后，在按住（   ）键的同时用鼠标拖动，依次选择其他区域。

    A.〈Tab〉   B.〈Alt〉   C.〈Shift〉   D.〈Ctrl〉

6. 名为"工资"的工作表的 A4 单元格的地址应表示为（   ）。

    A. 工资\A4   B. 工资/A4   C. A4!工资   D. 工资!A4

7. 下列（   ）不是 Excel 的基本数据输入类型。

A. 文本输入　　　B. 数值输入　　　　　　C. 公式输入　D. 日期时间数据输入

8. 函数 AVERAGE（参数 1，参数 2，…）的功能是（　　）。

A. 求各参数的总和　　　　　　　　　B. 求各参数中的最大值

C. 求各参数的平均值　　　　　　　　D. 求各参数中具有数值类型数据的个数

9. 在 Excel 单元格中，输入下列（　　）表达式是错误的。

A. ＝SUM（$ A2：A $ 3）　　　　　　B. ＝A2；A3

C. ＝SUM（Sheet2！A1）　　　　　　D. ＝10

10. 若在 Excel 的 A2 单元中输入"＝8^2"，则显示结果为（　　）。

A. 16　　　　B. 64　　　　　　C. ＝8^2　　　D. 10

11. 在 Excel 的单元格中，输入身份证号"420302191100231519"时，应输入（　　）。

A. 420302191100231519　　　　　　B. "420302191100231519"

C. 420302191100231519 '　　　　　D. '420302191100231519

12. 在 Excel 工作表中输入日期时，不符合日期格式的数据是（　　）。

A. 99－10－01　　B. 01－OCT－99　　C. 1999/10/01　　D. "10/01/99"

13. 向 C2 单元格中输入了如图 5-141 所示的公式，则按下〈Enter〉后 C2 单元格中将显示（　　）。

A. #REF!　　　　B. #NAME?

C. #N/A　　　　　D. #DIV/0!

	A	B	C	D
1	1	3	8	
2	6	4	=A2/D2	

图 5-141　在单元格中输入的数据

14. 在对一个 Excel 工作表的排序时，下列表述中错误的是（　　）。

A. 可以按指定的关键字递增排序　　　B. 可以指定多个关键字排序

C. 只能指定一个关键字排序　　　　　D. 可以按指定的关键字递减排序

15. Excel 的筛选功能包括（　　）和高级筛选。

A. 直接筛选　　　B. 自动筛选　　　　C. 简单筛选　D. 间接筛选

16. 使用自动筛选时，若首先执行"数学＞70"，再执行"总分＞350"。则筛选结果是（　　）。

A. 所有数学＞70 的记录　　　　　　B. 所有数学＞70 并且总分＞350 的记录

C. 所有总分＞350 的记录　　　　　　D. 所有数学＞70 或者总分＞350 的记录

二、操作题

1. Excel 常用计算方法练习。

具体要求如下：

1）按图 5-142 所示，在 Excel 中创建一个用于统计学生成绩的表格。

	A	B	C	D	E	F	G	H	I
1	曙光学校学生成绩登记表								
2	序号	姓名	数学	语文	英语	总分	平均分	综合分	名次
3	1	李大海	78	85	75				
4	2	王高山	45	68	85				
5	3	何南	67	69	68				
6	4	刘军	82	93	67				
7	5	王梦	96	37	71				
8	6	赵云飞	67	83	34				
9	7	席红旗	53	81	78				
10	8	程树	75	43	54				
11	9	司琴	80	70	90				
12	10	吉利	70	84	95				

图 5-142　学生成绩登记表

2）使用自动求和函数 SUM 计算“总分”一列的数据。

3）使用算数平均值计算函数“AVERAGE”计算“平均分”一列的数据，保留 1 位小数。

4）使用公式计算“综合分”一列的数据，并保留 1 位小数。设计算方法为：

数学 ×40% + 英语 ×38% + 语文 ×22%

5）利用 Excel 的排序功能填写“名次”一列的数据。要求“名次”由“总分”的高低决定，“总分”相同时由“数学”分数决定。注意，不得打乱原有“序号”的排列。（提示：“名次”可首先按“总分”和“数学”排序，填充名次，再按“序号”排序恢复为原样。）

2. Excel 工作表格式设置及图表制作练习。设，已在 Excel 工作表中输入了如图 5-143 所示的数据。要求按如图 5-144 所示设置工作表的格式并制作图表。

	A	B	C	D	E	F	G
1							
2		单位名称	服装	鞋帽	电器	化妆品	合计
3		人民商场	81500	285200	668000	349500	1384200
4		幸福大厦	68000	102000	563000	165770	898770
5		东方广场	75000	144000	786000	293980	1298980
6		平价超市	51500	128600	963000	191550	1334650
7		总计	276000	659800	2980000	1000800	4916600

图 5-143　原始数据

1	总公司2012年销售统计表						
2							
3	序号	名称	服装	鞋帽	电器	化妆品	合计
4	1	东方广场	¥ 75,000.00	¥ 144,000.00	¥ 786,000.00	¥ 293,980.00	¥ 1,298,980.00
5	2	人民商场	¥ 81,500.00	¥ 285,200.00	¥ 668,000.00	¥ 349,500.00	¥ 1,384,200.00
6	3	幸福大厦	¥ 68,000.00	¥ 102,000.00	¥ 563,000.00	¥ 165,770.00	¥ 898,770.00
7	4	平价超市	¥ 51,500.00	¥ 128,600.00	¥ 963,000.00	¥ 191,550.00	¥ 1,334,650.00
8	总计		¥ 276,000.00	¥ 659,800.00	¥ 2,980,000.00	¥ 1,000,800.00	¥ 4,916,600.00

图 5-144　设置工作表格式

具体要求如下：

1）设置工作表行、列：在标题下插入一行；将“东方广场”一行移到“人民商场”一行之前；在“名称”一列之前插入“序号”一列。

2）设置单元格格式，标题格式：黑体，20 号，跨列居中；单元格底纹：浅绿色，图案 6.25% 灰色；字体颜色：深蓝；表格中的数据单元格区域设置为会计专用格式，应用货币符号，右对齐；其他各单元格内容居中。

3）设置表格边框线：按样表所示为表格设置相应的边框线格式。表栏名行与“东方广场”行之间，“平价超市”行和“总计”行之间，“名称”列与“服装”列之间为双线，外框为粗实线，其他为细实线。

4）添加批注：为“东方广场”单元格添加批注“合资企业”。

5）重命名工作表：将 Sheet1 工作表重命名为：“销售计划”。

6）复制工作表：将“销售计划”表复制到 Sheet2 中。

7）设置打印标题：设置纸张方向为“横向”，在 Sheet2 表的“序号 3”一行之前插入分页线；设置标题及表头行为打印标题。

8）建立图表：按如图 5-145 所示的图表样式，使用“服装”、“电器”和“化妆品”三列数据创建一个簇状圆柱图。

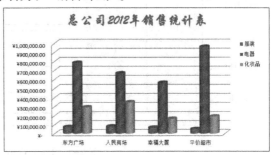

图 5-145　设计完成的图表样式

第6章 PowerPoint 2010 演示文稿软件的使用

PowerPoint 2010 是一款专门用于制作集文本、图形、图像、声音和视频等于一身的多媒体演示文稿的软件，它在教学、学术交流、演讲、工作汇报、产品演示、广告宣传等方面有着非常广泛的应用。

6.1 PowerPoint 2010 的基本操作

PowerPoint 2010 的基本操作包括创建、保存和打开演示文稿，编辑演示文稿，幻灯片版式应用，向演示文稿中插入或删除幻灯片，在演示文稿中复制和移动幻灯片，放映幻灯片等内容。

6.1.1 创建、保存和打开演示文稿

由 PowerPoint 2010 创建的文档称为"演示文稿"，演示文稿由若干"页"组成，每个独立的页称为"幻灯片"。所以，可以认为演示文稿就是幻灯片的集合。

1. 启动 PowerPoint 2010

在 Windows 7 环境中可通过以下方式启动 PowerPoint 2010。在 Windows 7 任务栏中单击"开始"按钮，单击"所有程序"中的"Microsoft Office"，再单击"Microsoft PowerPoint 2010"图标。启动后显示如图 6-1 所示的应用程序窗口。

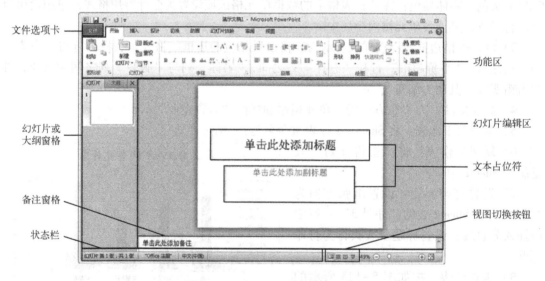

图 6-1　PowerPoint 2010 窗口组成

启动打开 PowerPoint 2010 窗口时，系统将自动创建一个新的空白演示文稿，用户可以在其中输入文本、插入图片、设置动画等，以创建美观大方，表达力强的专业演示文稿。

2. PowerPoint 2010 的窗口组成

PowerPoint 2010 与前面介绍过的其他 Microsoft Office 2010 组件相似，也拥有"标题栏"

和"快速启动工具栏""状态栏",并且同样采用了功能选项卡的方式替代了早期版本使用的"菜单栏""工具栏"等。这种按照用户工作过程来设计的功能组织方式,更加有利于用户的使用。

PowerPoint 2010 窗口主要由功能选项卡区、幻灯片或大纲窗格、备注窗口、常用视图快速切换按钮组成。

在标题栏的左侧是"快速启动工具栏" ![button],单击其中![button]按钮,用户可决定工具栏中应包含哪些按钮。标题栏的右侧是 PowerPoint 窗口控制按钮栏![button],从左至右依次是"最小化""最大化"(或"还原"![button])和"关闭"按钮。功能选项卡列表的右侧,排列了"功能区最小化"和"帮助"按钮![button]。功能区最小化后,该按钮自动变成![button],单击该按钮可恢复功能区的显示。

PowerPoint 2010 启动后所自动创建的空白演示文稿中。首张幻灯片通常可用作整个演示文稿的首页(封面页)。因此,系统会自动为该幻灯片添加了主、副标题占位符。

3. 保存和打开演示文稿

(1)保存演示文稿

用户在 PowerPoint 窗口编辑了演示文稿中文档后,可以通过如下方法之一对其执行保存操作。

- 单击 PowerPoint 2010 标题栏左上角"快速访问工具栏"中的"保存"按钮![button],可将当前打开的工作簿按原有名称保存在原来的文件夹中。操作执行后软件窗口不会关闭,用户可继续进行后续编辑操作。这种保存文档的方法通常用于编辑过程中的阶段性保存。
- 如果当前演示文稿已被修改,且修改后的内容没有保存。此时,若用户单击 Power-Point 2010 窗口右上角的"关闭"按钮![button]或单击"文件"功能选项卡中的"退出"按钮,将弹出一个对话框,提示用户是否保存当前文档。若当前的演示文稿从未被保存过,则单击"保存"按钮时,系统将显示对话框要求用户输入以"pptx"为扩展名的文件名并指定保存位置。
- 在"文件"功能选项卡中单击"另存为"按钮,将弹出"另存为"对话框,用户可将当前正在编辑的演示文稿按新的位置和新的名称进行保存。这种保存方法可以使修改后的内容保存到一个新文件中,原文档不会被修改。

(2)打开演示文稿

打开已保存的演示文稿,通常可以通过以下几种方法之一实现。

- 双击 Windows 7 桌面上"计算机"图标,逐级找到希望重新打开的演示文稿,双击其即可打开。
- 启动 PowerPoint 2010 后,单击"文件"功能选项卡,单击"打开"按钮,弹出"打开"对话框。用户选择演示文稿后单击"打开"按钮即可。

6.1.2 添加幻灯片及应用主题和背景

通过 PowerPoint 2010 的"开始"选项卡可向当前演示文稿中添加默认的"标题和内容"版式的新幻灯片,也可以在添加新幻灯片时选择需要使用的版式。

1. 添加幻灯片

前面介绍过,PowerPoint 2010 启动后,会自动创建一个仅包含有一张幻灯片的演示文

稿，且这张幻灯片通常被用作整个演示文稿的"封面"。需
要向演示文稿中添加新幻灯片时，可按如下几种方法操作。

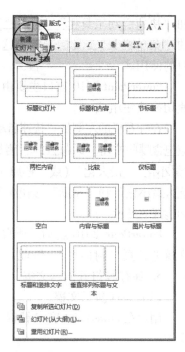

- 在"开始"选项卡中单击"新建幻灯片"按钮📃或按
  〈Ctrl + M〉键，系统将按当前主题设置，向当前幻灯
  片的后面添加一张"标题和内容"版式的新幻灯片。
- 如图6-2所示，在"开始"选项卡中单击"新建幻
  灯片"（注意，是单击文字，不是图标）按钮，弹出
  当前可用的各种幻灯片版式列表。用户可根据需要在
  列表中进行选择。例如，"两栏内容"版式、"比较"
  版式等。选择完毕后系统将向当前幻灯片的后面，添
  加一张指定版式的新幻灯片。

2. 设置演示文稿的主题

PowerPoint 2010 提供了大量用于自动设置幻灯片外观的
"主题"。所谓"主题"指的是一整套关于幻灯片背景、字
体、字号、颜色、修饰图案等元素的设计方案。使用主题可
帮助用户快速、简单的设计出美观大方的幻灯片效果。

在"设计"选项卡的"主题"组中用户可以任选一种
主题应用到当前演示文稿中。如图6-3所示的是"主题"

图6-2　插入指定版式的新幻灯片

组中一些设计方案。若要查看其他主题可单击其右侧的滚动条上下箭头按钮。

图6-3　"设计"选项卡的"主题"组

当指针指向某一主题时，该主题的应用效果会立即显示到当前幻灯片上，指针移开时幻
灯片恢复原状。单击某主题时，可将该主题应用到当前幻灯片。

6.1.3　删除、复制、移动幻灯片

在演示文稿中删除、复制或调整幻灯片的排列顺序，是制作演示文稿的基本编辑技术。

1. 删除幻灯片

在 PowerPoint 2010 窗口左侧的"幻灯片"窗格中，右击希望删除的幻灯片，在弹出的
快捷菜单中选择"删除幻灯片"命令即可将指定幻灯片从演示文稿中删除。在"幻灯片"
窗格中选择了某幻灯片后，按〈Delete〉键也可将其从演示文稿中删除。

如果在"幻灯片"窗格中选定某幻灯片后，单击"开始"选项卡"剪贴板"组中的
"剪切"按钮📄 剪切也可将幻灯片中演示文稿中移除。但被移除的幻灯片会暂时存放在 Win-
dows 的"剪贴板"中，可以使用"粘贴"命令将其恢复到适当的位置。

2. 复制和移动幻灯片

将演示文稿中一张或多张幻灯片复制或移动到演示文稿中的其他位置的操作方法有以下

几种。

（1）使用剪贴板工具

这种方法与其他 Microsoft Office 组件中复制或移动对象的操作方法相同。在"幻灯片"窗格中单击选择某张幻灯片后，单击"开始"选项卡"剪贴板"组的"复制"按钮或"剪切"按钮，将选择的对象复制或移动到 Windows 剪贴板。在"幻灯片"窗格选择要复制或移动幻灯片的目标位置后，单击"剪贴板"组中的"粘贴"按钮即可实现幻灯片的复制或移动。

需要说明的是：

1）若希望在"幻灯片"窗格中选择多张连续排放的幻灯片，可在单击选择了第一张后，按住〈Shift〉键再单击选择最后一张。配合〈Ctrl〉键使用可帮助用户选择多张不连续的幻灯片。

2）"剪贴板"组中的"复制"和"粘贴"按钮的右侧和下方均有一个标记，单击该标记会弹出如图 6-4 和图 6-5 所示的下拉菜单。在"复制"菜单中单击 复制(C)，表示将对象复制到剪贴板；单击 复制(D) 可将对象直接复制为新幻灯片。在"粘贴"菜单中单击按钮，表示粘贴到当前演示文稿中的幻灯片"使用目标主题"，也就是当前演示文稿应用的主题；单击按钮表示"保留原格式"，也就是保留幻灯片原有的格式不变；单击按钮表示将幻灯片粘贴为"图片"。

图 6-4 "复制"下拉菜单

图 6-5 "粘贴"下拉菜单

（2）使用拖动

在"幻灯片"窗格中使用拖动的方法可以方便地实现幻灯片的移动和复制。移动幻灯片时，可直接将幻灯片拖动到目标位置。注意，拖动时在幻灯片窗格中会出现一个位置指示线。

如果希望复制幻灯片，可按下〈Ctrl〉键后再拖动幻灯片。此时，指针旁会出现一个"＋"标记，表示当前的操作是复制操作。

6.1.4 编辑幻灯片中的文字

幻灯片中可以包含的信息十分丰富，但表达这些信息的最基本方式还是文字。在 Power-Point 2010 中可以使用普通文字和艺术字来表达幻灯片中的文字信息。

1. 向幻灯片中添加文字

文字是演示文稿中最主要的内容。在 PowerPoint 2010 中无法直接输入文字，但可通过文本框的方式来添加。

添加到演示文稿中的幻灯片会根据用户所选版式不同，在其中自动安排一个或多个文本框（"占位符"）。用户可根据需要向文本框中输入文字。

需要移动文本框时，可将指针移至文本框边界，当指针变成双十字箭头样式时，按住鼠标左键将其拖动到新的位置即可。如果在拖动文本框时按住了〈Ctrl〉键，则可实现的文本框及其中文字的复制。

2. 设置文字和段落的格式

（1）设置文字格式

与 Word 2010、Excel 2010 相似，PowerPoint 2010 中的文字也可以通过"开始"选项卡

"字体"组中提供的各工具来设置其格式。若需要更多的字体格式设置，可以单击"字体"组右下角的 ![icon] 按钮，弹出如图6-7所示的"字体"对话框，并通过其中"字体"及"字符间距"选项卡中提供的功能进行设置。

图6-6 "开始"选项卡的"字体"和"段落"组   图6-7 "字体"对话框

"字体"组工具栏中绝大多数工具大家是比较熟悉的。具有PowerPoint特色的当属设置"阴影"按钮 ![S]。在选择了某些文本后单击该按钮可以为文字添加一个阴影效果，使之在幻灯片中更加醒目。

（2）设置段落格式

幻灯片中文字的格式除了有"字体"格式外，还有"段落"格式。在"开始"选项卡的"段落"组中提供了一些常用的用于段落设置的工具。如，项目符号和编号、对齐方式、行距调整等。若需要更多的段落格式设置，可单击"段落"组右下角的 ![icon] 按钮，弹出如图6-8所示的"段落"对话框，并通过其中"缩进和间距"及"中文版式"选项卡中提供的功能进行适当的设置。

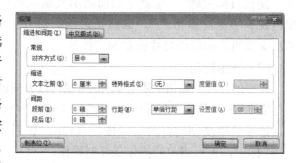

图6-8 设置段落格式

3. 使用艺术字

使用艺术字可以增强文字的表现力，使幻灯片整体更具美感。与普通文字不同，艺术字实际上是一种图形对象。在PowerPoint 2010中用户可以创建带有阴影、扭曲、旋转或拉伸效果的艺术字。向幻灯片中插入艺术字及设置艺术字外观的方法，与Word 2010中基本一致，请读者参看本书前面的有关章节。

4. 观看幻灯片设计效果

在幻灯片制作过程中，如果希望查看它们在播放时的具体效果，可单击状态栏中"常用视图切换按钮"中的"幻灯片放映"按钮 ![icon] 或按〈F5〉键，切换到全屏播放方式。查看完毕后，可按〈Esc〉键或连续按键返回普通视图。

6.2 演示文稿的视图和母版

使用PowerPoint 2010提供的视图功能，可将编辑环境切换到更适合处理具体问题的窗口中。在不同的视图中会有不同的功能选项卡和编辑窗口。使用 PowerPoint 2010 提供的母版功能可以帮助用户以更为简便的方式修改整个演示文稿的外观风格。

6.2.1 演示文稿的视图模式

为方便建立、编辑、浏览或放映幻灯片，PowerPoint 2010 提供了以下几种不同的视图模式，即普通视图、幻灯片浏览视图、幻灯片阅读视图、幻灯片放映视图、备注页视图等。在不同的视图模式下，可以更加方便地完成特定浏览或编辑任务。

1. 普通视图

普通视图是主要的幻灯片编辑视图，可用于撰写和设计演示文稿。普通视图将 PowerPoint 窗口划分成"幻灯片/大纲窗格"、"幻灯片编辑窗格"和"备注窗格"三个区域。在"幻灯片/大纲窗格"可以通过单击不同的选项卡，实现在"幻灯片"和"大纲"两种模式间的切换。

普通视图是 PowerPoint 2010 的默认视图，前面在介绍 PowerPoint 2010 窗口组成时使用的就是普通视图。从其他视图切换到普通视图最简单的方法就是，单击状态栏"常用视图切换按钮"中的 按钮。

- 幻灯片选项卡：在幻灯片选项卡中能够以缩略图方式查看演示文稿中的幻灯片。使用缩略图能方便地遍历演示文稿，并观看任何设计更改的效果。还可以轻松地重新排列、添加或删除幻灯片。
- 大纲选项卡：开始撰写内容的理想场所。在此区域中，用户可以捕获灵感，计划如何表述它们，并能通过拖动来移动幻灯片和文本。"大纲"选项卡以大纲形式显示幻灯片文本。
- 幻灯片编辑窗格：该窗格是普通视图中的主要工作区，窗格中仅显示当前幻灯片的大视图，以方便用户向其中添加文本，插入图片、表格、SmartArt 图形、图表、图形对象、文本框、电影、声音、超链接和动画等。
- 备注窗格：在幻灯片编辑窗格下方的"备注"窗格中，可以键入要应用于当前幻灯片但不显示到幻灯片中的备注，以便在需要的时候将备注打印出来，并在放映演示文稿时作为演讲者的参考。也可以将打印好的备注分发给受众，以增强他们对演讲内容的理解。

2. 幻灯片浏览视图

通过幻灯片浏览视图用户可以缩略图的形式查看幻灯片。在该视图中可以通过用鼠标拖动幻灯片的方式，轻松地实现对演示文稿中各幻灯片的排列顺序调整和组织。

切换到幻灯片浏览视图的常用方法有以下几种。

- 单击状态栏"常用视图切换按钮"中的 按钮。
- 在"视图"选项卡的"演示文稿视图"组中单击"幻灯片浏览"按钮 。

幻灯片浏览视图界面如图 6-9 所示。

3. 阅读视图和幻灯片放映视图

阅读视图与幻灯片放映视图十分相似，都是用来实际播放演示文稿的。二者不同的是，阅读视图主要用于播放给作者自己看，以达到审阅的目的。使用阅读视图展现演示文稿时，屏幕上保留有 PowerPoint 2010 窗口的标题栏和状态栏，是一种"准全屏"播放模式。而幻灯片放映视图是完全的全屏播放模式，主要用于将演示文稿展现给受众。无论是在阅读视图还是幻灯片放映视图，按〈Esc〉键均可返回到原来的视图中。在阅读视图中，由于状态栏

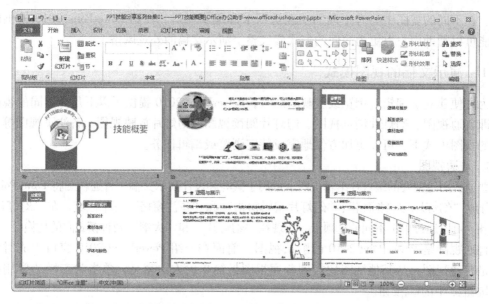

图 6-9　幻灯片浏览视图界面

并未被隐藏，因此也可以通过单击状态栏中视图切换按钮，随时切换到其他视图中。

4. 备注页视图

如图 6-10 所示，在"视图"选项卡的"演示文稿视图"组中，单击"备注页"按钮进入备注页视图状态。

从图 6-10 中可以看出，处于该视图时，页面被分为两个部分，即"幻灯片显示区"和"备注编辑区"。备注编辑区实际上是一个用于存放和编辑备注信息的文本框，用户可在其中输入备注文本。备注页视图与幻灯片视图中"备注窗格"有相似之处，都是用于录入备注文本的。但备注窗格中只能录入文字信息，而不能设置备注文本的格式。若需要对备注文本进行修饰，只能在备注页视图中完成。

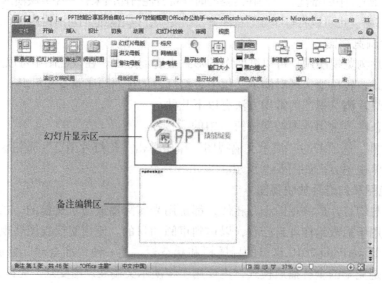

图 6-10　备注页视图

6.2.2 使用母版

所谓"母版"是类似于在 Word 2010 中介绍过的"模板",即用于设置幻灯片、讲义或备注页的基本样式。PowerPoint 2010 为用户提供了"幻灯片母版""讲义母版"和"备注母版"三种视图。它们是存储有关演示文稿的信息的主要幻灯片,其中包括背景、颜色、字体、效果、占位符大小和位置。一个演示文稿中至少要包含有一个幻灯片母版。

使用母版视图的一个主要优点在于,在幻灯片母版、备注母版或讲义母版上,用户可以对与演示文稿关联的每个幻灯片、备注页或讲义的样式进行全局更改。例如,如希望在每张幻灯片的固定位置都显示出公司的 Logo,最简单的处理方法就是将其添加到幻灯片母版中,而不必逐页添加。

1. 幻灯片母版

单击"视图"选项卡"母版视图"组中的"幻灯片母版"按钮，进入如图 6-11 所示的"幻灯片母版"视图。单击"幻灯片母版"选项卡功能区最右侧"关闭母版视图"按钮,可返回原视图状态。

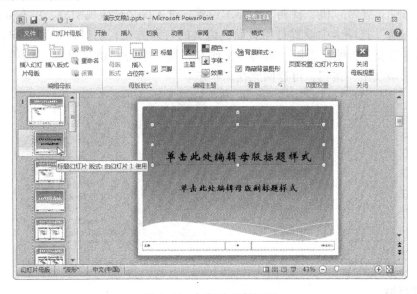

图 6-11　幻灯片母版视图

在图中左窗格最上方较大的一个为当前演示文稿中使用的幻灯片母版,其后若干个是与幻灯片母版相关联的幻灯片版式。当指针指向某个版式时,系统会在指针旁显示该版式具体应用到了哪些幻灯片中。窗口主工作区显示的是,当前选择的幻灯片版式的编辑界面。

演示文稿中的幻灯片母版一般来自于用户在创建演示文稿时所选择的"主题"。也就是说用户在选择了某个主题时,自然也就加载并应用了与该主题相关的幻灯片母版。

需要对幻灯片母版进行修改时,可首先在左侧窗格中单击具体版式将其显示到版式编辑区,而后即可像修改普通幻灯片一样修改其中的内容了(如字体、颜色、各元素的位置、背景色、添加修饰图片等)。

修改幻灯片母版下的一个或多个版式,实质上是在修改该幻灯片母版。每个幻灯片版式的设置方式都不同,然而,与给定幻灯片母版相关联的所有版式均包含相同主题(配色方案、字体和效果等）。

需要注意的是，最好在开始构建各张幻灯片之前创建幻灯片母版，而不要在构建了幻灯片之后再创建母版。如果先创建了幻灯片母版，则添加到演示文稿中的所有幻灯片都会基于该幻灯片母版和相关联的版式。开始更改时，请务必在幻灯片母版上进行。如果先构建了幻灯片，则幻灯片上的某些项目可能不符合幻灯片母版的设计风格。用户可以使用背景和文本格式设置功能在各张幻灯片上覆盖幻灯片母版的某些自定义内容，但其他内容（例如页脚和徽标）则只能在"幻灯片母版"视图中修改。

2. 讲义母版

讲义相当于教师的备课本，如果每一张幻灯片都单张打印，则十分不方便。而使用讲义母版，可以设置将多张幻灯片进行排版，然后打印在一张纸上。讲义母版用于多张幻灯片打印在一张纸上时排版使用。把讲义母版设置好并做好幻灯片后，打印时，先在"打印预览"→"打印内容"的下拉菜单里设置。

单击"视图"选项卡"母版视图"组中的"讲义母版"按钮，可进入如图6-12所示的幻灯片讲义母版视图。视图中表现了每页讲义中排列幻灯片的数量及排列方式，还包括"页眉""页脚""页码"和"日期"的显示位置。进入讲义母版视图后，可在如图6-13所示的"讲义母版"选项卡中设置打印页面，讲义的打印方向，幻灯片排列方向，每页包含的幻灯片数量以及是否使用页眉、页脚、页码和日期。单击"讲义母版"选项卡功能区最右侧"关闭母版视图"按钮，可返回原视图状态。

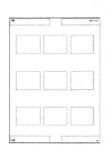

图6-12　讲义母版视图　　　　　　图6-13　设置讲义中每页包含幻灯片数量

3. 备注母版

备注母版与前面介绍过的备注页视图十分相似。备注页视图是用于直接编辑具体备注内容的，而备注母版则用于为演示文稿中所有备注页设置统一的外观格式。

单击"视图"选项卡"母版视图"组中的"备注母版"按钮，可进入如图6-14所示的备注母版视图。在备注视图环境中，用户可完成页面设置，占位符设置等任务。单击选项卡功能区最右侧的"关闭母版视图"按钮，可返回原视图状态。

图6-14　备注视图下的"备注母版"选项卡

6.3 在幻灯片中使用对象

在幻灯片中使用项目符号和编号、图片、形状、表格、图表、SmartArt 图形、音视频等对象，可以使幻灯片所包含的信息量更大，更加清晰的表达演讲者的思想，也可以使幻灯片更加美观大方。

关于向幻灯片中插入图片和形状的操作方法与 Word 2010 中的操作方法基本相同，读者可参考本书前面的有关章节内容。

6.3.1 通过对象占位符插入对象

当一张新幻灯片以某种版式被添加到当前演示文稿中后，可以看到多数版式中都包含有一个如图 6-15 所示的"对象占位符区"，单击其中某个图标，系统将引导用户将希望的对象插入到当前幻灯片中。

如图 6-16 所示的是在单击了占位符中"插入 SmartArt 图形"按钮后弹出的"选择 SmartArt 图形"对话框。用户在对话框中选择了某类中某个 SmartArt 图形模板后，单击"确定"按钮，即可将对象插入到当前幻灯片中。

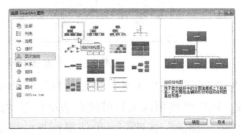

图 6-15　"标题和内容"版式中的对象占位符　　图 6-16　单击"插入 SmartArt 图形"后显示的对话框

6.3.2 使用表格和图表

在幻灯片中使用表格或图表可以更好的表示数据之间的关系，使数据更加具有层次感和直观性。PowerPoint 2010 允许用户向幻灯片中插入 PPT 表格或手动绘制表格，也可以将 Excel 或 Word 表格插入到当前幻灯片中。

1. 插入表格

向幻灯片中插入表格时，可以通过单击"对象占位符区"中的"插入表格"按钮，并在弹出的对话框中指定表格的行列数后，单击"确定"按钮。操作完成后，系统将按当前主题设置向幻灯片中插入一个指定行列数的表格。用户仅需向表格中填写必要的数据即可。

在 PowerPoint 2010"插入"选项卡的"表格"组中，若单击"表格"按钮将弹出如图 6-17 所示的操作菜单，用户可以通过拖动来指定所需的表格行列数（如本例通过菜单"拖出"了一个 9 列 5 行的表格）。用户在拖动时，可以在幻灯片编辑区看到实时的表格样式。释放左键后，指定行列数的表格将被插入到当前幻灯片中。

若选择菜单中"插入表格"命令，则与单击对象占位符区的"插入表格"按钮一样会弹出一个对话框，要求用户输入所需表格的行列数。输入或选择了行列数后单击"确定"按钮可将表格插入到当前幻灯片中。

2. 手动绘制表格

若选择菜单中的"绘制表格"命令，指针将变成一支"铅笔"的✐样式，用户可按住左键拖动"画出"所需的表格边框。释放开后，PowerPoint 2010 将自动显示"表格工具"相关的选项卡。如图6-18所示的是"表格工具"中的"设计"选项卡。如图6-19所示的是"表格工具"中的"布局"选项卡。

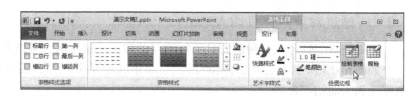

图6-17　插入表格下拉菜单　　　　　　图6-18　"表格工具"的"设计"选项卡

图6-19　"表格工具"中的"布局"选项卡

在"设计"选项卡的"绘制边框"组中单击"绘制表格"按钮▨，可再次将指针变成✐样式，用户可使用该工具继续在表格框架中绘制其他需要的线条。

单击"擦除"按钮▨，可使鼠标指针变成一块"橡皮"✐的样式。此时，用户可以通过拖动来擦除不再需要的线条。

单击表格中某单元格，在出现插入点光标后可向其中输入数据。当指针靠近表格边框时，就会变成双十字箭头样式。此时，按住左键拖动可改变表格在幻灯片中的位置。单击表格边框选中表格对象后，按〈Delete〉键可删除表格。

需要说明的是，无论是通过对象占位符、通过"插入表格"菜单，还是通过手绘方式向幻灯片中插入表格，PowerPoint 2010 都会自动显示"表格工具"，并进入表格工具中的"设计"选项卡。即使是表格创建完毕后，当用户再次单击表格区域的任何位置时，系统也都会显示"表格工具"，以方便用户对表格进行编辑和修改。这种设计也充分体现了 Power-Point 2010 较早期版本更加人性化的特点。

3. 设置表格样式

在"表格工具"的"设计"选项卡中排列有"表格样式选项""表格样式""艺术字样式"和"绘图边框"四个组。

- 表格样式选项组：在该组中包含有"标题行""汇总行""镶边行""第一列""最后一列"和"镶边列"六个复选框。
- 表格样式组：在该组中，用户可以从预设样式列表中，选择自己喜欢的样式应用到当前表格中。也可以通过"底纹""边框"和"效果"的下拉菜单中提供的功能修饰表格。
- 艺术字样式：在该组中，用户可以设置在表格中对标题、列标题及表格中数据使用艺术字表示。

- 绘图边框组：该组提供了用于手工绘制或修改表格框线的一些工具。使用这些工具可以指定绘制怎样的线型（实线、虚线或点画线等），条的粗细和颜色。"绘制表格"和"擦除"则用于指定鼠标分别处于"铅笔"还是"橡皮"状态。

4. 插入 Excel 电子表格

在 PowerPoint 2010 "插入"选项卡的"表格"组中，单击"表格"按钮 ⊞。在弹出的下拉菜单中选择"Excel 电子表格"命令，系统将向当前幻灯片中插入一个如图 6-20 所示的 Excel 电子表格对象。

用户可以通过拖动对象四周出现的 8 个控制点或 4 个角来改变对象的大小。当指针靠近对象边框时，就会变成双十字箭头样式。

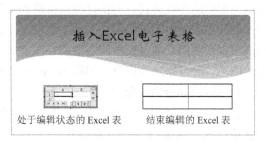

图 6-20　向幻灯片中插入 Excel 电子表格

此时，按下鼠标左键拖动可移动对象的位置。当 Excel 电子表格插入到幻灯片后，系统会自动在功能选项卡区显示 Excel 2010 的功能选项卡，用户可像使用 Excel 2010 一样编辑 Power-Point 环境中的 Excel 电子表格。编辑结束后系统将隐藏 Excel 电子表格的特征（行列标号栏、工作表标签等），将其显示成一个普通的表格外观。

5. 使用图表

在 PowerPoint 2010 的"插入"选项卡的"插图"组中单击"图表"按钮 ▥，在显示出来的对话框的左窗格中选择某种"模板"（如本例的"柱形图"），再在对话框右侧窗格中选择具体的图表样式（如本例的"蔟状柱形图"），选择完毕后单击"确定"按钮。如图 6-21 所示，PowerPoint 2010 将打开一个包含有示例数据的 Excel 电子表格窗口，与当前 PowerPoint 窗口并排显示。同时在当前幻灯片中自动插入一个根据 Excel 中示例数据创建的图表。

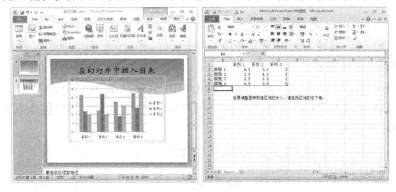

图 6-21　向幻灯片中插入图表

用户可根据实际需要，运用在前面章节中所学 Excel 操作技术对示例数据进行修改，而且这些修改将自动显示到幻灯片的图表中。示例数据编辑完毕后可直接单击 Excel 窗口右上角的"关闭"按钮 ☒ 退出 Excel。

需要说明的是，插入到幻灯片中的图表所使用的数据，虽然是以 Excel 电子表格的形式展现的，但这些数据并没有保存到一个可见的 Excel 工作簿中，而是以嵌入到 PowerPoint 文档的形式保存到当前演示文稿文件中。

6.3.3 使用 SmartArt 图形

"SmartArt"图形是 Microsoft Office 2007 及以上版本提供的一个新功能。它包含了一些模板，例如列表、流程图、组织结构图和关系图等。使用 SmartArt 图形可简化创建复杂形状的过程。例如，希望创建一个表现组织机构的图形。最传统的做法是绘制出若干矩形框，逐个设置这些矩形框的外观样式，调整这些矩形框的位置并绘制出连接各矩形框的线条。使用这种传统方式制作出来的组织机构图，一是工作量大，二是调整、修改十分麻烦。而使用 SmartArt 图形功能可以帮助用户通过模板调用快速、高效地创建各种用于表达各类数据关系的、具有专业水准的图形。而且系统为修改、编辑 SmartArt 图形还提供了大量操作简便的工具。

1. 插入 SmartArt 图形

在 PowerPoint 2010"插入"选项卡的"插图"组中，单击"SmartArt"按钮￼或在前面介绍过的"对象占位符"列表中单击￼，都会显示出如图 6-22 所示的"选择 SmartArt 图形"对话框。该对话框分为三个部分，左侧列出了 SmartArt 图形的分类，中间部分列出了每个分类中具体的 SmartArt 图形样式，右侧显示出了该样式的默认效果、名称及应用范围说明。效果图中的横线表示用户可以输入文本的位置。

本例选择了"循环"类中的"射线维恩图"，该图形的主要功能和基本特点如图 6-22 所示。选择完毕后单击"确定"按钮可将所选 SmartArt 图形以默认样式插入到当前幻灯片中。射线维恩图的默认样式如图 6-23 所示。

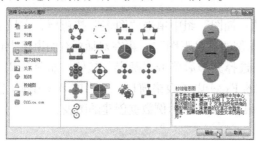　　　　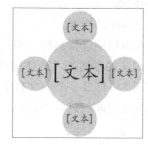

图 6-22　选择 SmartArt 图形样式　　　　图 6-23　射线维恩图的默认样式

2. 修改 SmartArt 图形

SmartArt 图形插入到幻灯片后，PowerPoint 2010 会自动显示"SmartArt"工具。该工具包含有如图 6-24 和图 6-25 所示的"设计"和"格式"选项卡，其中包含有大量用于设置和修改 SmartArt 图形的工具。

图 6-24　SmartArt 工具下的"设计"选项卡

图 6-25　SmartArt 图形的"格式"选项卡

（1）添加形状

"形状"是构成 SmartArt 图形的基本图形，如本例中外围的"小圆"图形。若希望向 SmartArt 图形中添加形状，可在其工具的"设计"选项卡中单击"创建图形"组中的"添加形状"按钮📷。若单击该按钮右侧的▼标记，可在弹出的下拉菜单中选择如何添加新的形状或将新形状添加到何处。

（2）向 SmartArt 添加文字

插入到幻灯片中的 SmartArt 图形会默认的在形状中带有一些文本占位符，单击这些占位符可向形状中添加文字。文字的默认格式由幻灯片所使用的主题决定，用户可以根据实际需要使用"开始"选项卡"字体"组中提供的工具进行修改，或对文字应用某种艺术字样式。

在工具"设计"选项卡的"绘制图形"组中单击"文本窗格"按钮📷，将在 SmartArt 图形旁边显示一个如图 6-26 所示的"在此处键入文字"窗格。用户可以在该窗格中按照示例提示直接输入或编辑文本，输入完毕后，单击窗格右上角的关闭按钮即可。在本例使用的"射线维恩图"中，窗格中首行为一级文本（中心形状中显示的文本），其余为二级文本（四周各形状中使用的文本）。

若需要修改形状中已有的文字或向新添加的形状中输入文字，除了可使用"文本窗格"外，还可以用鼠标右击需要修改文字的形状。在弹出的如图 6-27 所示的快捷菜单中选择"编辑文字"命令，进入文字编辑状态（形状中出现插入点光标）。

SmartArt 图形默认各形状的排列顺序为"从左向右"（或"顺时针"）方向，单击 Smart-Art 工具"设计"选项卡"创建图形"组中的"从右向左"按钮⇄，可变更各形状的排列顺序。需要说明的是，该操作仅在已输入了各形状的文本后才有意义。

（3）设置 SmartArt 图形的布局和样式

在 SmartArt 工具"设计"选项卡的"布局"组中，用鼠标指向某布局样式，PowerPoint 2010 会立即将该样式显示到 SmartArt 图形中供用户参考。单击某布局样式可将其应用到 SmartArt 图形。

在"设计"选项卡的"SmartArt 样式"组中，单击"更改颜色"按钮💠将弹出如图 6-28 所示的颜色方案供选列表，单击某方案可将其应用到 SmartArt 图形中。

图 6-26　文本窗格

图 6-27　形状的右键菜单

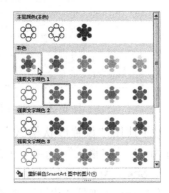

图 6-28　更改 SmartArt 颜色方案

此外，"SmartArt 样式"组中还提供了一些用于设置 SmartArt 图形效果的供选项列表。当指针指向某效果时，SmartArt 图形中会立即显示该效果的预览，单击某效果图标可将其应用到 SmartArt 图形。

（4）设置 SmartArt 图形中形状的格式

SmartArt 图形是由一些特定的形状组成的，而前面介绍的各种修改、设置方法主要是将系统预设的整体方案应用于整个 SmartArt 图形，并不直接针对单个形状。如需要对组成 SmartArt 图形的各形状进行修改和设置，可右击 SmartArt 图形中希望修改的某个形状，在弹出的快捷菜单中单击"设置形状格式"按钮，显示如图 6-29 所示的对话框。通过该对话框可以对所选形状的各种参数（如填充效果、线条颜色、线型、阴影、…等。）进行全方位的单独设置。

如图 6-30 所示的是使用四幅图片修饰（填充）的 SmartArt 图形（图中文字部分另外使用了三个文本框）。在如图 6-31 所示的是"射线维恩图"类型的 SmartArt 图形中附加使用了个性化的颜色、连接线和文本框，使图形显得更加丰满，包含的信息量更大。

图 6-29　设置形状格式对话框

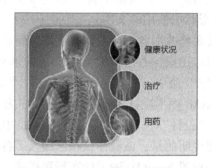

图 6-30　使用图片修饰 SmartArt 图形

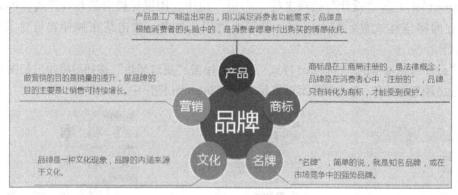

图 6-31　使用个性化颜色、连接线、文本框修饰 SmartArt 图形

除了使用"设置形状格式"外，对于一些常用的形状格式设置，用户也可通过使用 SmartArt 工具"格式"选项卡中的工具来完成。

3. SmartArt 图形的转换

在 SmartArt 工具"设计"选项卡的"重置"组中，PowerPoint 2010 提供了一个"转换"按钮，单击该按钮将弹出一个下拉菜单，包含有"转换为文本"和"转换为形状"两种命令。前者表示将选中的形状转换成以项目符号分层显示的文本，后者表示拆散 SmartArt 图形使之变成由独立的形状组合而成的组合体。右击该组合体，在弹出的快捷菜单中选择"取消组合"命令，可

254

将各形状分离成完全独立的状态。操作对设置 SmartArt 图形的动画效果是十分有用的。

如果用户在幻灯片中输入了一些以项目符号来分层的文本，则可在选中文本后右击，在弹出的快捷菜单中将指针指向"转换为 SmartArt 图形"，并在显示出来的样式列表中单击某个样式，将文本转换成 SmartArt 图形。

6.3.4 使用音频和视频

PowerPoint 2010 允许用户在幻灯片中使用音频或视频来表现一些特殊场景。例如，可以在无人播放时使用背景音乐，在幻灯片中插入旁白、原声提要等，使演示过程不再枯燥无味。也可以将一段视频插入到演示文稿适当位置，以表达普通动画无法表现的场景。用户还可以在 PowerPoint 2010 中，对插入的音频或视频进行一些简单的编辑。

1. 在幻灯片中使用音频

（1）向幻灯片中插入音频

在 PowerPoint 2010 主界面的幻灯片窗格中，选择希望插入音频对象的幻灯片，在"插入"选项卡"媒体"组中单击"音频"按钮，将显示一个"插入音频"对话框。在对话框中选择希望插入到幻灯片中的音频文件后，单击"插入"按钮。需要说明的是，单击"插入"按钮右侧的 标记，在弹出的下拉菜单中可以选择"插入"（将音频文件嵌入到幻灯片中）或"链接到文件"两种处理方式。对话框中还有一个选择音频文件格式的"音频文件"按钮，单击该按钮将弹出如图 6-32 所示的下拉菜单，其中列出了 PowerPoint 2010 所支持的所有音频文件格式。

音频文件插入到幻灯片后，PowerPoint 2010 将其显示为如图 6-33 所示的一个扬声器图标和一个相关联的播放工具条。用户可以按住左键将其拖动到幻灯片的任何位置。

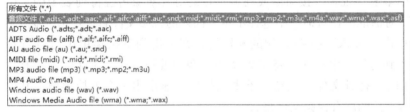

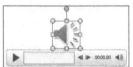

图 6-32　PowerPoint 2010 支持的音频文件格式　　　　图 6-33　音频对象图标

在"插入"选项卡"媒体"组中单击"音频"按钮下方的 按钮，显示一个下拉菜单，其中包含有"文件中的音频""剪贴画中音频"和"录制音频"三个菜单命令。它们表示除了可以如前面介绍的那样，插入保存在计算机硬盘中的音频文件外，还可以从 Microsoft Office 剪贴画库中挑选音频文件或直接使用安装在本计算机上的话筒录制音频。

（2）设置音频播放方式

音频对象插入到幻灯片后或用户再次选中音频图标时，PowerPoint 2010 会自动显示"音频工具"及其中包含的"格式"和"播放"两个选项卡。"格式"选项卡中提供了用于设置播放图标外观的一些功能，而最常用的播放方式功能设置则集中在如图 6-34 所示的"播放"选项卡中。

- 单击"预览"组中"播放"按钮，PowerPoint 2010 将开始播放插入的音频对象，供用户了解播放效果。当音频播放到某位置时，单击"书签"组中"添加书签"按钮，可在音频文件的当前位置上添加一个标记，以方便用户可随时跳转到该位置。

单击"删除标签"按钮可清除用户在音频文件中添加的所有标记。

图6-34 "音频工具"的"播放"选项卡

- 在"音频选项"组中,用户可以设置何时开始播放音频。默认选项为"单击时",也就是当在播放到包含有音频对象的幻灯片时,用户单击就开始播放。
- 单击"开始"栏右侧的▼标记,在弹出的下拉菜单中还提供有"自动"和"跨幻灯片播放"两个命令。"自动"表示在播放幻灯片的同时开始播放音频。"跨幻灯片播放"表示幻灯片切换到其他时继续播放音频。如果希望音频作为背景音乐使用时应当选择该命令。
- 若选择了"音频选项"组中"放映时隐藏"复选框,则在幻灯片放映时不显示表示音频对象的扬声器图标和与之关联播放工具条。
- 若选择"循环播放,直到停止"复选框,表示音频在本幻灯片显示期间循环播放,直到切换至其他幻灯片。若选择"播放完毕返回开头",则表示音频播放完毕后返回到开头并停止播放。

2. 在幻灯片中使用视频

(1)向幻灯片中插入视频

在 PowerPoint 2010 主界面的幻灯片窗格中,选择希望插入视频对象的幻灯片,在"插入"选项卡"媒体"组中单击"视频"按钮🎬或在显示在幻灯片对象占位符列表中的🎬按钮,将弹出"插入视频"对话框。在对话框中选择了希望插入的视频文件后,单击"插入"按钮。需要说明的是,单击"插入"按钮右侧的▼标记,在弹出的下拉菜单中可以选择"插入"(将视频文件嵌入到幻灯片中)或"链接到文件"两种处理方式。对话框中还有一个用于选择视频文件格式的"视频文件"按钮,单击该按钮将显示出一个下拉菜单,其中列出了 PowerPoint 2010 所支持的所有视频文件格式。

视频文件插入到幻灯片后,PowerPoint 2010 将其显示为一个黑色的播放窗口和一个相关联的播放工具条。用户可以将其拖动到幻灯片的任何位置,也可通过拖动其四周八个控制点改变视频播放窗口的大小。

在"插入"选项卡"媒体"组中单击"视频"按钮下方的▼按钮,将显示一个下拉菜单,其中包含有"文件中的视频"、"来自网站的视频"和"剪贴画视频"三个菜单命令。表示除了可以插入保存在计算机硬盘中的视频文件外,还可以从 Internet 或剪贴画库中插入视频。

大多数包含视频的网站都包括嵌入代码,但嵌入代码的位置会因每个网站的不同而不同。而且,某些视频没有嵌入代码,因此无法链接到这些视频。另外需注意的一点,虽然这些代码被称为"嵌入代码",但实际上是链接到视频,而不是将其嵌入演示文稿中。

下面以在幻灯片中从新浪视频网站链接视频为例,说明使用"来自网站的视频"的操作方法。

打开新浪视频网页,选择并播放希望使用的视频。如图 6-35 所示,视频开始播放后将指针靠近右侧边框，在弹出的选项栏中单击"分享"按钮。在如图 6-36 所示的对话框中单击"html 地址"栏右侧的"复制"按钮，将嵌入代码复制到 Windows 剪贴板。

图 6-35　在新浪视频网站中播放视频

图 6-36　复制 html 地址数据

在 PowerPoint 2010 环境中选择要视频的幻灯片，在"插入"选项卡"媒体"组中单击"视频"按钮下方的▼按钮，单击下拉菜单中的"来自网站的视频"，在如图 6-37 所示的对话框中单击鼠标右键。随后执行"粘贴"命令，将前面复制到剪贴板的"嵌入代码"粘贴到对话框中，单击"插入"按钮，幻灯片中将出现一个黑色的视频播放窗口。根据需要调整该窗口的大小和位置，放映该幻灯片时将显示如图 6-38 所示的"来自网站的视频链接"字样。

图 6-37　粘贴"嵌入代码"

图 6-38　在幻灯片中播放"来自网站的视频"

（2）设置视频播放方式

视频对象插入到幻灯片后或用户再次选中视频播放窗口时，PowerPoint 2010 会自动显示"视频工具"及其中包含的"格式"和"播放"两个选项卡。"格式"选项卡中提供了用于设置播放窗口外观的一些功能，而最常用的播放方式功能设置则集中在如图 6-39 所示的"播放"选项卡中。

图 6-39　视频工具的"播放"选项卡

视频工具提供的播放设置功能有一些与前面介绍过的，音频工具提供的播放设置功能相似。具有视频播放特点的有以下两个。

- 淡化持续时间：表示在视频的开始或结束的指定时间内使用淡入淡出效果。
- 音量：单击"音量"按钮  ，在弹出的下拉菜单中可选择高、中、低和静音四种音量设置方式。

3. 剪裁音频和视频

在音频工具或视频工具的"编辑"选项卡中单击"剪裁音频"或"剪裁视频"按钮，将分别显示如图 6-40 所示的"剪裁音频"对话框和图 6-41 所示的"剪裁视频"对话框。在对话框中用户可通过设置开始时间和结束时间来实现音频或视频的剪裁。

图 6-40 "剪裁音频"对话框   图 6-41 "剪裁视频"对话框

6.4 使用动画和幻灯片切换效果

向幻灯片中添加文本、表格、图表、图形、图像等对象后，用户可以为这些元素添加动画效果，使其播放时更具有表现力，更加生动有趣。在 PowerPoint 2010 中预设了大量丰富的应用于各对象和幻灯片切换的动画效果，用户可直接调用。对于一些特殊的需求，系统允许用户自定义动画的表现方式。

6.4.1 使用动画效果

动画可使演示文稿更具动态效果，有助于提高信息的生动性。最常见的动画效果包括"进入""强调"和"退出"三种类型，分别用于展现对象出现（进入）时或消失（退出）时动画效果，以及展现幻灯片中需要特别提醒的内容（强调）。用户也可以通过添加声音来增加动画效果。

1. 选择动画样式

PowerPoint 2010 提供了多种预定义的动画方案，用户可以直接调用这些方案，而无需进行单独设计。在演示文稿中应用预定义动画方案的操作方法如下。

首先选中幻灯片中希望设置动画的对象（如，文本框、图片、SmartArt 图形等），单击"动画"选项卡，显示如图 6-42 所示的各种用于幻灯片中对象动画设置的工具。

在"动画"组的动画样式列表中单击选择需要的样式（单击列表右侧的 ▼ 按钮可通过滚动条显示更多动画样式），单击"预览"按钮 ⭐ ，可在幻灯片编辑窗口查看动画的实际效果。如果希望使用更多的动画样式，可单击"高级动画"组中的"添加动画"按钮 ⭐ ，在弹出的如图 6-43 所示的列表中进行挑选。

2. 设置动画效果

"动画"组中的"效果选项"用于更加详细的设置动画的表现形式。需要注意的是，选择不同的对象，"效果选项"可能具有不同的图标和弹出菜单内容。

首先选择了一个已设置动画样式的文本框，单击"动画"组中的"效果选项"按钮⬆，弹出如图6-44所示的下拉菜单。菜单中主要包括了"方向"和"序列"两类命令，"方向"类命令用于设置动画运动的方向。而"序列"类命令用于设置如何发送按不同项目级别的文本。

单击"高级动画"组中的"动画窗格"按钮，将在PowerPoint 2010主窗口右侧显示出如图6-45所示的窗格。其中列出了按照执行顺序排列的各对象的动画设置情况，用户在选择了某项后，单击窗格底部"重新排序"中的上下箭头按钮可调整播放顺序。

图 6-42　"动画"选项卡

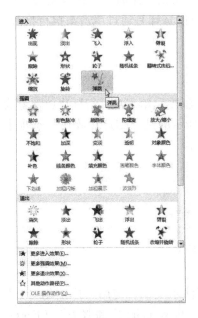

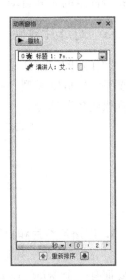

图 6-43　使用"添加动画"　　　图 6-44　"效果选项"下拉菜单　　　图 6-45　动画窗格

单击"高级动画"组中"触发"按钮，可在弹出的下拉菜单中选择动画开始的特殊条件。如，单击了幻灯片中某个对象或音视频播放到了某个书签位置。

在"动画"选项卡的"计时"组中，用户可以设置以满足怎样的条件开始显示动画，动画的"持续时间"（播放时间）和"延迟"时间（条件满足后，多长时间开始播放动画）。

如果希望在动画出现时能伴随播放某种声音加以强调，可单击"动画"组右下角的按钮▣，在弹出的对话框中进行选择。

6.4.2　设置幻灯片切换效果

幻灯片的切换效果是指一张幻灯片在屏幕上出现的方式，可以是一组幻灯片设置一种切换方式，也可以是每张幻灯片设置不同的切换方式。

单击 PowerPoint 2010 的"切换"选项卡，显示如图 6-46 所示的用于设置幻灯片切换效果的选项卡功能区。在"切换到此幻灯片"组中单击选择某切换效果后，可将该效果应用到当前选定的幻灯片中。选择某效果后单击"计时"组中"全部应用"按钮，可将选定的效果应用到演示文稿包含的所有幻灯片。

图 6-46 "切换"选项卡功能区

针对不同的切换样式，PowerPoint 2010 提供了不同的"效果选项"。例如，选择了"推进"式切换效果后，可选的"效果选项"有"自底部""自左侧""自右侧"和"自顶部"四个选项。选择了"淡出"式切换效果后，可选的"效果选项"就有"平滑"和"全黑"两个选项。

在"切换"选项卡的"计时"组中用户可以设置幻灯片切换所用时长，切换幻灯片时是否使用音效及使用何种音效。在"换片方式"栏中用户可以选择是通过单击来执行换片，还是按固定的时间自动换片。

6.4.3 幻灯片放映

制作好的演示文稿，通过放映幻灯片操作，可将演示文稿展示给观众。幻灯片放映方式主要是设置放映类型、放映范围和换片方式等。如图 6-47 所示的是"幻灯片放映"选项卡中提供的各种功能。

图 6-47 "幻灯片放映"选项卡功能区

1. 广播幻灯片和自定义放映

"广播幻灯片"可以使用户通过网络与远程的受众分享演示文稿。使用"广播幻灯片"需要拥有一个 Windows Live ID 账号。使用该账号可以通过"PowerPoint 广播服务"（Power-Point Broadcast Service）将演示文稿分享到网络，并获取"分享链接"地址。其他用户则可通过"分享链接"观看远程演示文稿。

单击选择"开始放映幻灯片"组中的"自定义放映"命令，弹出如图 6-48 所示的"定义自定义放映"对话框。在其中设置播放哪些幻灯片，按怎样的顺序播放。例如，在将一个包含 30 张幻灯片的演示文稿分为若干个"自定义放映"，每个自定义放映中包含若干张幻灯片，并且这若干张幻灯片的播放顺序可以自由调整。每个自定义放映都有自己唯一的名称，这就使得演示文稿可以同时适用于对不同受众的演讲，演讲时仅需调用不同的自定义放映名即可。

2. 设置放映方式

单击"幻灯片放映"组中的"设置幻灯片放映"按钮，弹出如图 6-49 所示的对话框。通过该对话框用户可以选择放映类型、放映哪些幻灯片或使用自定义放映。在"放映选项"

栏中，可以指定是否使用"循环放映"，是否使用旁白，放映时是否加载动画以及"绘图笔"或"激光笔"的颜色。在"换片方式"栏中，可以指定是"手动"放映还是使用"排练计时"。所谓"排练计时"是指，用户可以通过"排练"计算出每张幻灯片出现时需要的讲解时间。PowerPoint 2010 能自动将该时间设置该幻灯片播放时的停留时间，时间到后将自动切换到下一张。"排练计时"功能可以使演讲者无需对演示文稿做出任何干预，仅需专注于自己的演讲即可。

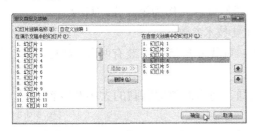

图 6-48 "定义自定义放映"对话框

图 6-49 "设置放映方式"对话框

3. 录制幻灯片演示

"录制幻灯片演示"是 PowerPoint 2010 的一项新功能，该功能可以记录幻灯片的放映时间，同时允许用户使用鼠标、激光笔或麦克风（旁白）为幻灯片加上注释。也就是制作者对演示文稿的一切相关的注释，都可以使用录制幻灯片演示功能记录下来，从而使得幻灯片的互动性能大大提高。而其最实用的地方在于，录制好的幻灯片可以脱离讲演者向非现场的受众放映。

6.5 习题

一、选择题

1. PowerPoint 中，下列说法中错误的是（　　　）。
   A. 可以动态显示文本和对象　　　　　B. 可以更改动画对象的出现顺序
   C. 图表中的元素不可以设置动画效果　　D. 可以设置幻灯片切换效果

2. PowerPoint 中，下列有关"嵌入"的说法中错误的是（　　　）。
   A. 嵌入的对象不链接源文件
   B. 如果更新源文件，嵌入到幻灯片中的对象并不改变
   C. 用户可以双击一个嵌入对象来打开对象对应的应用程序，以便于编辑和更新对象。
   D. 对嵌入编辑完毕后，要返回到演示文稿中时，需重新启动 PowerPoint 2010

3. 在（　　　）视图中，可以精确设置幻灯片的格式。
   A. 备注页视图　　　B. 浏览视图　　　C. 幻灯片视图　　　D. 黑白视图

4. 为了使所有幻灯片具有一致的外观，可以使用母版。用户可进入的母版视图有"幻灯片母版"和（　　　）。
   A. 备注母版　　　　B. 讲义母版　　　　C. 普通母版　　　D. A 和 B 都对

5. 在（　　　）视图中，用户可以看到画面变成上下两半，上面是幻灯片，下面是文本框，可以记录演讲者讲演时所需的一些提示重点。
   A. 备注页视图　　　B. 浏览视图　　　C. 幻灯片视图　　　D. 黑白视图

二、操作题

1. 新建一个演示文稿文件，按下列要求完成对此文稿的修饰并保存。

1）在首页幻灯片的标题区中输入"中国的 DXF100 地效飞机"，字体设置为：红色，黑体，加粗，54 磅，带有阴影效果。

2）副标题区中输入"演讲人：张三"，字体设置为：蓝色，楷体，44 磅，应用阴影效果。为演示文稿应用"波形"主题。

3）插入一张版式为"标题和两栏内容"的新幻灯片，作为第二张幻灯片。

4）输入第二张幻灯片的标题内容：DXF100 主要技术参数

5）输入第二张幻灯片的右侧文本的两行内容：可载乘客 15 人；装有两台 300 马力航空发动机。文本字体为：仿宋，32 磅。

6）在第二张幻灯片左侧插入任意一幅剪贴画，适当调整剪贴画的大小及位置。

7）设置所有幻灯片的切换效果为"溶解"。

8）第一张幻灯片中的副标题文字动画设置为"自左下部飞入"，开始方式设置为"上一动画之后"。

2. 在幻灯片中使用"形状"和"快速样式"制作出图如 6-50 所示的效果。

提示：

1）标题"沟通的技巧"为一文本框，通过"开始"选项卡"快速样式"设置其效果。

2）下面各行首显示的小标签可以通过对形状的操作来实现（泪滴形状＋圆形，再使用"形状组合"工具，最后使用"快速样式"。）。

3）需要注意的是，"形状组合"工具并未出现在默认的功能选项卡区中，需要在选项卡空白处右击，在弹出的快捷菜单中选择"自定义功能区"命令，在弹出的对话框中选择"从下列位置选择命令"，并将"形状组合"工具添加到新的自定义选项卡，或某个现有选项卡中。

3. 使用形状、文本框、SmartArt 图形和动画设计出图 6-51 所示的幻灯片效果。

图 6-50　操作题 2 的设计效果

图 6-51　操作题 3 的设计效果

提示：

1）幻灯片标题部分使用了一个形状和两个文本框。

2）目录部分使用了一个"交替六边形"的 SmartArt 图形，并向默认的图形中添加了一些形状。

3）设置了 SmartArt 图形的配色方案，和部分形状的填充图片或文字。

4）为 SmartArt 图形所有形状应用了阴影效果。

5）要求 SmartArt 的动画效果使用"逐个"连续发送方式（注意，不需要单击）。

第7章 计算机网络与 Internet 应用基础

计算机网络是计算机技术和通信技术相结合的产物，它使人们可以不受时间、地域等限制，实现信息交换和资源共享。

Internet 的中文译名为因特网或国际互联网，它是世界上发展最快、应用最广泛，且最大的公共计算机信息网络系统。Internet 为人类提供了数万种服务，被计算机信息界称为未来"信息高速公路"的雏形。

7.1 计算机网络的基本概念

计算机网络是计算机技术与通信技术高度发展、紧密结合的产物，是随着社会对信息共享和信息传递的日益增强的需求而发展起来的。

7.1.1 计算机网络的定义

随着计算机网络本身的发展，计算机网络的定义有多种，从资源共享的角度定义比较符合目前其基本特征。计算机网络的定义为："以相互共享资源的方式，互联起来的自治计算机的集合"。即，分布在不同地点的具有独立功能的多个计算机系统，通过通信线路和通信设备互相连接起来，实现彼此之间的数据通信和资源共享的系统。

按照资源共享的观点定义的计算机网络具备以下几个主要的特征。

（1）计算机网络组建的主要目的是实现计算机资源的共享

计算机资源主要指计算机的硬件、软件与数据资源。网络用户不但可以使用本地计算机资源，而且可以通过网络访问远程计算机的资源，调用网络中多台计算机协同完成一项任务。

（2）组成计算机网络的计算机设备是分布在不同地理位置的独立的"自治计算机"

每台计算机的基本部件（CPU、硬盘、网络接口等）都是独立的。这样，互联的计算机之间没有明确的主从关系，每台计算机既可以联网工作，也可以脱网独立工作。联网计算机可以为本地用户提供服务，也可以为远程网络用户提供服务。

（3）联网计算机之间的通信必须遵循共同的网络协议

计算机网络是由多个互联计算机组成，主机之间要做到有条不紊的交换数据，每个主机都必须遵守通信规则。

7.1.2 计算机网络的发展形成阶段

计算机网络的发展形成可分为五个阶段，即远程终端联机阶段、计算机网络阶段、计算机网络互联阶段、国际互联网与信息高速公路阶段和未来网络融合阶段。

1. 第一阶段—远程终端联机阶段

由一台中央主机通过通信线路连接大量地理上分散的终端，构成面向终端的通信网络。终端分时访问中心计算机的资源，中心计算机将处理结果返回终端。

第一阶段的各个计算机网络是独立发展的，采用计算机技术与通信技术结合的技术。奠定了计算机网络的理论基础。如 20 世纪 50 年代初美国的 SAGE 系统。

第一阶段的计算机网络是面向终端的，是一种以单个主机（计算机）为中心的星形网络，各终端通过通信线路共享主机的硬件和软件资源。

2. 第二阶段—计算机网络阶段

20 世纪 60 年代中期，出现了多台计算机通过通信系统互连的系统，开创了"计算机——计算机"通信时代，这样分布在不同地点且具有独立功能的计算机就可以通过通信线路，彼此之间交换数据、传递信息。美国的 ARPA 网，IBM 的 SNA 网，DEC 的 DNA 网都是成功的典例。但这个时期的网络产品是相对独立的，没有统一标准，在同一网络中只能存在同一厂家生产的计算机，其他厂家生产的计算机无法接入。

第二阶段计算机网络强调了网络的整体性，用户不仅可以共享主机资源，而且还可以通过通信子网共享其他主机或用户的软、硬件资源。

第二阶段计算机网络采用分组交换技术，它奠定了互联网的基础。

3. 第三阶段—计算机网络互联阶段

第三阶段计算机网络的特点是制订了统一的不同计算机之间互联的标准，从而实现了不同厂家广域网、局域网之间的互联。网络体系结构与网络协议实现标准化。

1974 年，美国 IBM 公司公布了所研制的网络分层模型系统网络体系结构（System Network Architecture，SNA）。SNA 是一种使用较为普遍的网络体系结构模型。

1977 年，国际标准化组织（International Standardization Organization，ISO）制定了各种计算机能够在世界范围内互联成网的开放系统互连参考模型（Open System Interconnect/Reference Model，OSI/RM），简称为 OSI。

4. 第四阶段—国际互联网与信息高速公路阶段

第四阶段计算机网络是进入 20 世纪 90 年代后，随着数字通信的出现而产生的，其特点是综合化和高速化。综合化是指采用交换的数据传送方式将多种业务综合到一个网络中完成。例如，将多种业务，如语音、数据、图像等信息以二进制代码的数字形式综合到一个网络之中进行传送。

5. 第五阶段—未来网络融合阶段

随着电信、电视、计算机"三网融合"趋势的加强，未来的互联网将是一个真正的多网合一、多业务综合平台和智能化的平台。未来的互联网是移动＋IP＋广播多媒体的网络世界，它能融合现今所有的通信业务，并能推动新业务的迅猛发展，给整个信息技术产业带来一场革命。

7.1.3　计算机网络的拓扑结构

计算机网络的拓扑结构是引用拓扑学中的研究与大小、形状无关的点、线特性的方法，把网络单元定义为节点。两节点间的线路定义为链路，则网络节点和链路的几何位置就是网络的拓扑结构。网络的拓扑结构主要有星形、环形、总线形、树形和网状拓扑结构。

1. 星形拓扑结构

星形拓扑结构是由一个中央节点和若干从节点组成，如图 7-1 所示。中央节点可以与从节点直接通信，而从节点之间的通信必须经过中央节点的转发。星形拓扑结构简单，建网容易，传输速率高。每节点独占一条传输线路，消除了数据传送堵塞现象。一台计算机及其接口的故障不会影响到网络。它扩展性好，配置灵活，增、删、改一个节点容易实现，网络易管理和维护。网络可靠性依赖于中央节点，中央节点一旦出现故障将导致全网瘫痪。

2. 环形拓扑结构

环形拓扑结构中，所有设备被连接成环，信息沿着环进行广播式的传送，如图7-2所示。在环形拓扑结构中每一台设备只能和相邻节点直接通信。与其他节点的通信时，信息必须依次经过二者间的每一个节点。

环形拓扑结构传输路径固定，无路径选择的问题，因此实现简单。但任何节点的故障都会导致全网瘫痪，可靠性较差。网络的管理比较复杂，投资费用较高，扩展性、灵活性差，维护困难。当环形拓扑结构需要调整时（如节点的增、删、改），一般需要将整个网重新配置。

3. 总线型拓扑结构

总线拓扑结构是将网络中的所有设备都通过一根公共总线连接，通信时信息沿总线进行广播式传送，如图7-3所示。

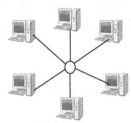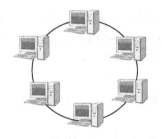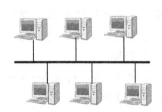

图7-1 星形拓扑　　　　　图7-2 环形拓扑　　　　　图7-3 总线型拓扑

总线拓扑结构简单，增、删节点容易。网络中任何节点的故障都不会造成全网的瘫痪，可靠性高。但是任何两个节点之间传送数据都要经过总线，总线成为整个网络的瓶颈。当节点数目多时，易发生信息拥塞。

总线结构投资省，安装布线容易，可靠性较高。在传统的局域网中，是一种常见的结构。

4. 树形拓扑结构

树形拓扑是从总线拓扑演变而来的，形状像一棵倒置的树，顶端是树根，树根以下带分支，每个分支还可再带子分支，如图7-4所示。树根接收各站点发送的数据，然后再广播式的发送到全网。树形拓扑的特点大多与总线拓扑的特点相同，但也有一些特殊之处。

树形拓扑的优点是易于扩展，故障隔离较容易，缺点是各个节点对根的依赖性太大，如果根发生故障，则全网不能正常工作。从这一点来看，树形拓扑结构的可靠性类似于星形拓扑结构。

5. 网状拓扑结构

网状拓扑结构没有上述四种拓扑那样明显的规则，节点的连接是任意的，没有规律。网状拓扑的优点是系统的可靠性高。但是由于结构复杂，就必须采用路由协议、流量控制等方法。广域网中基本都采用网状拓扑结构，如图7-5所示。

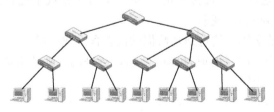

图7-4 树形拓扑　　　　　　　　图7-5 网状拓扑

7.1.4　计算机网络的分类

计算机网络主要的分类方法有：根据网络所使用的传输技术分类，根据网络的拓扑结构分类，根据网络协议分类等。各种分类方法只能从某一方面反应网络的特征。根据网络覆盖的地理范围和规模分类是最普遍采用的分类方法，它能较好地反映出网络的本质特征。由于网络覆盖的地理范围不同，它们所采用的传输技术也就不同，因此形成不同的网络技术特点与网络服务功能。按照网络覆盖的地理范围，可分为以下三种。

1. 局域网

局域网（Local Area Network，LAN）一般用微型计算机通过高速通信线路相连（速度通常在 10 Mbit/s 以上），但在地理上则局限于较小的范围（10 km 以内）。

2. 城域网

城域网（Metropolitan Area Network，MAN）的作用范围在广域网和局域网之间。城域网传输速度比局域网的更高，规模局限在一座城市的范围内，5～50 km 的区域。目前城域网使用最多的是基于光纤的千兆或万兆以太网技术。

3. 广域网

广域网（Wide Area Network，WAN）的作用范围通常为几十到几千公里，网络跨越国界、洲界，甚至全球范围。

在以上三种网络类型中，传统的局域网常采用单一的传输介质，而城域网和广域网采用多种传输介质。目前，局域网和广域网是网络的热点，局域网是组成其他两种类型网络的基础，城域网一般都加入了广域网。广域网的典型代表是 Internet。需要说明的是，局域网的发展速度十分迅猛，所能覆盖的地域范围日渐增大、使用的传输介质也呈多样化，因此局域网和城域网的界限就更加模糊了。

7.1.5　数据通信基础知识

数据通信是通信技术和计算机技术相结合而产生的一种新的通信方式。数据通信是指两台或两台以上的计算机或终端之间，以二进制的形式进行信息传输与交换的过程，它的实质是相互传送数据。数据通信的相关基础知识和概念如下。

1. 数据通信的基本概念

（1）信息

信息是对客观事物属性和特性的表征。它反映了客观事物的存在形式与运动状态，它可以是对物质的形态、大小、结构、性能等全部或部分特性的描述，也可以是物质与外部的联系。信息是字母、数字及符号的集合，其载体可以是数字、文字、语音、视频和图像等。

（2）数据

数据是指数字化的信息。在数据通信过程中，被传输的二进制代码（或数字化信息）称为数据。数据是传递信息的载体，它是事物的表现形式。

数据与信息的区别：数据是装载信息的实体，信息则是数据的内在含义或解释。

数据有两种类型：数字数据和模拟数据，前者的值是离散，如电话号码、邮政编码等。而后者的值则是连续变化的量，如温度、压力等。

（3）信号

信号简单地说就是携带信息的传输介质。数据通信中信号是数据在传输过程中的电磁波的表示形式。根据信号参量取值不同，信号有两种表示形式：模拟信号（Analog Signal）与数字信号（Digital Signal）。

（4）信道

信道是信息从信息的发送地传输到信息接收地的一个通路，它一般由传输介质（线路）及相应的传输设备组成。同一传输介质上可以同时存在多条信号通路，即一条传输线路上可以有多条信道。

- 按传输介质来划分，可分为有线信道和无线信道。
- 按信号传输方向与时间关系来划分，可分为单工、半双工和全双工信道。
- 按传输信号的类型划分，可分为模拟信道和数字信道。
- 按数据的传输方式划分，可分为串行信道和并行信道。
- 按通信的使用方式划分，可分为专用信道和公共信道。

（5）数字信号与模拟信号

模拟信号是一种在时间和数值上都连续变化的信号。模拟信号用连续变化的物理量表示信息，其信号的幅度，频率，或相位随时间作连续变化。

数字信号指幅度的取值是离散的，幅值表示被限制在有限个数值之内。计算机产生的电信号用两种不同的电平表示 0 和 1。

（6）调制与解调

计算机内的信息是由"0"和"1"组成数字信号，而在电话线上传递的却只能是模拟电信号。所以，要利用电话交换网实现计算机的数字脉冲信号的传输，就必须首先将数字脉冲信号转换成模拟信号。将发送端数字脉冲信号转换成模拟信号的过程称为调制（Modulation），也称 D－A 转换；将接收端模拟信号还原成数字信号的过程称为解调（Demodulation），也称 A－D 转换。将调制和解调两种功能结合在一起的设备称为调制解调器（Modem）。正是通过这样一个"调制"与"解调"的数模转换过程，从而实现了计算机之间的数据通信。

2. 数据通信系统的组成

一个数据通信系统可分为三个部分组成：源系统、传输系统和目的系统，如图 7-6 所示。

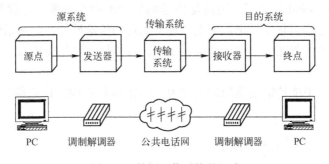

图 7-6　数据通信系统的组成

（1）源系统
- 源点：源点产生所需要传输的数据，如文本或图像等。
- 发送器：通常源点生成的数据要通过发送器编码后才能够在传输系统中进行传输。

（2）目的系统
- 接收器：接收传输系统传送过来的信号，并将其转换为能够被目的设备处理的信息。

- 终点：终点设备从接收器获取传送来的信息。终点也称为目的站。

（3）传输系统

- 传输信道：它一般表示向某一方向传输的介质，一条信道可以看成一条电路的逻辑部件。一条物理信道（传输介质）上可以有多条逻辑信道（采用多路复用技术）。
- 噪声源：包括影响通信系统的所有噪声。如脉冲噪声和随机噪声（信道噪声、发送设备噪声、接收设备噪声）。

3. 数据通信系统的主要技术指标

数据通信系统的技术指标主要从数据传输的质量和数量来体现。质量指信息传输的可靠性，一般用误码率来衡量。而数量指标包括两方面：一是信道的传输能力，用信道容量来衡量；另一方面指信道上传输信息的速度，相应的指标是数据传输速率。

（1）数据传输速率

数据传输速率有两种度量单位：波特率和比特率。

- 波特率：波特率指数据通信系统中，线路上每秒传送的波形个数，单位是波特（band）。
- 比特率：比特率指一个数据通信系统每秒所传输的二进制位数，单位是每秒比特（位），以 bit/s，单位有：bit/s、kbit/s、Mbit/s、Gbit/s、Tbit/s。换算关系如下：

$$1 \text{ kbit/s} = 1 \times 10^3 \text{ bit/s}$$

$$1 \text{ Mbit/s} = 1 \times 10^3 \text{ kbit/s} = 1 \times 10^6 \text{ bit/s}$$

$$1 \text{ Gbit/s} = 1 \times 10^3 \text{ Mbit/s} = 1 \times 10^6 \text{ kbit/s} = 1 \times 10^9 \text{ bit/s}$$

$$1 \text{ Tbit/s} = 1 \times 10^3 \text{ Gbit/s} = 1 \times 10^6 \text{ Mbit/s} = 1 \times 10^9 \text{ kbit/s} = 1 \times 10^{12} \text{ bit/s}$$

（2）误码率

误码率是衡量通信系统线路质量的一个重要参数。它的定义为：二进制符号在传输系统中被传错的概率，近似等于被传错的二进制符号数与所传二进制符号总数的比值。计算机网络通信系统中，误码率要求低于 10^{-6}。

（3）信道带宽

信道带宽（Bandwidth）是指信道所能传送的信号的频率宽度，也就是可传送信号的最高频率与最低频率之差。它在一定程度上体现了信道的传输性能，是衡量传输系统的一个重要指标。通常，信道的带宽大，信道的容量也大，其传输速率相应也高。

（4）信道容量

信道容量是指信道能传输信息的最大能力，以信道每秒钟能传送的信息比特数为单位，以 bps 表示。

7.1.6　网络体系结构的基本概念

在计算机网络中，为了使通信双方能够正确地传送信息，必须有一套关于信息传输顺序、信息格式和信息内容等形式的约定，这一整套约定称为通信协议。为了降低协议设计的复杂程度，大多数网络按层的方式来组织。不同的网络，其层的数量、各层的内容和功能都不尽相同。

层和协议的集合称为网络体系结构。它是对构成计算机网络的各个组成部分以及计算机网络本身所必须实现的功能的一组定义、规定和说明。

如图 7-7 所示，国际标准化组织于 1978 年制定了"开放系统互连"（Open System Inter-connection，OSI）参考模型，将整个网络的通信功能分成七个层次，包括低三层（物理层、数据链路层和网络层）和高四层（传输层、会话层、表示层和应用层）。通常将计算机网络分成通信子网和资源子网两大部分。OSI 的低三层属于通信子网范畴，高三层属于资源子网范畴，传输层起着衔接上三层和下三层的作用。

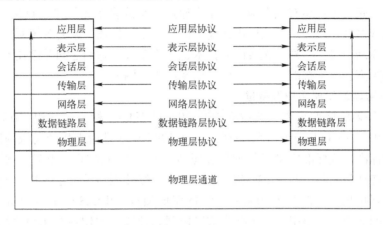

图 7-7　OSI 参考模型

OSI 参考模型定义了异种网络互联的标准框架结构，并且得到了全世界的公认。OSI 中的"系统"是指计算机、外部设备、终端、传输设备、操作人员以及相应软件。"开放"是指按照参考模型建立的，任意两系统之间的连接操作。当一个系统能按 OSI 模式与另一个系统进行通信时，就称该系统是"开放系统"。

7.1.7　网络通信协议的概念

通信协议是一组规则的集合，是进行交互的双方必须遵守的约定。在网络系统中，为了保证数据通信双方能够正确而自动地进行通信，因此，制定了一整套约定，这就是网络系统的通信协议。通信协议是一套语义和语法规则，用来规定有关功能部件在通信过程中的操作。

1. 通信协议的特点

- 通信协议具有层次性：这是由于网络系统体系结构是有层次的。通信协议分为多个层次，在每个层次内又可以被分为若干子层次。协议各层次有高低之分。
- 通信协议具有可靠性和有效性：如果通信协议不可靠，就会造成通信混乱和中断。只有通信协议有效，才能实现系统内的各种资源的共享。

2. 通信协议的组成

网络通信协议主要由以下三个要素组成。

- 语法：语法是数据与控制信息的结构或格式。如数据格式、编码、信号电平等。
- 语义：语义是用于协调和进行差错处理的控制信息。如需要发生何种控制信息，完成何种动作，做出何种应答等。
- 同步：也称为定时或时序。同步是对事件实现顺序的详细说明。如速度匹配、排序等。

需要说明的是，协议只能确定各种规定的外部特点，不对内部的具体实现做任何规定。计算机网络软、硬件厂商在生产网络产品时，必须遵守协议规定的规则，使产品符合协议规定的标准。但生产商选择何种电子元器件、使用何种语言是不受约束的。

7.1.8 无线局域网

无线局域网（Wireless Local Area Network，WLAN）是计算机网络与无线通信技术相结合的产物。无线局域网使用无线电波作为数据传送的媒介，传送距离一般只有几十米。无线局域网的主干网路通常使用有线电缆，其用户通过一个或多个无线接入点接入无线局域网。目前，无线局域网现在已经广泛地应用在商务区、大学、机场、家庭等场所。

与普通有线网络技术一样，无线网络技术也分为多种，它们之间关键技术差异主要在传输带宽、传输距离、抗干扰能力、安全性，以及适用范围上。

1. 无线局域网的发展历史及标准

1990 年 IEEE802 标准化委员会成立 IEEE802.11 WLAN 标准工作组。IEEE802.11（别名：Wi-Fi（Wireless Fidelity）无线保真）是在 1997 年 6 月由大量的局域网以及计算机专家审定通过的标准。该标准定义了物理层和媒体访问控制（MAC）规范。物理层定义了数据传输的信号特征和调制，两个 RF 传输方法和一个红外线传输方法，RF 传输标准是跳频扩频和直接序列扩频，工作在 2.4000~2.4835 GHz 频段。IEEE802.11 是 IEEE 最初制定的一个无线局域网标准，主要用于解决办公室局域网和校园网中用户与用户终端的无线接入，业务主要限于数据访问，传输速率最高只能达到 2 Mbit/s。由于它在速率和传输距离上都不能满足人们的需要，所以 IEEE802.11 标准被 IEEE802.11b 所取代了。

1999 年 9 月 IEEE802.11b 被正式批准，该标准规定 WLAN 工作频段在 2.4~2.4835 GHz，数据传输速率达到 11 Mbit/s，传输距离控制在 50 m。该标准是对 IEEE802.11 的一个补充，采用补偿编码键控调制方式，点对点模式和基本模式两运作模式。数据传输速率方面可以根据实际情况在 11 Mbit/s、5.5 Mbit/s、2 Mbit/s、1 Mbit/s 的不同速率间自动切换，它改变了 WLAN 设计状况，扩大了 WLAN 的应用领域。IEEE802.11b 已成为当前主流的 WLAN 标准，被多数厂商所采用，所推出的产品广泛应用于办公室、家庭、宾馆、车站、机场等众多场合。

1999 年，IEEE802.11a 标准制定完成，该标准规定 WLAN 工作频段在 5.15~5.825 GHz，数据传输速率达到 54 Mbit/s/72 Mbit/s（Turbo），传输距离控制在 10~100 m。该标准也是 IEEE802.11 的一个补充，扩充了标准的物理层，采用正交频分复用（OFDM）的独特扩频技术，采用 QFSK 调制方式，可提供 25 Mbit/s 的无线 ATM 接口和 10 Mbit/s 的以太网无线帧结构接口，支持多种业务如语音、数据和图像等。IEEE802.11a 标准是 IEEE802.11b 的后续标准。其设计初衷是取代 802.11b 标准。然而，2.4 GHz 频带下的工作是不需要执照的，该频段属于工业、教育、医疗等专用频段，是公开的，5.15~8.825 GHz 频带下的工作需要执照的。

目前，IEEE 推出最新版本 IEEE802.11g 认证标准，该标准提出拥有 IEEE802.11a 的传输速率，安全性较 IEEE802.11b 更好，采用 2 种调制方式，含 802.11a 中采用的 OFDM 与 IEEE802.11b 中采用的 CCK，做到了 802.11a 和 802.11b 的兼容。

2. 无线局域网的硬件

无线网络与有线网络在硬件上并无太大差别，一个最基本的无线网络在硬件组成方面同样需要中心接入点（无线路由器），"传输介质"（红外线或无线电波），接收器（无线网卡）。

（1）无线中心接入点

无线中心接入点是基本模式的中心设备，主要负责无线信号的分发及各无线终端的互联。无线中心接入点可以是无线 AP，也可以是无线路由器。

- 无线 AP（Access Point）：它主要提供无线工作站对有线局域网和有线局域网对无线工作站的访问，在访问接入点覆盖范围内的无线工作站可以通过它进行相互通信。在无线网络中，AP 就相当于有线网络的集线器，它能够把各个无线客户端连接起来，无线客户端所使用的网卡是无线网卡，传输介质是空气，它只是把无线客户端连接起来，但是不能通过它共享上网。
- 无线路由器：它是单纯型 AP 与宽带路由器的一种结合体。借助于无线路由器的功能，可实现家庭无线网络中的 Internet 连接共享，以及 ADSL 和小区宽带的无线共享接入。另外，无线路由器可以把通过它进行无线和有线连接的终端都分配到一个子网，这样子网内的各种设备交换数据就非常方便。换句话说，它除了具有 AP 的功能外，还能通过它让所有的无线客户端共享上网。

（2）终端信号接收点

这是无线信号的接收设备，安装于用户计算机上，可以实现用户计算机之间的无线连接，并连接到无线接入点。根据应用的不同又分为无线局域网卡、无线上网卡以及蓝牙适配器等。

- 无线局域网卡：其作用跟有线网卡类似，主要分为 PCI 卡、USB 卡和笔记本专用的 PCMIA 卡三类。它们内置有无线天线，可以实现信号的接收。
- 无线上网卡：它主要应用在笔记本电脑中，可以实现随时随地的移动上网。从接口上分为 USB 接口和 PCMIA 接口两类。而从申请的移动上网服务方面分为 GPRS 卡和 CDMA 卡。使用时需要一个无线上网卡的同时还需要给其安装资费卡，也就是 SIM 卡或者 UIM 卡。GPRS 无线上网卡使用 SIM 卡，CDMA 无线上网卡使用 UIM 卡。
- 蓝牙适配器：蓝牙技术也是无线网络之一。通过在计算机中安装蓝牙适配器，可以实现计算机之间的蓝牙无线连接，以及计算机与手机等通讯设备的无线连接。目前这类产品基本都是采用 USB 接口，大小类似 U 盘。

3. 简单的家庭、办公室、宿舍 WLAN

在家庭无线局域网中，最通用和最便宜的方案是购买一台无线路由器，这台路由器应具有防火墙、路由器、交换机和无线接入点的功能。无线路由器允许共享一个 ISP（Internet 服务提供商）的单一 IP 地址，可为 4 台计算机提供有线以太网服务，为多个无线计算机作一个无线接入点。通常基本模块提供 2.4 GHz 802.11 b/g 操作的 Wi－Fi，而更高端模块将提供双波段 Wi－Fi 或高速 MIMO 性能。双波段接入点提供 2.4 GHz 802.11 b/g 和 5.3 GHz 802.11a 性能，而 MIMO 接入点在 2.4 GHz 范围中可使用多个射频以提高性能。

7.2　计算机网络的基本组成

与计算机系统类似，计算机网络也由网络硬件和网络软件两部分组成，如图 7-8 所示。

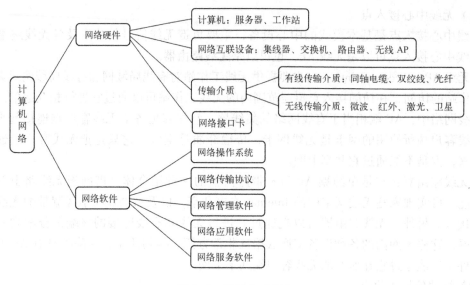

图 7-8　网络组成部分

7.2.1　网络硬件

网络硬件是构成网络的节点，包括计算机及网络接口卡、网络互联设备、传输介质。

1. 传输介质（Media）

传输介质是把网络节点连接起来的数据传输通道，包括有线传输介质和无线传输介质。同轴电缆、双绞线、光缆都是有线传输介质；微波、卫星通信、红外线都是无线传输介质。传输介质是网络数据传输的通路，所有的网络数据都要经过传输介质进行传输。因此，一个网络所选用传输介质的种类和质量对网络性能的好坏有很大的影响。

2. 网络接口卡（Network Interface Card）

网络接口卡，也称网络适配器，简称网卡（NIC），是构成网络必需的基本设备，作用是将计算机与传输介质连接起来。根据网络技术的不同，网卡有许多类型，它们各有自己适用的传输介质和网络协议。按照网络结构可以分为 ATM 网卡、Token Ring 令牌环网卡、Ethernet 以太网卡（局域网卡）；按照网卡所支持的带宽不同，可分为：10 Mbit/s 网卡、100 Mbit/s网卡和 1000 Mbit/s 网卡；按有无连线，分为有线网卡、无线网卡。

有的网络硬件（如计算机）只有一个网络接口。有的网络硬件（如各种网络互联设备）可能有几个、几十个甚至更多的网络接口，如交换机、集线器和路由器。

3. 网络互联设备

网络互联设备包括集线器、交换机、路由器、无线 AP 等。

（1）集线器（HUB）

集线器就是一种共享设备，集线器本身不能识别目的地址。当同一局域网内的 A 主机给 B 主机传输数据时，数据包在以集线器为架构的网络上是以广播方式传输的，由每一台终端通过验证数据包的地址信息来确定是否接收。在这种工作方式下，同一时刻网络上只能传输一组数据帧的通信，如果发生碰撞就必须重试。这种方式就是共享网络带宽。

（2）交换机（Switch）

交换机是一种在通信系统中完成信息交换功能的设备。在计算机网络系统中，交换概念的提出是 HUB 对共享工作模式的改进。交换机可以为接入交换机的任意两个网络节点提供独享的电信号通路。它的主要功能包括物理编址、网络拓扑结构、错误校验、帧序列以及流控。目前交换机还具备了一些新的功能，如对虚拟局域网（VLAN）的支持、对链路汇聚的支持，甚至有的还具有防火墙的功能。

（3）路由器（Router）

路由器是实现局域网与广域网互联的主要设备。路由器是连接因特网中各局域网、广域网的设备，它会根据信道的情况自动选择和设定路由，并以最佳路径，按前后顺序发送信号的设备。

（4）无线 AP

无线 AP 即无线访问接入点，它是用于无线网络的无线交换机，也是无线网络的核心。无线 AP 是移动计算机用户进入有线网络的接入点，主要用于宽带家庭、大楼内部以及园区内部，典型距离覆盖几十米至上百米，目前主要技术为 802.11 系列。

4. 计算机

作为网络硬件的计算机可以是服务器，也可以是工作站。每台计算机都有一个或多个网络接口卡，并通过网络接口卡和传输介质，与其他网络硬件连接。

网络服务器是网络管理、控制的核心，负责为网络中其他工作站提供各种网络服务。一个局域网至少应有一台服务器。服务器可以是专用的，如 IBM、HP、SUN 等，也可以是一台配置较高的 PC。其通常配备有大容量存储器，具有较高的运算速度，质量也直接影响整个局域网的性能。

用户通过工作站来访问网络的共享资源。局域网中工作站一般由普通 PC 担任，也可以由输入/输出终端担任。对工作站性能的要求，主要根据用户需求而定。内存是影响工作站性能的关键因素之一。工作站所需要的内存大小取决于操作系统和工作站上所要运行的应用程序的大小和复杂程度。

7.2.2　网络软件

网络软件是负责实现数据在网络硬件之间通过传输介质进行传输的软件系统，包括网络操作系统、网络传输协议、网络管理软件、网络服务软件、网络应用软件。

1. 网络操作系统

网络操作系统是指在计算机或其他网络硬件上安装的，用于管理本地及网络资源和它们之间相互通信的操作系统。如 UNIX、Linux、Windows Server 等。

2. 网络传输协议

协议指两个或两个以上实体为了开展某项活动，经过协商后达成的一致意见。网络传输协议就是连入网络的计算机必须共同遵守的一组规则和约定。它可以保证数据传送与资源共享能顺利完成。

在实际工作中，各计算机网络厂家都制定了网络传输协议，如 IBM 的 NetBIOS、Microsoft 的 NetBEUI 等。经过多年的市场竞争和实践考验，目前占主导地位的网络传输协议已为数不多，最著名的就是因特网采用的 TCP/IP。

3. 网络管理软件

网络管理软件是能够通过对网络节点进行管理，以保障网络正常运行的管理软件。网络管理软件有免费的，也有付费的。

4. 网络服务软件

网络服务软件是运行于特定的操作系统下，提供网络服务的软件。在 Windows XP/7/8 下，因特网信息服务（Internet Information Server，IIS）可以提供 WWW 服务、FTP 服务和 SMTP 服务等。Apache 是在各种 Windows 和 UNIX 系统中使用频率较高的 WWW 服务软件。

5. 网络应用软件

网络应用软件是能够与服务器进行通信，直接为用户提供网络服务的软件。用户需要网络提供一些专门服务时，需要使用相应的网络应用软件。例如，要去因特网上漫游，就需要使用 Internet Explorer 或 Firefox 浏览器；要收发电子邮件、阅读或粘贴网络新闻，就需要使用 Outlook Express 或 Foxmail；要想在因特网上传或下载文件，可使用迅雷或 Flashget 等；要参加网络会议，可使用 NetMeeting。随着网络应用的普及，将会出现越来越多的网络应用软件，这些软件也必将推动网络的普及。

7.3　因特网基础

Internet 翻译中文为"因特网"或"国际互联网"，是由遍布全球的各种网络系统、主机系统，通过统一的 TCP/IP 协议集连接在一起所组成的世界性的计算机网络系统。

Internet 是世界上最大的互联网络，但它本身不是一种具体的物理网络。把它称为"网络"是为了让大家更容易理解而加上的一个"虚拟"概念。它不属于任何国家或个人，实际上它是把全球各地已有的各种网络（局域网、数据通信网、公共电话交换网等）互联起来，组成一个跨国界的庞大的互联网，因此，也将其称为"网络中的网络"。

7.3.1　Internet 的起源和发展

1. 因特网的起源

20 世纪 60 年代末，美国国防部高级研究计划署建立了著名的 ARPANET。它是由四个节点组成的分组交换网，它是最早出现的计算机网络之一。

20 世纪 70 年代，ARPANET 从一个实验性网络变成一个可运行网络。在 ARPANET 不断增长的同时，ARPA 开发研制了卫星通信网与无线分组通信网，并想将它们联入 ARPANET，由此导致网络互联协议 TCP/IP 的出现。

20 世纪 80 年代中后期，美国国家科学基金会（National Science Foundation，NSF）围绕其六个超级计算机中心建立了 NSFNET，并与 ARPANET 相连。NSFNET 代替 ARPANET 成为 Internet 的新主干。

20 世纪 90 年代，Internet 以惊人的速度发展，成为全球连接范围最广、提供服务最多、涉及众多领域、用户最多的互联网络。

2. 因特网在中国的发展

我国从 1994 年实现了与因特网的连接。到 1996 年初，中国的因特网已经形成了四大具有国际出口的网络体系：中国科技网（CSTNET）、中国教育与科研计算机网（CERNET）、中国公用计算机互联网（CHINANET）、中国金桥信息网（CHINAGBN）。前两个网络主要面向科研和研究机构，后两个网络向社会提供因特网服务。

3. 全球海底光缆简介

世界各国的网络可以看成是一个大型局域网。光缆是一种目前比较理想的通信介质，它是铺设信息高速公路的主干道。光缆以其大容量、高可靠性、优异的传输质量等优势，在通信领域，尤其是国际通信中起到重要的作用。海底和陆上光缆把国家和地区连接成为互联网。美国是全球互联网的中心地区，大量主要服务器和国际网站都在美国，全球的光缆也都连向美国。全球解析域名的 13 个根服务器有 9 个在美国。登录多数 .com、.net 网站或发电子邮件，发送的数据几乎都要到美国绕一圈才能到达目的地。

敷设在海底的通信光缆，称海底光缆。各大洲之间通过海底光缆连接，可参考 Tele-Geography 发布的 2013 版全球海底光缆分布图。分布图展示了正在使用的 232 条光缆，以及计划敷设及启用的 12 条光缆的分布情况。其中，纽约、新泽西、埃及、英国康沃尔、新加坡和东京都是海底光缆枢纽，在分布图上方有详细介绍。图的底部介绍了全球海底光缆的发展历程（始于 1997 年）。左下角是各个国家的带宽情况介绍。

7.3.2　TCP/IP

TCP/IP（Transmission Control Protocol/Internet Protocol）是 Internet 中使用的主要通信协议，它是目前最完整、应用最普遍的通信协议标准。它可以使不同的硬件结构、不同操作系统的计算机之间相互通信。TCP/IP 是用于计算机通信的一组协议，TCP 和 IP 是这众多协议中最重要的两个核心协议。它是一个公开标准，完全独立于硬件或软件厂商，可以运行在不同体系的计算机上。

1. TCP/IP 的分层结构

TCP/IP 由网络接口层、网络层、传输层和应用层四个层次组成。TCP 是指传输控制协议，IP 是指互联网协议。

- 应用层：应用层是所有用户所面向的应用程序的统称。ICP/IP 协议族在这一层面有着很多协议来支持不同的应用。如万维网（WWW）访问用到了 HTTP、文件传输用 FTP、电子邮件发送用 SMTP、域名的解析用 DNS 协议、远程登录用 Telnet 协议等，都是属于 TCP/IP 应用层。
- 传输层：传输层的主要功能是提供应用程序间的通信，TCP/IP 协议族在这一层的协议有 TCP 和 UDP。
- 网络层（互联层、网间网层）：网络层是 TCP/IP 协议族中非常关键的一层，主要定义了 IP 地址格式，从而使不同应用类型的数据在 Internet 上能够通畅地传输。IP 就是一个网络层协议。
- 网络接口层：网络接口层是 TCP/IP 软件的最底层，负责接收 IP 数据包并通过网络发送之，或者从网络上接收物理帧，抽出 IP 数据报，交给 IP 层。

2. 主要的 TCP/IP

（1）IP

IP 处于 TCP/IP 的网络层，需要完成从网络上一个节点向另一个节点的移动。IP 传输的是一种基本的信息单位，称为数据报。IP 的主要功能是为数据的发送寻找一条通向目的地的路径，将不同格式的物理地址转换成统一的 IP 地址以及不同格式的帧转换为 IP 数据包，并向 TCP 所在的传输层提供 IP 数据包，实现无连接数据包传送。

（2）TCP

TCP 处于 TCP/IP 的传输层。TCP 提供 IP 环境下的数据可靠传输，所提供的服务包括数据流传送、可靠性、有效流控、全双工操作和多路复用。

7.3.3 因特网中的客户机/服务器体系结构

客户机/服务器（Client/Server）模式，简称 C/S 结构。它是软件系统体系结构，通过它可以充分利用两端硬件环境的优势，将任务合理分配到 Client 端和 Server 端，从而降低了系统的通信开销。Client 程序的任务是将用户的要求提交给 Server 程序，再将 Server 程序返回的结果以特定的形式显示给用户；Server 程序的任务是接收客户程序提出的服务请求进行相应的处理，再将结果返回给客户程序。

计算机网络中的每台计算机，既要为本地用户提供服务，也要为网络中其他主机的用户提供服务。网络上大多数服务是通过服务进程来提供的。这些进程要根据每个获准的网络用户请求执行相应的处理，提供相应的服务，以满足网络资源共享的需求，实质上是进程在网络环境中进行通信。

在因特网的 TCP/IP 环境中，联网计算机之间进程相互通信的模式主要采用 C/S 结构。在 C/S 结构中，客户机和服务器分别代表相互通信的两个应用程序进程，即 Client 和 Server。注意，这里的 Client 和 Server 不是硬件，要与称为服务器的计算机区分开。

如图 7-9 所示给出了 C/S 结构的进程通信相互作用示意图。当客户机向服务器发出服务请求时，服务器响应客户机的请求，提供客户机所需要的网络服务。提出请求，发起本次通信的计算机进程叫做客户机进程。而响应、处理请求，提供服务的计算机进程叫做服务器进程。

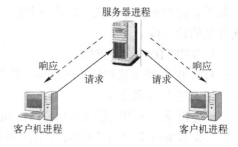

图 7-9 C/S 结构的进程通信示意图

因特网中常见的 C/S 结构的应用有：Telnet 远程登录、FTP 文件传输服务、HTTP 超文本传输服务、E-mail 电子邮件服务、DNS 域名解析服务等。

7.3.4 IP 地址与域名服务

在 Internet 中通信，如何找到对方显然是一个十分关键的问题。当用户与网上其他用户或计算机进行通信或访问 Internet 的各种资源时，首先必须知道对方的地址。

Internet 的主机地址是指接入网络的计算机地址编号，与电话号码的作用类似。在 Internet 中主机地址唯一地仅标识一台主机。

Internet 上主机地址有两种表示形式：一种是计算机可以直接识别的数字地址，即 IP 地址，如 "202.112.0.36"；另一种是便于记忆的字符地址，称为域名，如 "cernet.edu.cn"。

需要说明的是，这里说的 "主机" 并不单指一台计算机，应将其理解为 Internet 上的一个节点。实际上 IP 地址是分配给计算机的网卡（网络适配器）的。一台计算机可以有多块网卡，在某些操作系统中一块网卡也可以同时拥有若干个 IP 地址。

1. IP 地址及分类

在 Internet 中将包含用户信息的数据包从一处移动到另一处的是互联网协议 IP，所以 Internet 中主机地址编号也称为 IP 地址。它是一个 32 位的二进制数，一般以 4 个 0～255 的十进制数字表示，每个数字之间用点隔开，例如 "218.198.48.88"。

通常用 IP 地址标识一个网络和与网络连接的一台主机。IP 地址采用一种两级结构，一部分表示主机所属的网络，另一部分表示主机本身，主机必须位于特定的网络中。IP 地址的基本组成为："网络标识号 + 主机标识号"。

IP 地址基本的地址分配原则是，要为同一网络内所有主机分配相同的网络标识符号，同一网络内的不同主机必须分配不同的标识号，以区分主机。不同网络内的每台主机必须具有不同网络标识号，但是可以具有相同的主机标识号。

为充分利用 IP 地址资源，考虑到不同规模网络的需要，IP 将 32 位地址空间划分为不同的地址级别，并定义了 5 类地址，A～E 类。其中 A、B、C 三类由 InterNIC 在全球范围内统一分配，D、E 类为特殊地址，其地址编码方法见表 7-1。为了确保 Internet 中 IP 地址的惟一性，IP 地址由 Internet IP 地址管理组织统一管理。如果需要建立网站，要向管理本地区的网络机构申请和办理 IP 地址。

表 7-1　IP 地址类型和应用

类　　型	第一字节数字范围	应　　用	类　　型	第一字节数字范围	应　　用
A	1～126	大型网络	D	224～239	备用
B	128～191	中等规范网络	E	240～254	试验用
C	192～223	校园网			

还可以使用"子网掩码"来区分 IP 地址中的网络部分和主机部分。子网掩码也是一个 32 位的二进制数字，同样可以用 4 个十进制数表示。例如，IP 地址 "218.198.48.88"，配以子网掩码 "255.255.255.0"，就表示这是一个 C 类地址，前三个字节表示网络标识号，后一个字节表示主机标识号。可以理解成这是 218.198.48 网段的 88 号主机。

2. 域名和 URL 地址

IP 地址有效标识了网络的主机，但也存在不便记忆的问题。为了方便用户使用、维护和管理，Internet 中使用了域名系统（Domain Name System，DNS）。该系统采用分层命名的方法，对 Internet 上的每一台主机赋予一个直观且唯一的名称。

域名与 IP 地址一一对应，用户使用域名时需要通过 DNS 服务器进行转换，将域名转换成对应的 IP 地址。也就是说，计算机是不能直接识别域名的。

域名的基本结构为：主机名.单位名.类型名.国家代码

例如：www.pku.edu.cn，表示中国，教育与科研网，北京大学，名为 www 的主机。域名中的国家代码部分也称为顶级域名，由 ISO3166 规定，表 7-2 列出了部分国家的顶级域名。

表 7-2　部分国家顶级域名

国　　家	中国	瑞典	英国	法国	德国	日本	加拿大	澳大利亚
国家代码	cn	sc	uk	fr	de	jp	ca	au

类型名也称为二级域名，表示主机所在单位的类型。我国的二级域名分为类别域名和行政区域名两种，见表 7-3 和表 7-4。

表7-3 部分分类域名表

类别域名	含 义	类别域名	含 义
edu	教育机构	com	工商机构
gov	政府部门	org	非盈利性组织
mil	军事部门	web	www 活动为主的单位
net	网络服务机构	info	提供信息服务的单位

表7-4 部分行政区域名表

行政区域名	含 义	行政区域名	含 义
bj	北京市	ha	河南省
sh	上海市	hb	河北省
tj	天津市	sx	山西省
cq	重庆市	ln	辽宁省

在 Internet 中每个信息资源都有统一的且在网上唯一的地址，该地址就叫统一资源定位标志（Uniform Resource Locator，URL）。

URL 由三部分组成：资源类型、存放资源的主机域名或地址、资源文件文件名。例如：http://www.pku.edu.cn/news/index.htm 或 ftp://218.198.48.21/film/1.rm。

其中 http 表示该资源类型为超文本信息；www.pku.edu.cn 表示北京大学的 www 主机域名；news 为存放文件的目录；index.htm 为资源文件名。

ftp 表示使用文件传输协议；主机地址为 218.198.48.21；film 为存放文件的目录；1.rm 为资源文件名。

7.3.5 接入因特网的方式

要接入因特网，首先找一个合适的因特网服务提供商（Internet Service Provider，ISP）。一般 ISP 提供的功能主要有：分配 IP 地址和网关及 DNS 和其他接入服务。各地、小区都有 ISP 提供因特网的接入服务，如联通、移动、电信和其他网络服务公司。现在常用的介入因特网的方式有局域网、电话线连接、无线连接等。

1. 局域网接入

许多住宅小区（小区宽带）、学校等单位均采用局域网方式接入因特网。局域网接入传输容量较大，可提供高速、高效、安全、稳定的网络连接。局域网采用双绞线连接，传输速率一般为 10～100 Mbit/s。如果使用的是网通或电信的宽带网络，它们的宽带程序会自动设置。如果使用的是学校、单位的局域网，还需手工设置 IP 地址、子网掩码、网关、DNS 等项目，设置方法为：

1）在"控制面板主页"的"大图标"查看方式下，单击"网络和共享中心"。打开"网络和共享中心"窗口，如图 7-10 所示。

2）在左侧的窗格中，单击"更改适配器设置"，打开"网络连接"窗口。右击"本地连接"图标，从弹出的快捷菜单中选择"属性"命令，如图 7-11 所示。

3）弹出"本地连接 属性"对话框，如图 7-12 所示。在"此连接使用下列项目"中，单击"Internet 协议版本 4（TCP/IPv4）"选项，再单击右下方的"属性"按钮。

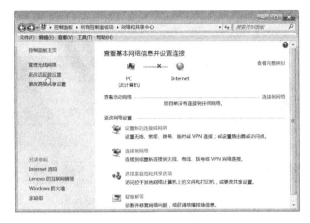

图 7-10 "网络和共享中心"窗口　　　　　　　图 7-11 "网络连接"窗口

4）弹出"Internet 协议版本 4（TCP/IPv4）属性"对话框，如图 7-13 所示。"常规"选项卡中的项目包括 IP 地址、子网掩码、默认网关、DNS 服务器等项目。这些项目中的具体数字和选项，由网络用户的服务商或网络中心的网络管理人员提供。如果是"自动获得 IP 地址"，则不用填写。

5）依次单击"确定"按钮关闭对话框。返回如图 7-10 所示的"网络和共享中心"窗口，可以看到网络已经连接到 Internet，即结束网络设置。

2. 无线接入

无线局域网目前已经它应用在商务区、大学、机场、家庭等各种场所。无线网络通过有线网络接入因特网。它的设置很简单，在 Windows 任务栏右端单击"无线网络"按钮，打开无线网络列表，如图 7-14 左图所示。单击要连接的名称（图中是 jing），显示如图 7-14 右图所示，单击"连接"按钮。显示"连接到网络"对话框，如图 7-15 所示，在"安全密钥"文本框中输入密码。单击"确定"按钮，稍等后连接到网络，任务栏右端的无线网络图标将显示为。如果在如图 7-14 所示中单击"打开网络和共享中心"，则在"网络和共享中心"窗口中可以看到已经连接到的网络。

图 7-12 "本地连接 属性"对话框　　　　　　图 7-13 "常规"选项卡

图 7-14　本地连接 属性 图 7-15　连接到网络

3. ADSL 接入

目前电话线接入因特网的主流技术是非对称数字用户线路（Asymmetric Digital Subscriber Line，ADSL）。其非对称体现在上、下行速率的不同。上行（指从用户端向网络传送信息）传输速率最高可达 1 Mbit/s，下行（指浏览 www 网页、下载文件等）传输速率最高可达 8 Mbit/s。上网的同时可以打电话，互不影响。安装 ADSL 也极其方便快捷，只需在现有电话线上安装 ADSL Modem 即可。

4. 电话拨号接入

电话拨号入网可分为两种：一是个人计算机经过调制解调器和普通模拟电话线，与公用电话网连接；二是个人计算机经过专用终端设备和数字电话线，与综合业务数字网（Integrated Service Digital Network，ISDN）连接。通过普通模拟电话拨号入网方式，数据传输能力有限，传输速率较低（最高 56 kbit/s），传输质量不稳，上网时不能使用电话。通过 ISDN 拨号入网方式，信息传输能力强，传输速率较高（128 kbit/s），传输质量可靠，上网时还可使用电话。

7.4　因特网的使用基础

如今，因特网已经成为人们获取信息的主要渠道，例如，查看新闻、收发邮件、网上交流等等。

7.4.1　浏览信息

浏览信息是因特网最常用的应用之一，用户通过浏览器可以获取各种信息。

1. 相关概念

（1）万维网（WWW）

环球信息网（Word Wide Web，WWW），也可以简称为 Web，中文名字为"万维网"。WWW 是基于超文本的，方便用户在 Internet 上搜索和浏览信息的信息服务系统。它是 Internet 上应用最广泛的一种网络服务。也称为 Web 服务。用户可以使用基于图形界面的浏览器访问 WWW 服务。WWW 还可集成电子邮件、文件传输、多媒体服务和数据库服务等，成为一种多样化的网络服务形式。

除了传统的信息浏览之外，通过 WWW 还可实现广播、电影、游戏、电子邮件、聊天、购物等服务。由于 WWW 的流行，许多上网的新用户最初接触的都是 WWW 服务，因而把

WWW 服务与 Internet 混为一谈，甚至产生 WWW 就是 Internet 的误解。

（2）超链接和超文本

WWW 网站中的信息是以网页（Web 页）的形式提供的。网页是 WWW 的基本文档，它是用超文本标识语言（Hypertext Markup Language，HTML）编写的。网页中除了有各种文字、图片、动画，更有连接到其他网页中的超链接。超链接是指从文本、图片、图形或图像映射到全球广域网上网页或文件的指针。在 WWW 上，超链接是网页之间和 WWW 站点之中主要的导航方法。

超文本（Hypertext）是把一些信息根据需要连接起来的信息管理技术，人们可以通过一个文本的链接指针打开另一个相关的文本。只要用鼠标点一下页面中的超链接（通常是带下划线的条目或图片），便可跳转到新的页面或另一位置，获得相关的信息。

（3）统一资源定位器（URL）

在 WWW 上，用统一资源定位器（Uniform Resource Locator，URL）来描述网页地址和访问所用的协议。URL 由三部分组成：协议、IP 地址或域名、文件名。URL 的基本结构为：

协议：//IP 地址或域名/路径/文件名

- 协议：是指 URL 所链接的网络服务性质，如 http 代表超文本传输协议，ftp 代表文件传输协议等。
- IP 地址或域名：指提供服务的主机的 IP 地址或域名。
- 路径和文件名：提供存放文件的文件夹和文件名。

例如，http://www.pku.edu.cn/news1/index.htm，其中 http 表示该资源类型是超文本信息，www.pku.edu.cn 是北京大学的主机域名，news1 为存放目录，index.htm 为资源文件名。

Internet 上的所有资源都可以用 URL 来表示。在浏览器地址栏中输入的地址，就是 URL。

（4）浏览器

浏览器是安装在用户端计算机上，用于浏览 WWW 中网页（Web）文件的应用程序。它可以把用 HTML 描述的网页按设计者的要求直观地显示出来，供浏览者阅读。

浏览器程序有许多种，常用浏览器有 Microsoft 公司的 Internet Explored（IE）、Google 公司的 Chrome、FireFox（火狐）、Opera 等等。

（5）文件传输协议（FTP）

文件传输协议（File Transfer Protocol，FTP）是 TCP/IP 网络上两台计算机传送文件的协议，是因特网提供的基本服务，使主机间可以共享、传送文件。FTP 是应用层的协议，它基于传输层，为用户服务，负责进行文件的传输。FTP 使用 TCP 生成一个虚拟连接用于控制信息，然后再生成一个单独的 TCP 连接用于数据传输。

FTP 使用 C/S 模式工作，在本地计算机上运行 FTP 客户端软件，由这个客户端软件实现与因特网上 FTP 服务器之间的通信。在 FTP 服务器上运行服务器程序，由它负责为客户机提供文件的上传、下载、创建或改变服务器上的目录等服务。FTP 服务器一般通过 FTP 账号和密码登录，其中有些服务面向大众，不需要身份认证，即"匿名 FTP 服务器"。

2. 浏览 Internet 信息

浏览 Web 需要使用浏览器，下面以 Windows 7 系统中自带的 Internet Explorer 10（简称 IE10）为例，介绍浏览器的常用功能和操作方法。

（1）Internet Explore 的启动和关闭

IE 的启动方法有两种：单击锁定到工具栏中的 IE 按钮，或者单击"开始"按钮，从"所有程序"菜单中选择"Internet Explorer"命令。

可以像关闭其他窗口一样关闭：单击 IE 窗口的"关闭"按钮，或者按组合键〈Alt + F4〉。

IE10 是一个选项卡式的浏览器，在一个 IE 窗口中可以打开多个网页。因此在关闭 IE 窗口时会显示对话框，可选择"关闭所有选项卡"或"关闭当前的选项卡"。

（2）Internet Explorer 10.0 的窗口组成

启动 Internet Explorer 后，窗口内将显示一个选项卡，其中显示默认主页（例如 MSN 中国），窗口结构如图 7-16 所示。IE10 的窗口非常简洁，方便用户有更多空间来显示浏览的网页。

IE10 的窗口上方设置了几个最常用的按钮、地址栏、选项卡等功能。

- 后退、前进：通过单击后退、前进按钮，可以返回到以前浏览过的网页。
- 地址栏 http://cn.msn.com/ ：地址栏左侧为文本框，右侧有"搜索""自动完成""兼容性视图"和"刷新"按钮。在文本框中可以输入 URL（统一资源地址），通常在此输入 Web 地址或 IP 地址，然后按〈Enter〉键。也可以输入搜索关键词，然后单击按钮，将按设定的搜索引擎查找。单击按钮打开列表，弹出"自动完成"、"历史记录"和"收藏夹"。单击切换到兼容视图，以便能正常显示为旧版本浏览器设计的网页。单击按钮刷新网页。在网页加载过程，将显示"停止"按钮，单击此按钮将停止加载。

图 7-16 Internet Explorer 窗口

选项卡 MSN中文网：...×：选项卡左侧显示网站图标，其后显示网页的名称；正在打开网页时，网站图标将显示为。如果改网站没有设置图标，将显示。单击选项卡右端的关闭按钮将关闭该选项卡及打开的网页。

- 主页：单击"主页"按钮，当前选项卡中将显示默认的主页。主页的地址用户可设置。
- 查看收藏夹、源和历史记录：IE10 把收藏夹、源和历史记录集成在一起。单击按钮将打开收藏夹列表，如图7-17所示。单击"源"或"历史记录"选项卡，可切换到相应功能。

- 工具⚙：单击按钮⚙，打开列表，如图7-18所示，有打印、文件、缩放等功能。

图7-17 "收藏夹"列表　　　　　　　　　　　　　图7-18 "工具"列表

- 浏览窗口：窗口中部大面积区域显示打开的网页。对浏览窗口中看不到的网页，可以使用窗口中的水平和垂直滚动条，使之显示出来。
- 状态提示：在浏览窗口中，当鼠标指针指向带有链接的文字、图片时，IE窗口左下角将弹出该链接地址。

（3）页面浏览

1）新建选项卡。

打开IE10后，浏览器自动新建一个选项卡，把鼠标放到选项卡右端的▦按钮上，会变为▦按钮。单击它将新建一个选项卡，如图7-19所示，输入地址后打开的网页将显示在这个选项卡中。如果打开多个选项卡，IE会根据选项卡的数量自动调整选项卡的大小。

如果要关闭选项卡，单击该选项卡右端的"关闭"按钮✖，如图7-20所示。

图7-19 新建一个选项卡　　　　　　　　　　　图7-20 关闭选项卡

2）在地址栏输入Web地址。

地址栏是输入和显示网页地址的地方。打开指定主页最简单的方法是：在"地址"栏中输入URL地址，输入完地址后，按〈Enter〉键或单击地址栏右边的"转到"按钮→。

在输入地址时，不必输入http://协议前缀，IE会自动补上。如果以前输入过某个地址，IE会记忆这个地址，再次输入这个地址时，只需输入开始的几个字符，"自动完成"功能将检查保存过的地址，把其开始几个字符与用户输入的字符相匹配的地址列出来，自动弹出"地址"栏下拉列表框，给出匹配地址的建议，如图7-21所示。单击该地址，或按〈↓〉〈↑〉键找到所需地址。输入或选定地址后，按〈Enter〉键或单击"转到"按钮→，浏览器将在当前选项卡中，按照地址栏中的地址转到相应的网站或网页。因为浏览器从因特网上的Web服务器上下载网页需要时间，在正常的情况下稍等片刻就能显示出来。

也可以单击地址栏右端的下拉按钮▼，显示出曾经输入过的地址列表。单击其中一个地址，相当于输入了该地址并按〈Enter〉键。

浏览器中可以显示多个网页，如果希望在新选项卡中显示网页，单击选项卡右端的"新选项卡"按钮，然后在地址栏中输入地址。

3）浏览网页。

输入网址后，进入网站首先看到的一页称首页或主页。主页上的超链接可以引导用户跳转到其他位置。超级链接可以是图片、三维图像或者彩色文字。超级链接文本通常带下划线。将鼠标箭头移到某一项可以查看它是否为链接。如果箭头改为手形，表明这一项是超级链接。同时，IE 窗口左下角将弹出该链接地址。单击一个超链接可以从一个网页跳转到链接网页，并且"地址"栏中总是显示当前打开的地址。注意，有时单击链接后新网页会在本选项卡中显示，而有时则在新建的选项卡中显示。用户也可以在新的 IE 窗口中显示新网页，方法是在超链接上右击，在打开的快捷菜单中单击"在新窗口中打开"。

为了方便浏览曾经浏览过的网页，可以通过 IE 中的按钮实现：

- 单击"后退"按钮，返回到在此之前显示的页。通常是最近的那一页，可多次后退。
- 单击"前进"按钮，则转到下一页。如果在此之前没有使用"后退"按钮，则"前进"按钮不能使用。
- 单击"主页"按钮将返回到默认的起始页，起始页是最开始浏览的那一页。
- 单击"停止"按钮，将中止加载中的网页，取消打开这一页。
- 单击"刷新"按钮，将重新连接和显示本页面的内容。

如果页面中显示的文字比例大小不合适，单击"工具"按钮。如图 7-22 所示，指向"缩放"，单击合适的比例，使得查看网页中的文字、图片时舒适。

图 7-21　在地址栏中输入地址

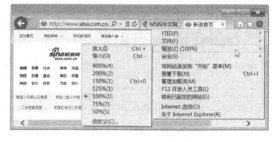

图 7-22　网页缩放比例

3. 网页的保存和打开

用户可以把网页、网页中的图片等内容保存到自己计算机中，在不上网时也能阅读。

（1）保存网页

保存全部网页的方法为：在 IE 中打开要保存的网页。单击"工具"按钮，指向"文件"，单击"另存为"（或者按〈Ctrl + S〉键），弹出"保存网页"对话框，如图 7-23 所示。在"保存在"中选择保存网页文件的磁盘和文件夹。在"文件名"框中输入网页文件名（一般不需要更改）。单击"保存类型"下拉列表框右侧的按钮，在列表中可以选择"网页，全部（*.htm，*.html）""Web 档案，单一文件（*.mht）"、"网页，仅 HTML（*.htm，*.html）"或"文本文件（*.txt）"。单击"保存"按钮。

这些保存类型中使用较多的是网页和 Web 档案格式，二者主要区别是：保存文件时是否将页面中其他信息（如图片等）分开存放。若保存为网页类型，则系统会自动创建一个以×××.files命名的文件夹，并将页面中的图片等对象保存在其中。

（2）打开保存的网页

保存在磁盘上的网页文件，可以在不连接因特网的情况下显示出来。IE10默认不显示菜单栏。显示菜单栏的方法是：右击标题栏空白区域，在弹出的快捷菜单中选择"菜单栏"命令，如图7-24所示。菜单栏将出现在地址栏下方。

图7-23　保存网页

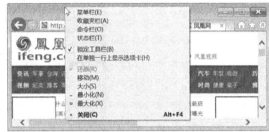

图7-24　显示菜单栏

单击IE"文件"菜单中的"打开"，显示"打开"对话框。在"打开"对话中，单击"浏览"按钮，从文件夹中选取要打开的网页。如果知道保存网页的路径和文件名，可直接在"打开"框中输入。最后单击"确定"按钮，打开保存在磁盘上的网页。

（3）保存网页中的选定内容

可以把网页中选定的部分内容通过复制、粘贴的方式，转移到Word、记事本等编辑软件中。方法是：在网页中选定需要复制的文字、图片内容，按〈Ctrl+C〉键复制到剪贴板。切换到打开的Word程序或记事本中，按〈Ctrl+V〉键把剪贴板中的内容粘贴到文档中。最后保存文档。

注意，记事本中只能保存纯文本，网页中的样式、图片都将被取消。

（4）保存图片

在图片上右击，在弹出的快捷菜单中选择"图片另存为"命令。弹出"保存图片"对话框，在对话框中选择保存路径，输入图片的名称。单击"保存"按钮。

（5）下载文件

超链接都指向一个资源，可以是网页，也可以是压缩文件、EXE文件、音频文件、视频文件等文件。下载方法为：在超链接上右击，在弹出快捷菜单中选择"目标另存为"命令，弹出"另存为"对话框，在对话框中选择保存路径，输入文件名称。单击"保存"按钮。

在IE底部会出现一个下载进度状态窗口，包括下载完成的百分比，估计剩余时间，暂停、取消等控制按钮。单击"查看下载"按钮，打开IE的"查看下载"窗口。其中列出了通过IE下载的文件列表，以及它们的状态和保存位置等信息。

有些网页带有"下载"功能，单击按钮就可下载。

4. 设置IE主页

用户可以把经常浏览的网页设置为打开IE时显示的默认网页，以节省时间。更改主页的方法为：在IE中，单击"工具"按钮，在列表中单击"Internet选项"，显示"Internet选项"对话框的"常规"选项卡，如图7-25所示。在"主页"区的"地址"框中输入地址。如果在IE中已经显示了该网页，单击"使用当前页"，当前IE中显示网页的地址将被自动添在"地址"栏中。如果不希望显示任何网页，则单击"使用空白页"按钮。单击"确定"按钮。

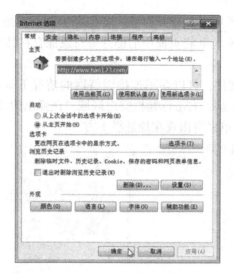

图 7-25 "常规"选项卡

5. 使用"历史记录"

IE 自动把浏览过的网页地址按日期顺序保存在历史记录中,历史记录保存的天数可以设置,也可以随时删除历史记录。

(1)浏览历史记录

在 IE 窗口中单击★按钮,打开"收藏夹、源和历史记录"列表。单击"历史记录"选项卡,如图 7-26 所示,历史记录默认"按日期查看",单击其后的▼可以更改查看方式。单击日期█按钮可展开历史网站,单击网站图标█可展开具体访问过的网址。单击网址则可打开网页。

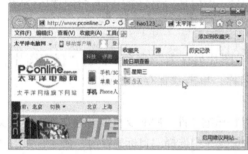

图 7-26 历史记录

(2)设置和删除历史记录

在 IE 中,单击"工具"按钮█,在列表中单击"Internet 选项",显示"Internet 选项"对话框的"常规"选项卡,如图 7-25 所示。在"浏览历史记录"区中单击"设置"按钮,显示"网站数据设置"对话框,在"历史记录"选项卡中可设置保存的天数,默认保存 20 天。

如果要删除所有历史记录,单击"删除"按钮,弹出"删除浏览记录"对话框,选中要删除的项目,单击"删除"按钮。

6. 使用收藏夹

当用户在 Internet 上发现了自己喜欢的内容,为了下次快速访问该页内容,可以将其添加到"收藏夹"中。

(1)把网页地址添加到收藏夹中

把当前网页保存到收藏夹中的操作为：打开要收藏的网页，单击 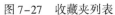 按钮，显示"收藏夹、源、历史记录"列表。单击"收藏加"选项卡，如图 7–27 所示。单击"添加到收藏夹"按钮，显示"添加收藏"对话框，如图 7–28 所示。单击"添加"按钮将保存到收藏夹的根位置。

图 7–27　收藏夹列表　　　　　　　　　　图 7–28　"添加收藏"对话框

如果要收藏到其他文件夹，可在"创建位置"后单击 ▼ 从列表中选取保存的文件夹，或者单击"新建文件夹"按钮在收藏夹中新建文件夹。也可以更改名称后保存。最后，单击"添加"按钮。

（2）使用收藏夹中的网址打开网页

打开收藏夹中的网址有两种方法。

- 单击 ☆ 按钮，在"收藏加"选项卡中，单击要打开的网页名称。如果网页名称在文件夹中，先单击文件夹名，再单击网页名。如图 7–27 所示。

- 如果在 IE 窗口中已经添加了菜单栏，则单击"收藏"菜单，该菜单中列出了收藏的网址名称，如图 7–29 所示。如果网页名称在文件夹中，先单击文件夹名，再单击网页名。

图 7–30　菜单中的收藏夹列表

（3）整理收藏夹

随着收藏夹中网页地址的增加，为了便于查找和使用，需要整理收藏夹。打开收藏夹选项卡或收藏夹菜单，在收藏夹列表上的文件夹或网页名称上右击，可以在弹出的快捷菜单中执行删除、复制、剪切、重命名、新建文件夹等操作，还可以按住左键拖动来移动文件夹和网页的位置，从而改变收藏夹的组织结构。

7.4.2　信息的搜索

互联网中的信息包罗万象，如何快速找到自己想要的信息，是每位用户需要掌握的方法。搜索引擎（search engine）是根据一定的策略、运用特定的计算机程序从互联网上自动搜集信息，经过对信息的组织，提供给网络用户进行查询的系统。在用户输入关键词进行检索时，搜索引擎会从索引数据库中找到匹配该关键词的网页。

根据搜索方式的不同，搜索引擎分为两类：全文搜索和目录分类搜索。由于目录分类搜索操作步骤多，费时耗力，现在已经很少使用。现在最常用的方法是利用搜索引擎进行全文搜索。

国外常用的搜索引擎有：谷歌（http://www.google.com/）、雅虎（http://www.yahoo.com/）、必应（http://www.bing.com/）等。几乎每个国家都有自己的搜索引擎。

国内常用的搜索引擎有：百度（http://www.baidu.com/）、搜搜（http://www.soso.com/）、搜狗（http://www.sogou.com/）、雅虎中国（http://cn.yahoo.com）、必应中国（http://cn.bing.com/）等。

虽然互联网上的搜索引擎非常多，但其具体使用方法都相似。下面以百度搜索引擎为例，介绍全文搜索引擎的使用。

1）在 IE 的地址栏中输入 www.baidu.com，按〈Enter〉键打开百度搜索引擎主页。在文本框中输入"因特网的起源"，如图 7-30 所示。

2）按〈Enter〉键或者单击"百度一下"按钮即可把相关网页显示出来，如图 7-31 所示。在找到的结果网页中，单击链接。有时有些链接已经失效，这时可以单击"百度快照"。

图 7-30　百度搜索主页

图 7-31　搜索的结果

从图 7-31 中可以看到，关键字文本框上方除了默认的"网页"外，还有"新闻""贴吧""知道""音乐""图片""视频""地图"，下方有"百科""文库""更多"等百度产品。在搜索时，选择相关分类可以对该类信息进行搜索，提高了搜索效率。

7.4.3　电子邮件

电子邮件（Electronic Mail，E-mail）是 Internet 上最重要的服务之一。电子邮件由负责发送邮件的服务器开始，由网上的多台邮件服务器合作完成存储转发，最终到达邮件地址指示的邮件服务器中。电子邮件允许用户方便地发送和接收文本消息、声音文件、视频文件等。与传统的邮件相比，具有方便、快速、经济，以及不受时间、地点限制的特点。

1. 电子邮件简介

（1）电子邮件服务器

在 Internet 上有许多处理电子邮件的计算机，称邮件服务器，邮件服务器包括接收邮件服务器和发送邮件服务器。

1）接收邮件服务器。

接收邮件服务器将对方发给用户的电子邮件暂时寄存在服务器邮箱中，直到用户从服务器上将邮件取到自己计算机的硬盘上（收件夹中）。

多数接收邮件服务器遵循邮局协议（Post Office Protocol，POP3），所以被称为 POP3 服务器。

2）发送邮件服务器。

发送邮件服务器让用户通过它们将用户写的电子邮件发送到收信人的接收邮件服务器中。

由于发送邮件服务器遵循简单邮件传输协议（Simple Message Transfer Protocol，SMTP），所以在邮件程序的设置中称它为 SMTP 服务器。

每个邮件服务器在 Internet 上都有一个唯一的 IP 地址，例如 smtp. 163. com，pop. 163. com。发送和接收邮件服务器可以由一台计算机来完成。

用户必须拥有 Internet 服务商（ISP）提供的账户、口令，才能接收 POP3 邮件。

（2）电子邮件账号和电子邮件地址

E - mail 账号是用户在网上接收 E - mail 时所需的登录邮件服务器的账号，包括一个用户名和一个密码，是用户在申请注册邮件账号时设定的。E - mail 地址的格式是：用户名@ 主机域名。

用户名就是用户在站点主机上使用的登录名，@ 表示 at（即中文"在"的意思），其后是计算机所在域名。例如：abc@ sohu. com，表示用户名 abc 在 sohu. com 邮件服务器上的电子邮件地址。现在已许多网站向用户提供免费电子邮件服务。

（3）电子邮件的格式

一封电子邮件由两部分组成，即信头和信体。

1）信头。

信头包含有发信者与接收者有关的信息：

- 收信人（to）：收信人的电子邮件地址。
- 抄送（copy to）：同时发送其他人的电子邮件地址，如果要同时发给多人，多个电子邮件地址之间用"；"或"，"分隔。
- 主题（Subject）：有关本邮件的主题、概要或关键词。

2）信体。

信体是发信人输入的信件正文内容。还可包含附件，附件可以是任何文件类型。

（4）收发电子邮件的方式

收发电子邮件有两种方式：

- Web 方式。利用 IE 浏览器登录到邮件服务器，例如，163 免费邮箱（http://mail. 163. com/）。这种方式不用安装电子邮件客户端软件，可以在任何上网的计算机上收发邮件，使用方便。如果每天收发大量邮件，就需要多次使用用户名和密码，效率低。该方式适合邮件数量少，无固定上网计算机的用户。
- 电子邮件客户端软件方式。在用户的系统中安装电子邮件客户端软件，通过该软件登录到邮件服务器上。适合有固定上网计算机、邮件数量多、有多个邮件账号的用户。常用的电子邮件客户端软件有 Microsoft Outlook 2010、Foxmail、网易闪电邮等。

在写电子邮件时，电子邮件完整的格式如下：

- 主题（Subject）：由发信人填写。
- 发信日期（Date）：由电子邮件程序自动添加。
- 发信人地址（From）：由电子邮件程序自动填写。
- 收信人地址（To）：收信人的电子邮件地址（只能填写一个）。
- 抄送地址（Cc）：可以多个，用"；"或"，"分隔。可以互相看到邮件地址。
- 密送地址（Ecc）：可以多个，用"；"或"，"分隔。互相看不到邮件地址。
- 回信地址（Reply - To）：默认为 From。

- 内容（Content）：新的正文内容。
- 附件（Attachment）：可以添加任何类型的文件。

2. 申请免费邮箱

许多网站都提供免费邮箱，例如，网易（www. 163. com）、搜狐（www. sohu. com）、新浪（www. sina. com. cn）、微软 LIVE（www. live. com/）等网站。申请免费邮箱很简单，进入这些网站的主页，找到注册免费邮箱的链接，单击进入，按照步骤操作即可。

7.4.4　文件传输服务及其使用

FTP（文件传输协议）能够使连入 Internet 的计算机之间方便地传送文件。FTP 站点常常是巨大的信息仓库，包括共享软件、免费软件、多媒体文件和文本文件等。只要是计算机文件，都可以通过 FTP 在 Internet 上传输。FTP 的使用也非常广泛。我们制作的个人网页、公司网站内容，往往都是通过 FTP 上传至 Internet 服务器的，申请的虚拟主机也是通过 FTP 来管理的。

7.4.5　流媒体服务

流媒体服务改变了传统的"先下载，后观看"的数据处理方式，采用"边下载，边观看"的方式。主要用于通过网络播放多媒体信息（如电影、电视等等），具有高传输速率、数据同步、数据流的分流、高稳定性特点，是实现网络视频和音频传输的最佳方式。可广泛应用于电子商务、新闻发布、在线直播、网络广播、视频点播、远程教育、远程医疗和视频会议等方面，有着十分广阔的发展前景。

7.5　习题

一、选择题

1. 计算机网络从资源共享的角度定义比较符合目前计算机网络的基本特征，主要表现在（　　）。

Ⅰ. 计算机网络建网的目的就是实现计算机网络资源的共享

Ⅱ. 联网计算机是分布在不同地理位置的多台计算机系统，之间没有明确的主从关系

Ⅲ. 联网计算机必须遵循全网统一的网络协议

    A. Ⅰ和Ⅱ　　　　　B. Ⅰ和Ⅲ　　　　　C. Ⅱ和Ⅲ　　　　　D. 全部

2. 将发送端数字脉冲信号转换成模拟信号的过程称为（　　）。

    A. 链路传输　　　　B. 调制　　　　　　C. 解调　　　　　　D. 数字信道传输

3. 下列指标中，数据通信系统的主要技术指标之一的是（　　）。

    A. 误码率　　　　　B. 重码率　　　　　C. 分辨率　　　　　D. 频率

4. 在计算机网络中，英文缩写 WAN 的中文名是（　　）。

    A. 局域网　　　　　B. 无线网　　　　　C. 广域网　　　　　D. 城域网

5. Internet 实现了分布在世界各地的各类网络的互联，其最基础和核心的协议是（　　）。

    A. HTTP　　　　　B. TCP/IP　　　　　C. HTML　　　　　D. FTP

6. 实现局域网与广域网互联的主要设备是（　　）。

    A. 交换机　　　　　B. 集线器　　　　　C. 网桥　　　　　　D. 路由器

7. 在 Internet 中完成从域名到 IP 地址或者从 IP 地址到域名转换的是（　　　）。

    A. DNS　　　　　　　B. FTP　　　　　　　C. WWW　　　D. ADSL

8. 当个人计算机以拨号方式接入 Internet 网时，必须使用的设备是（　　　）。

    A. 网卡　　　　　　　　　　　　　B. 调制解调器（Modem）

    C. 电话机　　　　　　　　　　　　D. 浏览器软件

9. 调制解调器（Modem）的作用是（　　　）。

    A. 将数字脉冲信号转换成模拟信号　　　B. 将模拟信号转换成数字脉冲信号

    C. 将数字脉冲信号与模拟信号互相转换　　D. 为了上网与打电话两不误

10. TCP 的主要功能是（　　　）。

    A. 对数据进行分组　　　　　　　　B. 确保数据的可靠传输

    C. 确定数据传输路径　　　　　　　D. 提高数据传输速度

11. 以下说法中，正确的是（　　　）。

    A. 域名服务器（DNS）中存放 Internet 主机的 IP 地址

    B. 域名服务器（DNS）中存放 Internet 主机的域名

    C. 域名服务器（DNS）中存放 Internet 主机域名与 IP 地址的对照表

    D. 域名服务器（DNS）中存放 Internet 主机的电子邮箱的地址

12. 下列关于电子邮件的叙述中，正确的是（　　　）。

    A. 如果收件人的计算机没有打开时，发件人发来的电子邮件将丢失

    B. 如果收件人的计算机没有打开时，发件人发来的电子邮件将退回

    C. 如果收件人的计算机没有打开时，当收件人的计算机打开时再重发

    D. 发件人发来的电子邮件保存在收件人的电子邮箱中，收件人可随时接收

13. 假设 ISP 提供的邮件服务器为 bj163.com，用户名为 liufang 的正确电子邮件地址是（　　　）。

    A. liu fang@bj163.com　　　　　　　B. liufang_bj163.com

    C. liufang#bj163.com　　　　　　　　D. liufang@bj163.com

14. 下列关于电子邮件的说法，正确的是（　　　）。

    A. 收件人必须有 E-mail 地址，发件人可以没有 E-mail 地址

    B. 发件人必须有 E-mail 地址，收件人可以没有 E-mail 地址

    C. 发件人和收件人都必须有 E-mail 地址

    D. 发件人必须知道收件人住址的邮政编码

15. 以下关于电子邮件的说法，不正确的是（　　　）。

    A. 电子邮件的英文简称是 E-mail

    B. 加入因特网的每个用户通过申请都可以得到一个"电子邮箱"

    C. 在一台计算机上申请的"电子邮箱"，以后只有通过这台计算机上网才能收信

    D. 一个人可以申请多个电子信箱

16. 下列关于因特网上收/发电子邮件优点的描述中，错误的是（　　　）。

    A. 不受时间和地域的限制，只要能接入因特网，就能收发电子邮件

    B. 方便、快捷

    C. 费用低廉

    D. 收件人必须在原电子邮箱申请地接收电子邮件

17. 用户在 ISP 注册拨号入网后，其电子邮箱建在（　　）。

    A. 用户的计算机上　　　　　　　　B. 发件人的计算机上

    C. ISP 的邮件服务器上　　　　　　D. 收件人的计算机上

18. 英文缩写 ISP 指的是（　　）。

    A. 电子邮局　　　　B. 电信局　　　　C. Internet 服务商　　D. 供他人浏览的网页

19. 下列的英文缩写和中文名字的对照中，正确的是（　　）。

    A. WAN（广域网）　　　　　　　　B. ISP（因特网服务程序）

    C. USB（不间断电源）　　　　　　D. RAM（只读存储器）

20. Internet 提供的最常用、便捷的通信服务是（　　）。

    A. 文件传输（FTP）　　　　　　　B. 远程登录（Telnet）

    C. 电子邮件（E－mail）　　　　　D. 万维网（WWW）

21. 用"综合业务数字网"（又称"一线通"）接入因特网的优点是上网通话两不误，它的英文缩写是（　　）。

    A. ADSL　　　　　　B. ISDN　　　　　　C. ISP　　　　　　D. TCP

22. IE 浏览器收藏夹的作用是（　　）。

    A. 收集感兴趣的页面地址　　　　　B. 记忆感兴趣的页面内容

    C. 收集感兴趣的文件内容　　　　　D. 收集感兴趣的文件名

二、操作题

1. 打开搜狐新闻中的任意一条新闻，把网页保存到 C:\盘根文件夹下。用"Windows 资源管理器"查看保存在 C:\盘根文件夹下的网页文件，包括子文件夹中的图片文件。然后用"Windows 资源管理器"打开该网页文件。

2. 在 IE 收藏夹中，分别建立"新闻网址""购物网址""交友网址"等文件夹，向文件夹中分别收藏相关的网址。

3. 打开一个网页，把网页中的图片保存到 C:\盘根文件夹下。

4. 打开一个网页，把网页内容粘贴到 Word 文档中。分别采用〈Ctrl＋V〉法和只保留文字法，比较二者的区别。

5. 申请免费邮箱，然后给老师发一封问候邮件。